Naslov
Robotski sistemi

Avtor
Rok Vrabič

Recenzirala
prof. dr. Gregor Klančar
prof. dr. Andrej Gams

Prva izdaja

Izdano v samozaložbi, Ljubljana, 2025

Tiskano na zahtevo

Cena: 25 EUR

CIP - Kataložni zapis o publikaciji
Narodna in univerzitetna knjižnica, Ljubljana
007.52
VRABIČ, Rok
Robotski sistemi / Rok Vrabič. - 1.izd. - Ljubljana:
samozal., 2025
ISBN 978-961-07-2533-6
COBISS.SI-ID 224917507

Uvodne besede

Pozdravljeni, dragi bralci!

Zakaj še ena knjiga o robotiki? No, ker sem med lastnim potovanjem skozi robotiko ugotovil, da bi bilo dobro imeti knjigo, ki ne predpostavlja, da ste že v maternici obvladali tenzorsko algebro. Torej, če vas zanima robotika, a se vam zdi, da bi prej dešifrirali hieroglife kot razumeli povprečno robotsko knjigo, je ta knjiga za vas!

O knjigi

Koncept te knjige je malce drugačen. Namesto da bi vas mučil s 500-stransko buklo, ki bi jo lahko uporabili kot utež za bodybuilding, sem se odločil za bolj "prijazno do hrbta" različico. Vsebine so razdeljene na kratke, dvostranske zapise, ki niso nujno čisto zaporedno povezani. Ideja je, da lahko bralec izbere svojo pot, hkrati pa omogoča nadaljnje razširitve, ki bodo vsekakor del neizbežne druge izdaje. Knjiga zato vsako poglavje na začetku in koncu poveže z drugimi.

Komu je knjiga namenjena? Primarno študentom, malo pa tudi meni - konec koncev, kdo ne mara brati svojih lastnih šal? V mislih imam nekoga, ki obvlada srednješolsko matematiko, a še ne ve, kako jo uporabiti za kaj bolj vznemirljivega. Lep del knjige je zato posvečen osnovam - matematiki in mehaniki - preden se podamo v divji svet robotike, kjer te osnove postanejo orožje za boj proti zlobnim enačbam.

Druga posebnost je *poskus* humorja, za kar se vnaprej opravičujem. Nekako v stilu profesorja, ki se smeji lastnim šalam, medtem ko študenti kolektivno zavijajo z očmi, so dodani kratki humorno obarvani vložki. To je posledica tega, da se mora tudi avtor pri pisanju knjige zabavati. Nečakinja bi rekla, da je vse skupaj *kremž*, ampak moja generacija tako ali tako ne ve, kaj to pomeni - verjetno nekaj povezano z namazi za kruh?

Sedaj pa je morda čas za nekaj nasvetov pri branju. Vsako poglavje ima oranžen uvod, ki je v večini primerov glorificirana šala z malo resnice. Nadalje so na začetku poglavja podane povezave na relevantna prejšnja, na koncu pa na naslednja. Ideja je, da lahko bralec z listanjem (oz. klikanjem, če ste tehnološko napredni in berete e-knjigo) pregleda celotno knjigo na svoj način. Lahko si predstavljate, da je to kot "Choose Your Own Adventure" knjiga, le da namesto da bi vas pojedel zmaj, vas čaka integral. Naslednji poudarki so na primerih v modrem in nalogah v rdečem. Slednjih v prvi izdaji na žalost ni veliko, kar bo vsekakor popravljeno v drugi. Nenazadnje pa je tu še čisto odvečen del, kratke šale na zaključku poglavij.

Tako, to bi moralo biti dovolj za razumevanje grafične podobe. Če ste prebrali vse to in še vedno niste zbežali, čestitke! Pripravljeni ste na potovanje skozi svet robotike. Ampak najprej še nekaj besed o avtorjevi poti.

Povezave
- Preskoči avtorjevo samohvalo in naprej na zgodovino robotike: stran 3.

O avtorju

Od nekdaj me je zanimala tehnika, sploh pa računalništvo. Moji ljubi spomini iz otroštva obsegajo vstajanje zgodaj zjutraj, nato pa pot preko hriba do soseda, ki je imel prvi na vasi računalnik z Intelovim 286 procesorjem. Bilo je sredi osnovne šole, ko sva s sosedom že delala na svojih programerskih projektih. Njegovi so bili bolj zahtevni, moj pa je bil računalniška igra, kjer bi igralec vozil avtomobilček po progi na ekranu, na čas. Ambiciozno, vem. Delala sva v QBasic-u, jeziku, ki je prišel skupaj z DOS operacijskim sistemom. Ko nečesa nisva znala, pa je na pomoč priskočil sosedov oče, ki je bil spreten programer, imel pa je tudi prednost, da je dobro razumel angleško in, posledično, dokumentacijo.

Na fakulteti je bilo že v času mojega študija treba tudi malo programirati. Med drugim je predmet Numerične metode temeljil na Fortranu. Izpiti v računalniški učilnici so obsegali pisanje programov za numerično reševanje problemov. Javna skrivnost je bila, da so bili skeleti za vse programe že shranjeni nekje na računalnikih, npr. v Windows System32 mapi, kamor asistenti niso pogledali. V četrtem letniku sem nato vpisal smer mehatronika, ki je bila zadetek v polno. Pri Dinamiki strojev smo spoznali Fourierjevo transformacijo, pri Avtomatizaciji v energetiki in procesni tehniki, ki smo jo poslušali le mehatroniki, pa celo osnove teorije nelinearnega krmiljenja, matematično zahtevno vsebino, ki se je tudi na magistrskem študiju danes ne predava več. Pri Mehatronskih sistemih pa smo se učili C/C++ in pa, takrat nov jezik, C#. Vsebine iz C-ja smo realizirali na Intelovih 8051 mikrokrmilnikih, ki smo jih morali najprej sami sestaviti oz. prispajkati na vezje skupaj z drugimi komponentami. Pri Mikroprocesorskih krmilnih sistemih smo morali celo izdelati kolesarski števec z 8051 v zbirniku, kjer je že množenje dveh 8-bithin števil izziv.

Moj prvi pravi stik z roboti je bil relativno pozen. 2011 smo v laboratorijih LAKOS in LDSE začeli s skupno poletno šolo za študente, katere cilj je bil v treh tednih od začetka do konca v ekipah izdelati sumo robote. Sumo je standardna kategorija robotskih tekmovanj, cilj pri tem pa je nasprotnikovega robota izriniti iz ringa. To je bil povod za izdelavo lastnega sumo robota in robota sledilca črti, s katerimi sem se udeležil mednarodnega tekmovanja Robot Challenge na Dunaju, kasneje pa z novimi lastnimi roboti večkrat tudi tekmovanja RobotEx v Tallinnu.

Hkrati sem se robotskih tekmovanj začel udeleževati tudi s študenti. Najprej tekmovanja Eurobot, nato pa po premoru večkrat tudi tekmovanja Renesas MCU Rally, ki je do Covid pandemije vsako leto potekalo v okviru sejma Embedded World v Nurembergu. Na iniciativo Fakultete smo 2018 organizirali tudi popoldanski tečaj robotike za dijake, s katerimi smo se zelo uspešno udeležili reševanja labirinta RoboT v Mariboru.

Prvo financiranje za robotiko v laboratoriju je bilo izobraževalne narave. Leta 2017 smo namreč pridobili projekt tipa Študentski inovativni projekti za družbeno korist (ŠIPK), v katerem smo razvili malega mobilnega robota, ki se ga je dalo programirati v okolju Arduino in celo s programskim jezikom Scratch. Na tej osnovi smo nato pripravili izobraževalne vsebine in organizirali delavnice na osnovnih šolah. Drugi projekt te narave pa smo izvedli v 2020, ko smo zaradi Covida tekmovanje Renesas MCU Rally prestavili online, za kar smo razvili simulator in organizirali tekmovanje med evropskimi univerzami.

Raziskovalno pa smo z robotiko začeli leta 2019. Naš prvi članek na temo robotike je predlagal novo metodo razporejanja opravil v intralogističnih sistemih, ki je temeljila na dražbi, agenti robotov pa so višine ponudb določali s spodbujevalnim učenjem. To je bil uvod v eno izmed treh robotskih tem, s katerimi se ukvarjamo še danes v laboratoriju LAMPA. Na področju intralogistike delamo na sistemih avtonomnih vozičkov in avtonomnih mobilnih robotov za avtomatizacijo skladišč in delavnic. Razvijamo metode za načrtovanje teh sistemov in simulatorje, v katerih preizkušamo različne algoritme večagentnega planiranja poti.

Leta 2021 smo na pobudo kolega profesorja, prevzeli predrazvoj medicinskega sodelovalnega robota za odstranjevanje dlak. Ja, prav ste prebrali. Ta terapija je za medicinske tehnike naporna, saj morajo na pravi razdalji, pravokotno na telo držati laser in njegov fokus peljati po cik-cak trajektoriji. Za robota je to zahteven krmilni problem, pri katerem mora na podlagi procesiranja oblakov točk iz globinske kamere stalno popravljati svojo pot, saj se pacient lahko malo premika, npr., zaradi dihanja. Po dveh letih smo prototip predali podjetju, ki v tem trenutku s polno paro razvija prvega tovrstnega robota za trg na svetu.

V zadnjih letih pa se ukvarjamo še z eno zelo posebno aplikacijo: koordinacijo večih vesoljskih roverjev za skupinsko avtonomno kartiranje terena. Projekt poteka v sodelovanju z Evropsko vesoljsko agencijo in obsega razvoj sistema petih manjših roverjev, ki morajo avtonomno navigirati po neznanem terenu, ga kartirati, ter podatke smiselno izmenjevati, da nalogo opravijo čim učinkoviteje. V času izdaje knjige projekt ravno zaključujemo, v zaključnih fazah pridobivanja pa je že nadaljevanje, za katero smo se povezali z estonskim robotskim start-up podjetjem.

To je, na kratko, moja robotska zgodba. In tako se začne naša skupna robotska avantura. Upam, da ste pripravljeni na potovanje, polno enačb, algoritmov in občasnih robotskih šal. Ne skrbite, če vam kdaj kakšna stvar ne bo takoj jasna - tudi roboti potrebujejo čas za procesiranje. Če se vam bo kdaj zdelo, da ste v tej knjigi izgubili rdečo nit, se spomnite, da imajo roboti to srečo, da lahko preprosto ponovno naložijo svoj program. Mi pa moramo brati naprej. Srečno!

> Ne antropomorfizirajte robotov. To sovražijo!

Povezave
- Naprej na zgodovino robotike: stran 3.

Zahvala

Recenzentoma Gregorju Klančarju iz Fakultete za elektrotehniko, UL, ter Andreju Gamsu iz Instituta Jožef Stefan, za konstruktivne komentarje.

Urški Vrabič za to, da smo robotska družina.

Roku Šibancu za vse robotske debate in robotska tekmovanja.

Andreji Malus, Dominiku Kozjeku, Teni Žužek, Juretu Dvoršaku, Gašperju Škulju in Jerneju Pucu za skupno robotsko raziskovalno pot.

Viktorju Zaletelju, Gregorju Klančarju s sodelavci in Matiji Jezeršku ter študentoma Luki Škrlju in Domnu Kržmancu za sodelovanje na robotskih projektih.

Lovru Kuščerju za šole sumo robotike.

Hčerki Viktoriji Vrabič za *inspilacijo*, kot bi rekla sama. Komaj čakam, da začneva z Lego robotiko.

Avtor

Kazalo

Osnove

Poglavje 1.

Zgodovina

Uvod Preden zares *zares* pogledamo, kako se lotiti robotov, poglejmo najprej, od kje prihajajo. Ideja *avtomatov*, ki samostojno opravljajo delo, je najbrž stara toliko, kot človeštvo samo. Že mit o Hefajstu, grškem bogu umetnikov, kovačev, ognja in vulkanov, govori o Talosu, Hefajstovem 30-meterskem robotu iz brona, namenjenemu varovanju princese Evrope na Kreti. Na svoji kovačiji na Olimpu naj bi si pomagal z zlatimi avtomati v obliki služkinj, ki so pomagale pri vsakdanjih opravilih, in psov, ki so kovačijo varovali. Vendar pa najbolje, da pustimo te zapise, katerih verodostojnost je težko preveriti, ob strani, in se z Olimpa spustimo v Illinois, ZDA, kjer so konec 40-tih let prejšnjega stoletja vzklile prve ideje sodobne robotike.

1.1 Industrijski roboti

Raymond Goertz (1915-1970) je morda prvi pravi pionir na področju robotike. Med drugim je raziskoval, koliko prostostnih stopenj morajo imeti kinematične strukture, da se gibljejo gladko, in uvedel v robotiko pojme nagib-naklon-odklon za opis zasukov v treh dimenzijah iz navtičnega žargona (ang. roll-pitch-yaw, RPY). Najpomembnejši Goertzev prispevek v zgodovino robotike pa gotovo predstavlja njegov sistem za vodenje manipulatorja na daljavo, ki je postavil temelje za razvoj modernih industrijskih robotov in njihovih krmilnih sistemov.

Goertz se je 1947 zaposlil v Argonne National Labs, v Illinoisu, ZDA, kjer se je začel ukvarjati s problemom premikanja nevarnih materialov v jedrskih reaktorjih. Njegova prva rešitev leta 1948 je temeljila na konceptu pantografa - mehanske naprave, katere vrh, t.j., najbolj oddaljena točka, kopira gibanje vmesne. Človek je tako lahko upravljal z vrhom naprave, pri čemer je bila vmes zaščita iz svinčenega stekla. Leta 1949 je za izboljšano verzijo osnovne naprave, teleoperatorja, vložil tudi patent US2632574A.

Hitro je spoznal, da je za intuitivno delo z napravo potrebna povratna zveza oz. haptika; ko človek premika svoj konec, se mora premikati vrh, hkrati pa morajo biti sile in pomiki prenešeni nazaj od vrha do človeka. Tako je leta 1951 zasnoval prvi haptični sistem, ki je sile prenašal nazaj prek kablovja in škripčevja. Leta 1954 pa je nato koncept nadgradil še z električnimi aktuatorji in izdelek, CRL Model 8, ponudil na trgu.

Ideje in koncepti Raymonda Goertza se uporabljajo še danes. Telemanipulatorji, ki niso bistveno drugačni od izvornih idej, se uporabljajo za osnovni namen prenašanja nevarnih materialov v nevarnih okoljih. Prav tako pa so Goertzevi principi haptike in teleoperacije aktualni v medicinski robotiki.

Zgodba prvega industrijskega robota pa se začne v kraju West Trenton, New Jersey, kjer je od 1938 do 1993 delovala tovarna *Inland Fisher Guide Plant*, v kateri je podjetje General Motors proizvajalo različne dele zunanjosti in notranjosti avtomobilov. V času druge svetovne vojne so proizvodnjo začasno preusmerili na v tistem trenutku pomembnejše izdelke, torpedo bombnike Grumman TBF Avenger, a se vrnili na proizvodnjo avtomobilskih komponent takoj po koncu. Zakaj je ta tovarna posebna? V tej tovarni je deloval Unimate, prvi pravi industrijski robot.

George Devol (1912-2011) je leta 1954 vložil patent US2988237 za *programirljiv prenašalnik*, iz katerega je leta 1961 nastal Unimate. Ime Unimate je skovanka za splošno, univerzalno avtomatizacijo, ki jo je predlagala Devolova žena. Med iskanjem financiranja za svojo idejo je na večerni zabavi Devol spoznal Josepha Engelbergerja, s katerim sta ustvarila podjetje Unimation. Prvi Unimate je bil pravi čudež tehnike časa, saj komercialno dostopne komponente, kot so digitalni kodirniki, niso bile primerne, zato so jih pri Unimationu morali razviti in izdelati sami. Leta 1961 je prvi Unimate zaživel v tovarni *Inland Fisher Guide Plant*, kjer je služil prenašanju vročih izdelkov po procesu litja.

Unimation je uradno nastal 1962. Najpomembnejši izdelek podjetja pa nato 1978: robot PUMA (ang. Programmable Universal Machine for Assembly), ki ga je zasnoval Victor Scheinman na osnovi prejšnjega dela na Univerzi v Stanfordu. PUME so proizvajali vrsto let, kljub menjavam lastništva, saj je 1980 lastništvo Unimationa prevzel Westinghouse, nato pa 1988 švicarsko podjetje Stäubli. PUMA 560 in njegove lastnosti so predstavljene na sliki 1.1.

Lastnost	Vrednost
Kinematika	6R
Nosilnost	2.5 kg
Doseg	864 mm
Ponovljivost	0.1 mm
Teža	54 kg

Slika 1.1 – Unimation Puma 560.

V sedemdesetih letih so na robotsko sceno zakorakala evropska podjetja, na čelu z nemško KUKO in švedsko-švicarskim ABBjem. KUKA FAMULUS je bil leta 1973 prvi šest-osni artikuliran robot, leto kasneje pa je ABB predstavil svoj model IRB 6. Tudi japonska Yaskawa in FANUC sta prve robote predstavila 1974. SCARA roboti, o katerih nekoliko več v kasnejših poglavjih, prav tako izhajajo iz Japonske, kjer je Hiroshi Makino iz Univerze Yamanashi prvi prototip razvil leta 1978. Delta roboti pa so kasneje nastali na EPFL v Švici pod vodstvom Reymonda Clavela leta 1987.

Omenjena podjetja, KUKA, ABB, FANUC in Yaskawa še danes obvladujejo več kot polovico trga industrijskih robotov, pri čemer pa so omembe vredni še italijanski Comau, japonski EPSON, DENSO, Kawasaki in Mitsubishi, korejska Hyundai in Doosan, kitajski Foxconn in že omenjeni švicarski Stäubli.

Leta 1996 pa je bila na največji robotski konferenci ICRA prvič predstavljena povsem nova kategorija industrijskih robotov, sodelovalni roboti, ljubkovalno *koboti*, ki lahko delujejo v istem prostoru s človekom, brez da bi bili ločeni z ograjo. KUKA je prvega kobota LBR 3 predstavila 2004, danes najpriljubljenejši danski Universal Robots svojega UR5 leta 2008, omeniti velja pa tudi nemško Franko Emiko in njihovega robota Panda, ki ga od leta 2018 lahko srečamo v raziskovalnih organizacijah po vsem svetu. UR5e, nadgrajeni UR5 z boljšo ponovljivostjo, je predstavljen na sliki 1.2.

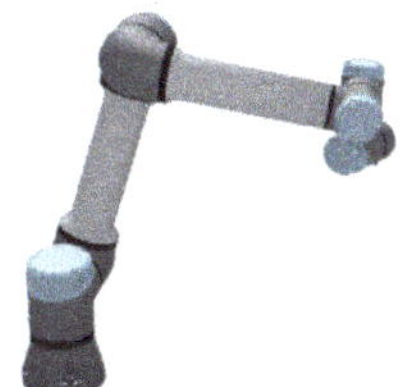

Lastnost	Vrednost
Kinematika	6R
Nosilnost	5 kg
Doseg	850 mm
Ponovljivost	0.030 mm
Teža	18 kg

Slika 1.2 – Universal Robots UR5e.

1.2 Mobilni roboti

Začetki mobilne robotike so neločljivo povezani z želvami, za katere velja, tako kot za področje mobilne robotike, da počasi pridejo daleč. Prvi mobilni roboti so namreč nastali že leta 1948 iz raznih materialov in mehanizmov, med drugim starih ur z alarmom, in bili po izgledu podobni želvam. **William Grey Walter (1910-1977)** je takrat ustvaril Elmerja in Elsie, robota, ki sta bila na enostaven način sposobna slediti svetlobi. Walterjevi roboti so bili kasneje inspiracija za želvo v programskem jeziku Logo, ki jo je v obeh, digitalni in fizični obliki, ustvaril **Seymour Papert (1928-2016)**.

Kmalu so mobilni roboti našli mesto tudi v industriji. **Arthur Mac Barrett (1921-2010)** je s svojim Barrett Electronics iz Illinoisa leta 1953 izdelal prvo avtonomno vlečno vozilo, Guide-O-Matic,

ki je namesto tirnic uporabljalo žico, nameščeno nad vozilom. Operaterji so lahko na enostaven način vozilo pognali iz trenutnega dela skladišča trgovine na drugega. S tem so bili rojeni t.i. samodejno vodeni vozički (ang. Automated Guided Vehicle, AGV). Leta 1973 so bili prvič masovno uvedeni v proizvodnjo v Volvovi legendarni tovarni v Kalmarju, kjer je 186 AGVjev skrbelo za transport materiala namesto klasične linije za sestavljanje.

Morda najpomembnejši mobilni robot, Shakey, pa je med leti 1966 in 1972 nastajal na Stanfordski univerzi pod vodstvom **Charlesa Rosena (1917-2002)**. Rezultati tega projekta so, med drugim, obsegali algoritem A*, ki ga je predlagal **Nils John Nilsson (1933-2019)**, implementiran pa je bil s programskim jezikom LISP. S Shakeyem je bil prvič realiziran koncept avtonomnega mobilnega robota (ang. Autonomous Mobile Robot, AMR), sposobnega avtonomne navigacije po prostoru, brez vnaprej določenih poti.

Mobilni roboti so nato našli svoje aplikacije tudi izven industrijskih in akademskih okolij. Lunokhod 1 je 1970 postal prvi lunarni rover, Sojourner pa leta 1997 prvi marsovski. Podjetje iRobot je leta 2002 izdelal prvega Roomba pometača in ostalo je, kot pravijo, zgodovina. Njihova učna platforma Create iz leta 2004 je predstavljena na sliki 1.3.

Lastnost	Vrednost
Velikost	0.34×0.34 m
Hitrost	0.50 m/s
Avtonomija	1.5 h
Teža	2.5 kg

Slika 1.3 – iRobot Create.

Razvoj robotike je v zadnjih desetletjih doživel izjemen napredek. Od prvih industrijskih robotov in preprostih mobilnih sistemov smo prišli do sofisticiranih sodelovalnih robotov in avtonomnih vozil. Danes roboti niso več omejeni le na industrijska okolja, ampak jih srečujemo v našem vsakdanjem življenju - od pametnih domov do vesoljskih odprav.

Kljub temu pa smo šele na začetku robotske revolucije. Z napredkom v umetni inteligenci, senzoriki in materialih lahko v prihodnosti pričakujemo še bolj napredne in vsestransko uporabne robote, ki bodo še tesneje povezani z našim življenjem in delom.

Zakaj je robotska roka pozabila svojo nalogo? Ker ni imela RAM-e.

Povezave

- Naprej na matematične osnove: stran 5.
- Naprej na industrijsko robotiko: stran 35.
- Naprej na mobilno robotiko: stran 69.

Poglavje 2.

Matrična algebra

Uvod Dobrodošli v svetu matrik - ne tistih iz filma, ampak tistih, ki robotom pomagajo, da se ne zaletavajo. Preden vzamemo rdečo tabletko in si pogledamo, kaj so matrike, kako z njimi računamo in zakaj so pomembne za robotiko, si najprej poglejmo nekaj o splošnejšem konceptu vektorskih prostorov.

2.1 Vektorski prostori

Vektorski prostor je matematični koncept, ki ga najenostavneje interpretiramo kot posplošitev dvodimenzionalnih in tridimenzionalnih prostorov na poljubno število dimenzij. Formalno je definiran z množico pravil, ki določajo obnašanje vektorjev in operacij nad njimi. Za ilustracijo vzemimo dva vektorja, $\mathbf{v}$ in $\mathbf{w}$ ter si oglejmo, kaj velja za primer operacije med njima. Če postavimo dva vektorja tako, da se začetek drugega dotika konca prvega, dobimo njuno vsoto $\mathbf{v} + \mathbf{w}$, ki je prav tako vektor. Temu pravimo aksiom zaprtosti za seštevanje - vsota dveh vektorjev je prav tako vektor v istem prostoru. Nadalje si lahko predstavljamo ničelni vektor kot točko v prostoru, ki nima niti dolžine niti usmerjenosti. Če ga prištejemo kateremukoli vektorju $\mathbf{v}$, se ta ne spremeni, podobno kot če številu prištejemo ničlo. Temu pravimo obstoj aditivne identitete.

Zapišimo definicijo vektorskega prostora bolj natančno. Sestavljajo ga množica V nad obsegom F in dve operaciji, *vektorska vsota* $\mathbf{v} + \mathbf{w}$ za $\mathbf{v}, \mathbf{w} \in V$ in *množenje s skalarjem* $a \cdot \mathbf{v}$ za $a \in F$ ter $\mathbf{v} \in V$. Za obseg so pogosto izbrana realna števila $\mathbb{R}$. Množica V je vektorski prostor nad obsegom F, če veljajo naslednje lastnosti:

1. $\mathbf{v} + \mathbf{w} \in V$ (zaprtost za seštevanje vektorjev),
2. $\mathbf{u} + (\mathbf{v} + \mathbf{w}) = (\mathbf{u} + \mathbf{v}) + \mathbf{w}$ (asociativnost seštevanja),
3. $\exists \mathbf{0} : \forall \mathbf{v} \in V : \mathbf{v} + \mathbf{0} = \mathbf{v}$ (obstoj aditivne identitete),
4. $\forall \mathbf{v} \in V \exists \mathbf{w} : \mathbf{v} + \mathbf{w} = \mathbf{0}$ (obstoj nasprotnih vrednosti),
5. $\mathbf{v} + \mathbf{w} = \mathbf{w} + \mathbf{v}$ (komutativnost vsote),
6. $a \cdot \mathbf{v} \in V$ (zaprtost za množenje s skalarjem),
7. $a \cdot (b \cdot \mathbf{v}) = (a \cdot b) \cdot \mathbf{v}$ (asociativnost množenja s skalarjem),
8. $\exists 1 \in F : 1 \cdot \mathbf{v} = \mathbf{v}$ (nevtralnost elementa ena),
9. $a \cdot (\mathbf{v} + \mathbf{w}) = a \cdot \mathbf{v} + a \cdot \mathbf{w}$ (distributivnost seštevanja vektorjev) in
10. $(a+b) \cdot \mathbf{v} = a \cdot \mathbf{v} + b \cdot \mathbf{v}$ (distributivnost seštevanja

v obsegu).

Na podlagi zgornih lastnosti lahko izpeljemo nadaljnje. Na primer, odštevanje lahko definiramo kot prištevanje nasprotne vrednosti, deljenje s skalarjem pa kot množenje z obratnim skalarjem.

Enostaven vektorski prostor je *koordinatni prostor*, pri katerem je V množica n-teric elementov iz F. Primer elementa vektorskega prostora $\mathbb{R}^3$ (trojica realnih števil) je vektor $\mathbf{v} = (x, y, z)$. Pri tem za *bazo vektorskega prostora* privzamemo standardno: $e_1 = (1, 0, 0); e_2 = (0, 1, 0); e_3 = (0, 0, 1)$, ki vedno omogoča, da je vektor prostora izražen z enolično kombinacijo elementov obsega. Nekoliko obširnejši je vektorski prostor matrik, pri katerem je V množica $m \times n$ matrik z elementi iz F.

Vektorski prostori podajajo aksiomatski okvir, ki govori o tem, kakšne matematične operacije in kako lahko izvajamo nad vektorji in matrikami. Kljub temu, da vektorji v osnovi predstavljajo n-terico numeričnih vrednosti, matrike pa lahko razumemo kot preslikave med n- in m-dimenzionalnim prostorom, je v linearni algebri pogosto, da vektorje enostavno obravnavamo kot $n \times 1$ matrike. Ker bomo vektorje in matrike stalno uporabljali za opis stanj in preslikav v robotiki si poglejmo, kako z njimi računamo.

2.2 Matrike

Matrike so matematični objekti pravokotne oblike, sestavljeni iz elementov, ki so najpogosteje realna števila. Matrike imajo dimenzijo $n \times m$, pri čemer po konvenciji n označuje število vrstic, m pa število stolpcev. Primer 2×3 matrike $\mathbf{A}$:

$$\mathbf{A} = \begin{bmatrix} 3.1 & 7.7 & 4.2 \\ 2.7 & 1.5 & 0.4 \end{bmatrix} \tag{2.1}$$

Matrikam oblike $1 \times m$, ki imajo samo eno vrstico, pravimo vrstični vektorji, matrikam oblike $n \times 1$ pa stolpični. Definirnih je več osnovnih operacij na matrikah:

- $(\mathbf{A} + \mathbf{B})_{ij} = \mathbf{A}_{ij} + \mathbf{B}_{ij}$, pri čemer indeksa i in j označujeta vrstico oz. stolpec (seštevanje po elementih),

- $(c \cdot \mathbf{A})_{ij} = c \cdot \mathbf{A}_{ij}$ (skalarno množenje) in

- $(\mathbf{A}^T)_{ij} = \mathbf{A}_{ji}$, pri kateri zamenjamo vrstice in stolpce (transponiranje).

Množenje dveh matrik je definirano le, če ima prva toliko stolpcev, kot druga vrstic. Rezultat množenja $n \times p$ matrike z $p \times m$ matriko je $n \times m$ matrika:

$$[\mathbf{AB}]_{ij} = \sum_{r=1}^{n} a_{ir}b_{rj} \qquad (2.2)$$

Primer Poglejmo si primer množenja dveh matrik. Podčrtane vrednosti na levi strani enačaja se zmnožijo in seštejejo v podčrtani rezultat na desni.

$$\begin{bmatrix} \underline{1} & 4 & 2 \\ 1 & 2 & 0 \end{bmatrix} \cdot \begin{bmatrix} 3 & \underline{2} \\ 2 & \underline{1} \\ 1 & \underline{2} \end{bmatrix} = \begin{bmatrix} 13 & \underline{10} \\ 7 & 4 \end{bmatrix} \qquad (2.3)$$

Množenje matrik je asociativno in distributivno, ne pa komutativno - vrstni red je pomemben.

Poleg množenja matrik le-te pogosto preoblikujemo z **operacijami na vrsticah**, ki jih uporabljamo pri postopkih iskanja obratne matrike in reševanja sistemov linearnih enačb. Operacije na vrsticah so tri:

- menjava vrstnega reda vrstic,
- seštevanje vrstic, t.j. prištevanje ene vrstice drugi ter
- množenje vrstice z neničelno konstanto.

Operacije na vrsticah lahko kombiniramo, npr. od ene odštejemo drugo, pomnoženo z neničelno konstanto.

Primer Poglejmo enostaven primer manipulacije matrike z namenom določanja ranga. Rang matrike pove, npr., ali ima sistem enačb rešitev in koliko neodvisnih rešitev obstaja. Deluje nekako tako, kot status na družbenih omrežjih - več kot ga imaš, bolj si pomemben v svetu linearne algebre.
Vzemimo naslednjo matriko:

$$\begin{bmatrix} 1 & 2 & 3 \\ 2 & 4 & 6 \\ 3 & 6 & 8 \end{bmatrix} \qquad (2.4)$$

Po odštevanju 2-kratnika prve vrstice od druge dobimo:

$$\begin{bmatrix} 1 & 2 & 3 \\ 0 & 0 & 0 \\ 3 & 6 & 8 \end{bmatrix} \qquad (2.5)$$

Nato pa po odštevanju 3-kratnika prve od tretje in menjavi druge in tretje vrstice:

$$\begin{bmatrix} 1 & 2 & 3 \\ 0 & 0 & -1 \\ 0 & 0 & 0 \end{bmatrix} \qquad (2.6)$$

Matrika je v stopničasti (tudi ešelon) obliki, njen rang pa je enak številu neničelnih vrstic, torej 2.

Primer uvaja stopničasto obliko, katere definicija je,

da mora matrika po izvajanju elementarnih operacij na vrsticah izpolnjevati naslednje pogoje:

- vse ničelne vrstice so na dnu matrike,
- vodilni element (prvi neničelni element z leve) vsake neničelne vrstice je strogo desno od vodilnega elementa vrstice nad njo in
- vsi elementi pod vodilnim elementom v vsakem stolpcu so enaki nič.

Zaradi kompletnosti izrazoslovja še poimenujmo nekatere **posebne matrike**.

- $\mathbf{I}$ je identiteta, kvadratna matrika, ki ima diagonalne elemente 1, vse ostale pa 0, in za katero velja $\mathbf{A} \cdot \mathbf{I} = \mathbf{I} \cdot \mathbf{A} = \mathbf{A}$
- $\mathbf{A} = \mathbf{A}^T$ velja za simetrične, $\mathbf{A} = -\mathbf{A}^T$ pa za antisimetrične kvadratne matrike.
- $\mathbf{A}^T = \mathbf{A}^{-1}$ velja za ortogonalne kvadratne matrike, katerih vrstice in stolpci so ortogonalni enotski vektorji.

Za kvadratno matriko $\mathbf{A}$ je inverzna matrika $\mathbf{A}^{-1}$ tista, za katero velja:

$$\mathbf{A} \cdot \mathbf{A}^{-1} = \mathbf{A}^{-1} \cdot \mathbf{A} = \mathbf{I} \qquad (2.7)$$

Dva vektorja pa sta ortogonalna, če je njun skalarni produkt enak nič, torej $\mathbf{u} \cdot \mathbf{v} = 0$. Ortogonalne matrike imajo posebno vlogo v robotiki, predvsem pri opisovanju rotacij in orientacij.

Za **transponiranje in obračanje produkta matrik** velja pravilo:

$$(\mathbf{AB})^T = \mathbf{B}^T \mathbf{A}^T \qquad (2.8)$$

To pomeni, da se pri transponiranju produkta matrik vrstni red množencev obrne, vsako matriko pa moramo transponirati. Za obrat produkta matrik pa velja podobno pravilo:

$$(\mathbf{AB})^{-1} = \mathbf{B}^{-1} \mathbf{A}^{-1} \qquad (2.9)$$

Tudi tukaj se vrstni red množencev obrne, matriki pa moramo tudi invertirati.

Kljub zahtevnosti linearne algebre moramo ostati pozitivno semidefinitni. Vedite, da bo vsak robot, ki ga boste kdaj srečali, tiho hvaležen za vaš trud, ki ste ga vložili v razumevanje tega poglavja.

Kaj je rekel vektor, ko je vstopil v linearno neodvisen prostor? Končno sem našel svojo bazo!

Povezave
- Naprej na lastne vektorje, lastne vrednosti in sisteme enačb: stran 7.
- Naprej na obrat in psevdoobrat matrike: stran 9.
- Naprej na koordinatne sisteme in rotacije v 2D: stran 11.

Poglavje 3.

Lastni vektorji, lastne vrednosti in sistemi enačb

Uvod Pripravljeni na še en priklop v matrico? Vstopamo v svet lastnih vektorjev in lastnih vrednosti - kraj, kjer se vektorji obnašajo kot najstniki: spreminjajo velikost, a trmasto ohranjajo svojo smer. In ne pozabite na reševanje sistemov enačb - edino metodo za ustvarjanje znosnega urnika vaj na fakulteti, pa še to le delno učinkovito. Vzemite globok vdih, pripravite svinčnike (in aspirin), gremo!

Povezave
- Nazaj na matrično algebro: stran 5.

3.1 Lastni vektorji in lastne vrednosti

Pomembna lastnost matrike so njeni **lastni vektorji in pripadajoče lastne vrednosti**. Za matriko $\mathbf{A}$ so definirani na naslednji način:

$$\mathbf{Av} = \lambda\mathbf{v} \qquad (3.1)$$

Pri tem je $\mathbf{v}$ lastni vektor (velja za neničelne vektorje), λ pa pripadajoča lastna vrednost. Matriki lastni vektorji so torej tisti, ki, ko jih pomnožimo z matriko z leve, spremenijo le velikost, ne pa usmerjenosti.

Primer Ilustrirajmo na primeru.

$$\underbrace{\begin{bmatrix} 5 & 2 & 1 \\ -2 & 1 & -1 \\ 2 & 2 & 4 \end{bmatrix}}_{\mathbf{A}} \underbrace{\begin{bmatrix} 1 \\ -1 \\ 1 \end{bmatrix}}_{\mathbf{v}} = \begin{bmatrix} 4 \\ -4 \\ 4 \end{bmatrix} = \underbrace{4}_{\lambda} \underbrace{\begin{bmatrix} 1 \\ -1 \\ 1 \end{bmatrix}}_{\mathbf{v}}$$
$$(3.2)$$

Definicijo lastnih vektorjev in lastnih vrednosti lahko zapišemo na ekvivalenten način.

$$(\mathbf{A} - \lambda\mathbf{I})\mathbf{v} = \mathbf{0} \qquad (3.3)$$

Ta enačba ima rešitve le, če je determinanta matrike $(\mathbf{A} - \lambda\mathbf{I})$ enaka 0, oz. zapisano na drug način.

$$|\mathbf{A} - \lambda\mathbf{I}| = 0 \qquad (3.4)$$

Iskanje lastnih vrednosti in nadalje lastnih vektorjev se nato prevede na reševanje zgornjega *karakterističnega* polinoma.

Primer Poiščimo lastne vektorje in lastne vrednosti matrike:

$$\mathbf{A} = \begin{bmatrix} 1 & 0.2 \\ 0.2 & 1 \end{bmatrix} \qquad (3.5)$$

To se prevede na naslednji sistem enačb:

$$\mathbf{A} = \begin{vmatrix} 1 - \lambda & 0.2 \\ 0.2 & 1 - \lambda \end{vmatrix} = 0 \qquad (3.6)$$

Iščemo λ, za kar zapišemo karakteristični polinom:

$$\lambda^2 - 2\lambda + 0.96 = 0 \qquad (3.7)$$

Rešitvi sta $\lambda_1 = 0.8$ in $\lambda_2 = 1.2$.
Da bi nato našli lastne vektorje, moramo rešiti naslednji sistem enačb.

$$\begin{bmatrix} 1 & 0.2 \\ 0.2 & 1 \end{bmatrix} \begin{bmatrix} v_1 \\ v_2 \end{bmatrix} = \lambda \begin{bmatrix} v_1 \\ v_2 \end{bmatrix} \qquad (3.8)$$

Z rešitvama $\mathbf{v} = (-1, 1)^T$ pri $\lambda = 0.8$ in $\mathbf{v} = (1, 1)^T$ pri $\lambda = 1.2$

Ta primer lahko ilustriramo tudi grafično. Če vsako točko slike preslikamo tako, da jo z leve množimo z matriko $\mathbf{A}$ dobimo rezultat, prikazan na sliki 3.1.

Slika 3.1 – Ilustracija lastnih vektorjev in lastnih vrednosti.

Medtem, ko se usmerjenost vektorjev x in y osi pri transformaciji spremeni (rdeča in zelena), se usmerjenost lastnih vektorjev ohrani (modra in rumena), saj so, po definiciji, različni le za skalar.

3.2 Reševanje sistemov linearnih enačb

Poglejmo še, kako lahko matrično algebro uporabimo za **reševanje sistemov linearnih enačb**. V primeru stolpičnega vektorja **x** velja, da naslednja matrična enačba predstavlja sistem linearnih enačb.

$$\mathbf{A}\mathbf{x} = \mathbf{b} \qquad (3.9)$$

Zapišemo jo lahko namreč tudi kot:

$$a_{11}x_1 + a_{12}x_2 + \cdots + a_{1n}x_n = b_1$$
$$\vdots \qquad (3.10)$$
$$a_{m1}x_1 + a_{m2}x_2 + \cdots + a_{mn}x_n = b_m$$

Rešitev je nato enostavno naslednja.

$$\mathbf{x} = \mathbf{A}^{-1}\mathbf{b} \qquad (3.11)$$

Več o obratnih matrikah kasneje, vseeno pa poglejmo postopek Gaussove eliminacije, katerega cilj je, da na levi dobimo enotsko matriko.

Primer Vzemimo naslednji sistem enačb.

$$2x_0 + x_1 - x_2 = 4$$
$$-x_0 - 2x_1 + x_2 = -5 \qquad (3.12)$$
$$x_0 + 2x_2 = 1$$

Za reševanje ga zapišimo z razširjeno matriko, nato pa uporabimo operacije na vrsticah za postopek Gaussove eliminacije.

$$[\mathbf{A}|\mathbf{I}] = \begin{bmatrix} 2 & 1 & -1 & | & 4 \\ -1 & -2 & 1 & | & -5 \\ 1 & 0 & 2 & | & 1 \end{bmatrix}$$

$$\sim \begin{bmatrix} 2 & 1 & -1 & | & 4 \\ 0 & -\frac{3}{2} & \frac{3}{2} & | & -3 \\ 0 & -\frac{1}{2} & \frac{5}{2} & | & -1 \end{bmatrix}$$

$$\sim \begin{bmatrix} 2 & 1 & -1 & | & 4 \\ 0 & -\frac{3}{2} & \frac{3}{2} & | & -3 \\ 0 & 0 & 2 & | & 0 \end{bmatrix} \qquad (3.13)$$

$$\sim \begin{bmatrix} 1 & 0 & 0 & | & 1 \\ 0 & 1 & 0 & | & 2 \\ 0 & 0 & 1 & | & 0 \end{bmatrix}$$

Rezultat je torej $x_0 = 1; x_1 = 2; x_2 = 0$.

Poglejmo si še primer t.i. rotacijske matrike, ki vektor zarotira okoli izhodišča za kot θ.

Primer

$$\mathbf{R} = \begin{bmatrix} \cos\theta & -\sin\theta \\ \sin\theta & \cos\theta \end{bmatrix} \qquad (3.14)$$

Da bi našli lastne vrednosti, rešimo karakteristično enačbo:

$$\begin{vmatrix} \cos\theta - \lambda & -\sin\theta \\ \sin\theta & \cos\theta - \lambda \end{vmatrix} = 0 \qquad (3.15)$$

$$(\cos\theta - \lambda)^2 + \sin^2\theta = 0 \qquad (3.16)$$

$$\lambda^2 - 2\lambda\cos\theta + 1 = 0 \qquad (3.17)$$

Rešitvi te kvadratne enačbe sta:

$$\lambda_{1,2} = \cos\theta \pm i\sin\theta = e^{\pm i\theta} \qquad (3.18)$$

Vidimo, da sta lastni vrednosti kompleksno konjugirani in ležita na enotski krožnici v kompleksni ravnini.

Ta primer ima tudi geometrijsko interpretacijo, da rotacijska matrika nima realnih lastnih vektorjev (razen za rotacije za 0 ali 180 stopinj). To je smiselno, saj rotacija spremeni smer vseh vektorjev, razen tistih, ki ležijo vzdolž osi rotacije.

Kompleksni lastni vrednosti λ_1 in λ_2 sta prikazani na enotski krožnici na sliki 3.2. Kot med realno osjo in λ_1 je enak kotu rotacije θ.

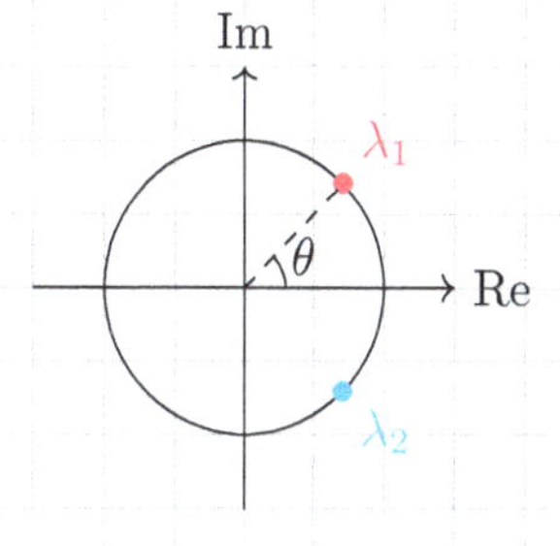

Slika 3.2 – Ilustracija lastnih vrednosti.

Upam, da se med študijem tega poglavja niste počutili, kot da vaši možgani izvajajo Gaussovo eliminacijo nad vašo potrpežljivostjo. Lastni vektorji in lastne vrednosti bodo prišli še zelo prav, ko si bomo poskusili vizualizirati koncept gibljivosti členkastih robotov.

Zakaj je lastni vektor tako samozavesten? Ker ve, da je neodvisen!

Povezave
- Naprej na obrat in psevdoobrat: stran 9.
- Naprej na gibljivost: stran 47.
- Naprej na programski primer: stran 97.

Poglavje 4.

Obratne matrike in pseudoobrat

Uvod Če ste kdaj sanjali o tem, da bi lahko obrnili svoje življenjske odločitve tako enostavno kot matriko, ste na pravem mestu. Žal vam ne moremo pomagati pri prvih, lahko pa vam pokažemo, kako se spopasti z drugimi. Bolje, kot (da je determinanta) nič.

Povezave
- Nazaj na matrično algebro: stran 5.

4.1 Obratna matrika

Obratna matrika $\mathbf{A}^{-1}$ matrike $\mathbf{A}$ obstaja za nesingularne kvadratne matrike, t.j., za matrike, katerih determinanta ni enaka 0. Za 2×2 matrike je determinanta enaka:

$$\det(\mathbf{A}) = \begin{vmatrix} a & b \\ c & d \end{vmatrix} = ad - bc \qquad (4.1)$$

Za 3×3 pa:

$$\det(\mathbf{A}) = \begin{vmatrix} a & b & c \\ d & e & f \\ g & h & i \end{vmatrix}$$
$$= a \begin{vmatrix} e & f \\ h & i \end{vmatrix} - b \begin{vmatrix} d & f \\ g & i \end{vmatrix} + c \begin{vmatrix} d & e \\ g & h \end{vmatrix} =$$
$$= aei + bfg + cdh - ceg - bdi - afh \qquad (4.2)$$

Obratna matrika je definirana z naslednjo lastnostjo:

$$\mathbf{A} \cdot \mathbf{A}^{-1} = \mathbf{A}^{-1} \cdot \mathbf{A} = \mathbf{I}_n \qquad (4.3)$$

Pri tem je $\mathbf{I}_n$ n-dimenzionalna enotska matrika. Ob dani matriki $\mathbf{A}$ je cilj operacije obračanja najti $\mathbf{A}^{-1}$, za kar obstaja več uveljavljenih metod. Morda najbolj ilustrativna izmed vseh je Gaussova (oz. Gauss-Jordanova) eliminacija, pri kateri uporabimo operacije na vrsticah tako, da z enotsko matriko na desni razširjeno osnovno matriko na levi spremenimo v enotsko. Rezultat se nato nahaja na začetnih mestih enotske matrike, torej, na desni. Ilustrirajmo s primerom.

Primer Obrnimo naslednjo matriko.

$$\mathbf{A} = \begin{bmatrix} 1 & 0 & 2 \\ -1 & 3 & 1 \\ 0 & 2 & 1 \end{bmatrix} \qquad (4.4)$$

Pričnimo z zapisom z identiteto razširjene matrike.

$$[\mathbf{A}|\mathbf{I}] = \begin{bmatrix} 1 & 0 & 2 & | & 1 & 0 & 0 \\ -1 & 3 & 1 & | & 0 & 1 & 0 \\ 0 & 2 & 1 & | & 0 & 0 & 1 \end{bmatrix} \qquad (4.5)$$

Nato uporabimo operacije na vrsticah, da dobimo enotsko matriko na levi. Rezultat, obratna matrika, je nato na desni.

$$[\mathbf{I}|\mathbf{A}^{-1}] = \begin{bmatrix} 1 & 0 & 0 & | & -\frac{1}{3} & -\frac{4}{3} & 2 \\ 0 & 1 & 0 & | & -\frac{1}{3} & -\frac{1}{3} & 1 \\ 0 & 0 & 1 & | & \frac{2}{3} & \frac{2}{3} & -1 \end{bmatrix} \qquad (4.6)$$

Preverimo:

$$\mathbf{A}\mathbf{A}^{-1} = \begin{bmatrix} 1 & 0 & 2 \\ -1 & 3 & 1 \\ 0 & 2 & 1 \end{bmatrix} \begin{bmatrix} -\frac{1}{3} & -\frac{4}{3} & 2 \\ -\frac{1}{3} & -\frac{1}{3} & 1 \\ \frac{2}{3} & \frac{2}{3} & -1 \end{bmatrix}$$
$$= \begin{bmatrix} 1 & 0 & 0 \\ 0 & 1 & 0 \\ 0 & 0 & 1 \end{bmatrix} = \mathbf{I} \qquad (4.7)$$

Z matrikami predstavljamo različne transformacije v vektorskem prostoru. Tipičen primer take transformacije v robotiki je preslikava hitrosti iz prostora sklepov v kartezijev, delovni prostor. Prav tako pogosto iščemo obratne transformacije, za preračun katerih potrebujemo obratne matrike. Vendar pa obrat matrike po definiciji ne obstaja za nekvadratne matrike. Če ima robot 7 sklepov, prostostnih stopenj delovnega prostora pa je 6 (3 translacije in 3 rotacije), bo transformacija hitrosti iz prostora sklepov v delovni prostor predstavljena z 6×7 matriko, ki nima obrata. V izogib tej težavi pogosto uvedemo *pseudoobrat*.

4.2 Moore-Penrose-ov pseudoobrat

Pseudoobrat $\mathbf{A}^+$ mora imeti naslednje lastnosti:

1. $\mathbf{A}\mathbf{A}^+\mathbf{A} = \mathbf{A}$,
2. $\mathbf{A}^+\mathbf{A}\mathbf{A}^+ = \mathbf{A}^+$,
3. $(\mathbf{A}\mathbf{A}^+)^T = \mathbf{A}\mathbf{A}^+$ in
4. $(\mathbf{A}^+\mathbf{A})^T = \mathbf{A}^+\mathbf{A}$.

Te lastnosti niso konstruktivne, lahko pa z njimi enostavno preverimo, ali je neka matrika pseudoobrat druge. Eno izmed konstruktivnih definicij vpelje Albert [1], ki dokaže naslednje.

$$A^+ = \lim_{\delta \to 0}(A^T A + \delta^2 I)^{-1} A^T$$
$$= \lim_{\delta \to 0} A^T (A A^T + \delta^2 I)^{-1} \tag{4.8}$$

Nadalje je možno pokazati, da velja za vsako matriko z linearno neodvisnimi vrsticami (t.i. *desno obrnljivo*) naslednje.

$$A^+ = A^T (A A^T)^{-1} \tag{4.9}$$

Za vsako z linearno neodvisnimi stolpci (*levo obrnljivo*) pa naslednje.

$$A^+ = (A^T A)^{-1} A^T \tag{4.10}$$

Primer Vzemimo matriko:

$$A = \begin{bmatrix} 1 & 0 & 2 \\ -1 & 3 & 1 \end{bmatrix} \tag{4.11}$$

Matrika ima linearno neodvisni vrstici, zato lahko uporabimo $A^+ = A^T (A A^T)^{-1}$ in dobimo psevdoobrat:

$$A^+ = \begin{bmatrix} \frac{2}{9} & -\frac{1}{9} \\ -\frac{1}{18} & \frac{5}{18} \\ \frac{7}{18} & \frac{1}{18} \end{bmatrix} \tag{4.12}$$

Veljavnost rezultata zlahka preverimo z množenjem matrike in njenega psevdoobrata.

4.3 Singularna dekompozicija

V splošnem psevdoobrat vedno obstaja in je izračunljiv s pomočjo singularne dekompozicije (SVD), ki je za matriko A naslednje oblike:

$$A = U \Sigma V^* \tag{4.13}$$

Pri tem je U $m \times m$ kompleksna unitarna matrika, Σ $m \times n$ pravokotna matrika z ne-negativnimi padajočimi singularnimi vrednostmi na diagonali, V $n \times n$ kompleksna unitarna matrika, V^* pa njena kompleksna konjugacija. Za realne matrike M velja, da sta U in V ortogonalna in nadalje $A = U \Sigma V^T$. Singularne vrednosti so razširitev lastnih vrednosti in so definirane tudi za nekvadratne matrike kot kvadratni koreni lastnih vrednosti $A^T A$ ali $A A^T$.

Psevdoobrat s SVD izračunamo kot:

$$A^+ = V \Sigma^+ U^T \tag{4.14}$$

Pri tem je Σ^+ dobljena tako, da so vse vrednosti iz Σ obrnjene, nato pa še celotna matrika transponirana.

Primer Poglejmo si primer singularne dekompozicije na 2×2 matriki. Najprej izračunajmo $A^T A$ in $A A^T$.

$$A = \begin{bmatrix} 4 & 0 \\ 3 & -5 \end{bmatrix} \tag{4.15}$$

$$A^T A = \begin{bmatrix} 25 & -15 \\ -15 & 25 \end{bmatrix}$$
$$A A^T = \begin{bmatrix} 16 & 12 \\ 12 & 34 \end{bmatrix} \tag{4.16}$$

Lastni vrednosti sta $\lambda_{1,2} = (40, 10)$. S tem dobimo matriko Σ.

$$\Sigma = \begin{bmatrix} \sqrt{40} & 0 \\ 0 & \sqrt{10} \end{bmatrix} \tag{4.17}$$

Enotska lastna vektorja sta $(-1/\sqrt{2}, 1/\sqrt{2})$ in $(1/\sqrt{2}, 1/\sqrt{2})$. S tem dobimo matriko V.

$$V = \begin{bmatrix} \frac{-1}{\sqrt{2}} & \frac{1}{\sqrt{2}} \\ \frac{1}{\sqrt{2}} & \frac{1}{\sqrt{2}} \end{bmatrix} \tag{4.18}$$

Matrika U je nato za realne matrike enaka $A V \Sigma^T$.

$$U = \begin{bmatrix} \frac{-1}{\sqrt{5}} & \frac{2}{\sqrt{5}} \\ \frac{-2}{\sqrt{5}} & \frac{-1}{\sqrt{5}} \end{bmatrix} \tag{4.19}$$

Preverimo.

$$A = U \Sigma V^T$$
$$\begin{bmatrix} 4 & 0 \\ 3 & -5 \end{bmatrix} = \begin{bmatrix} \frac{-1}{\sqrt{5}} & \frac{2}{\sqrt{5}} \\ \frac{-2}{\sqrt{5}} & \frac{-1}{\sqrt{5}} \end{bmatrix} \begin{bmatrix} \sqrt{40} & 0 \\ 0 & \sqrt{10} \end{bmatrix} \begin{bmatrix} \frac{-1}{\sqrt{2}} & \frac{1}{\sqrt{2}} \\ \frac{1}{\sqrt{2}} & \frac{1}{\sqrt{2}} \end{bmatrix} \tag{4.20}$$

$$A^+ = V \Sigma^+ U^T$$
$$= \begin{bmatrix} \frac{-1}{\sqrt{2}} & \frac{1}{\sqrt{2}} \\ \frac{1}{\sqrt{2}} & \frac{1}{\sqrt{2}} \end{bmatrix} \begin{bmatrix} \frac{1}{\sqrt{40}} & 0 \\ 0 & \frac{1}{\sqrt{10}} \end{bmatrix} \begin{bmatrix} \frac{-1}{\sqrt{5}} & \frac{-2}{\sqrt{5}} \\ \frac{2}{\sqrt{5}} & \frac{-1}{\sqrt{5}} \end{bmatrix}$$
$$= \begin{bmatrix} \frac{1}{4} & 0 \\ \frac{3}{20} & \frac{-1}{5} \end{bmatrix} \tag{4.21}$$

Kaj reče matrika psevdoobratu na koncu zmenka? Nisi pravi zame, ampak si dovolj blizu.

Povezave
- Naprej na koordinatne sisteme in rotacije v 2D: stran 11.
- Naprej na inverzno kinematiko členkastih robotov: stran 43.
- Naprej na programski primer: stran 97.

[1] Albert, A. Regression and the Moore-Penrose pseudoinverse. Tech. Rep. (1972).

Poglavje 5.

Koordinatni sistemi in rotacije v 2D

Uvod Opozorilo: če vam je na vlaku smrti hitro slabo, morda to poglavje ni za vas. Ukvarjali se bomo namreč z vrtenjem oz. rotacijami, zato poiščite najbližji stol in se (nekako) pripnite.

Povezave
- Nazaj na matrično algebro: stran 5.
- Nazaj na obratne matrike in psevdoobrat: stran 9.

V robotiki je ključno obvladovanje koordinatnih sistemov in razmerij med njimi [2]. Za obvladovanje razmerij med koordinatnimi sistemi bomo uporabili transformacije, ki pa imajo lahko različno obliko. Preden pregledamo običajne načine zapisa transformacij pa najprej definirajmo splošne lastnosti, ki jih od transformacij med koordinatnimi sistemi pričakujemo.

5.1 Koordinatni sistemi

Koordinatni sistemi bodo označeni z zavitimi oklepaji, npr. $\{A\}$, koordinatni vektor točke $\mathbf{p}$ v koordinatnem sistemu $\{A\}$ pa z $^A\mathbf{p} = [x_A, y_A, z_A]^T$. Definirati želimo način opisa relativne lege dveh koordinatnih sistemov, ki bo omogočal, da koordinate točke v enem koordinatnem sistemu izrazimo v drugem. Transformacijo, katere osnova je relativna lega koordinatnih sistemov $\{A\}$ in $\{B\}$, bomo označili z $^A\xi_B$. Želimo, da ξ deluje kot matematični objekt, ki omogoča transformacijo koordinat točke med koordinatnima sistemoma na naslednji način.

$$^A\mathbf{p} = {}^A\xi_B \cdot {}^B\mathbf{p} \tag{5.1}$$

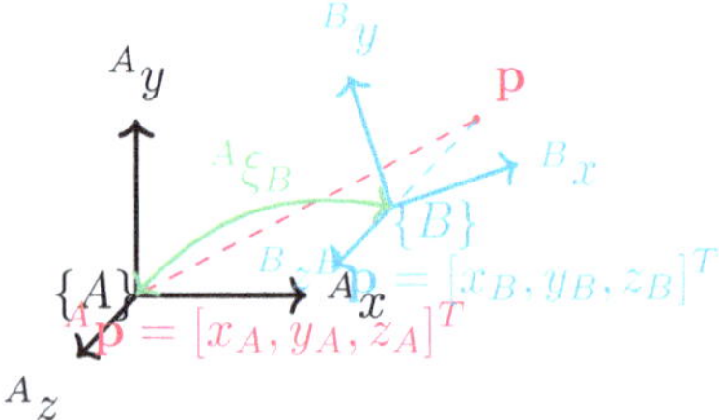

Slika 5.1 – Zapis točke $\mathbf{p}$ v koordinatnih sistemih $\{A\}$ in $\{B\}$.

Poleg tega želimo relativne lege koordinatnih sistemov *sestavljati*, z drugimi besedami, transformacija mora biti tranzitivna, kar pomeni, da lahko

transformacijo med $\{C\}$ in $\{A\}$ zapišemo najprej z transformacijo med $\{C\}$ in $\{B\}$ ter nato še iz $\{B\}$ do $\{A\}$. Implicirano je, da transformacija deluje z desne proti levi.

$$^A\xi_C = {}^A\xi_B \oplus {}^B\xi_C \tag{5.2}$$

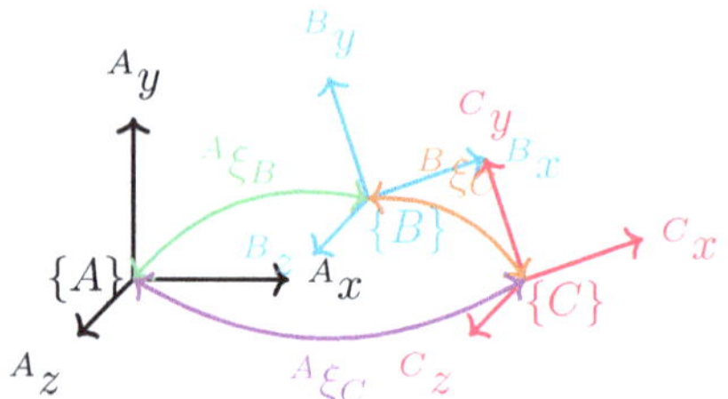

Slika 5.2 – Veriženje koordinatnih sistemov.

Pogosto je v robotskih aplikacijah definiran globalni koordinatni sistem, označen z $\{0\}$, transformacije od ostalih koordinatnih sistemov, npr. koordinatnega sistema $\{R\}$ do globalnega pa z ξ_R, kar je okrajšava za $^0\xi_R$. Poleg sestavljanja mora transformacija omogočati tudi obratno transformacijo, ki bo označena z $\ominus\xi$. Ničelno transformacijo, ki ohranja lego, pa bomo označili preprosto z 0.

Obratna in ničelna transformacija se obnašata po naslednjih algebraičnih pravilih.

$$
\begin{aligned}
^A\xi_B \oplus 0 &= {}^A\xi_B \\
^A\xi_B \ominus 0 &= {}^A\xi_B \\
^A\xi_B \ominus {}^A\xi_B &= 0 \\
\ominus {}^A\xi_B \oplus {}^A\xi_B &= 0 \\
\ominus {}^A\xi_B &= {}^B\xi_A
\end{aligned}
\tag{5.3}
$$

Pomembno je poudariti, da sestavljanje ni komutativna operacija.

$$\xi_1 \oplus \xi_2 \neq \xi_2 \oplus \xi_1 \tag{5.4}$$

ξ je lahko kakršenkoli matematičen objekt, ki ustreza zgornjim pravilom. V nadaljevanju bo naša naloga izbrati ta objekt za 2D in 3D primere.

Primer Poenostavimo $\ominus\xi_X \oplus \xi_X \oplus {}^X\xi_Y$:

$$
\begin{aligned}
\ominus{}^0\xi_X \oplus {}^0\xi_X \oplus {}^X\xi_Y &= \\
^X\xi_0 \oplus {}^0\xi_X \oplus {}^X\xi_Y &= \\
^X\xi_X \oplus {}^X\xi_Y &= \\
^X\xi_Y
\end{aligned}
\tag{5.5}
$$

5.2 Rotacija v 2D

Transformacijo med dvema koordinatnima sistemoma v dveh dimenzijah lahko sestavimo iz translacije po x in y, ter rotacije za kot θ. Vendar pa tak zapis, $^A\xi_B \sim (x, y, \theta)$, ni najustreznejši, saj je v tem primeru sestavljanje oz. veriženje zahtevna trigonometrična funkcija.

$$(x_A, y_A, \theta_A) \oplus (x_B, y_B, \theta_B) \qquad (5.6)$$

Do smiselnega matematičnega objekta, ki opisuje lego v dveh dimenzijah, bomo prišli tako, da bomo ločili rotacijo in translacijo.

Zanima nas, kaj se zgodi s koordinatami točke $\mathbf{p} = [x, y]$ pri rotaciji okoli izhodišča koordinatnega sistema. Položaj točke pred rotacijo lahko zapišemo z oddaljenostjo od izhodišča r in kotom glede na absciso ϕ. V primeru čiste rotacije, brez translacije, ostane radij enak, spremeni pa se kot glede na absciso $\phi + \theta$. Koordinate točke po rotaciji označimo z $\mathbf{p}' = [x', y']$. Velja naslednje.

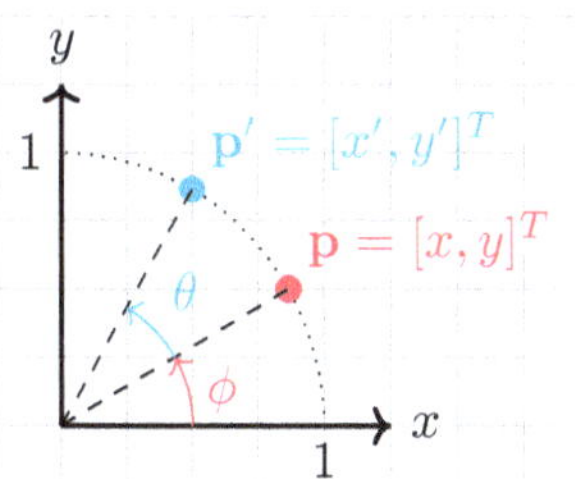

Slika 5.3 – Rotacija točke okoli izhodišča.

$$\begin{aligned} x &= r \cdot \cos \phi \\ y &= r \cdot \sin \phi \\ x' &= r \cdot \cos(\phi + \theta) \\ y' &= r \cdot \sin(\phi + \theta) \end{aligned} \qquad (5.7)$$

S pomočjo trigonometričnih identitet lahko zapišemo naslednje.

$$\begin{aligned} x' &= r \cdot \cos(\phi + \theta) \\ &= r \cdot (\cos \phi \cdot \cos \theta - \sin \phi \cdot \sin \theta) \\ &= r \cdot \cos \phi \cdot \cos \theta - r \cdot \sin \phi \cdot \sin \theta \\ &= x \cdot \cos \theta - y \cdot \sin \theta \end{aligned} \qquad (5.8)$$

Podobno lahko za y' zapišemo naslednje.

$$\begin{aligned} y' &= r \cdot \sin(\phi + \theta) \\ &= r \cdot (\sin \phi \cdot \cos \theta + \cos \phi \cdot \sin \theta) \\ &= r \cdot \sin \phi \cdot \cos \theta + r \cdot \cos \phi \cdot \sin \theta \\ &= y \cdot \cos \theta + x \cdot \sin \theta \end{aligned} \qquad (5.9)$$

Zgornji enačbi lahko koncizno zapišemo z matričnim zapisom.

$$\begin{bmatrix} x' & y' \end{bmatrix} = \begin{bmatrix} x & y \end{bmatrix} \cdot \begin{bmatrix} \cos \theta & \sin \theta \\ -\sin \theta & \cos \theta \end{bmatrix} \qquad (5.10)$$

Oziroma.

$$\begin{bmatrix} x' \\ y' \end{bmatrix} = \begin{bmatrix} \cos \theta & -\sin \theta \\ \sin \theta & \cos \theta \end{bmatrix} \cdot \begin{bmatrix} x \\ y \end{bmatrix} \qquad (5.11)$$

Slednjo matriko imenujemo *rotacijska matrika* in označujemo z $\mathbf{R}$.

Primer Podan je koordinatni vektor točke $^A\mathbf{p} = [1, 2]^T$. Zanima nas, kakšne so koordinate te točke v koordinatnem sistemu $\{B\}$, ki je glede na $\{A\}$ zasukan za $45°$.
Transformacijo med koordinatnima sistemoma lahko zapišemo z naslednjo matriko.

$$\begin{aligned} ^A\xi_B &= \begin{bmatrix} \cos 45° & -\sin 45° \\ \sin 45° & \cos 45° \end{bmatrix} \\ &= \begin{bmatrix} 0.7071 & -0.7071 \\ 0.7071 & 0.7071 \end{bmatrix} \end{aligned} \qquad (5.12)$$

Zanima nas obratna transformacija, ki je v primeru ortonormalne matrike kar njena transpozicija. Velja naslednje.

$$\begin{aligned} ^B\mathbf{p} = {}^B\xi_A \cdot {}^A\mathbf{p} &= \begin{bmatrix} 0.7071 & 0.7071 \\ -0.7071 & 0.7071 \end{bmatrix} \cdot \begin{bmatrix} 1 \\ 2 \end{bmatrix} \\ &= \begin{bmatrix} 2.1213 \\ 0.7071 \end{bmatrix} \end{aligned}$$
$$(5.13)$$

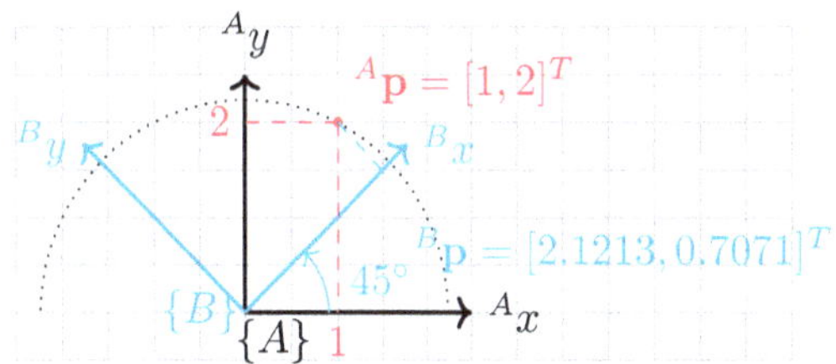

Slika 5.4 – Ilustracija primera.

Kaj reče rotacijska matrika, ko se bliža rok za oddajo naloge? Uf, čas je, da se malo obrnem!

Povezave
- Naprej na homogeno transformacijo in rotacije v 3D: stran 13.

[2] Corke, P. *Robotics, Vision and Control: Fundamental Algorithms In MATLAB*, vol. 118 of *Springer Tracts in Advanced Robotics* (Springer, 2017), 2 edn.

Poglavje 6.

Homogena transformacija in rotacije v 3D

Uvod Če ste mislili, da so stvari v 2D zapletene, se vam bo v 3D gotovo zavrtelo. Spoznali bomo homogeno transformacijo, s katero lahko opišemo lego predmetov tako natančno, da bodo še roboti znali najti vaše umazane nogavice.

Povezave
- Nazaj na koordinatne sisteme in rotacije v 2D: stran 11.

6.1 Homogena transformacija

Poleg zasuka so lahko koordinatni sistemi različni tudi v lokaciji njihovega izhodišča - translirani eden na drugega v ravnini. Velja, da lahko rotacijo in translacijo koordinatnih sistemov obravnavamo ločeno. V primeru, da je koordinatni sistem $\{B\}$ glede na koordinatni sistem $\{A\}$ zasukan za kot θ in transliran za vektor $\mathbf{t} = [x, y]$, velja naslednje.

$$\begin{bmatrix} {}^A x \\ {}^A y \end{bmatrix} = \begin{bmatrix} \cos\theta & -\sin\theta \\ \sin\theta & \cos\theta \end{bmatrix} \cdot \begin{bmatrix} {}^B x \\ {}^B y \end{bmatrix} + \begin{bmatrix} x \\ y \end{bmatrix}$$
$$= \begin{bmatrix} \cos\theta & -\sin\theta & x \\ \sin\theta & \cos\theta & y \end{bmatrix} \cdot \begin{bmatrix} {}^B x \\ {}^B y \\ 1 \end{bmatrix} \qquad (6.1)$$

Oziroma.

$$\begin{bmatrix} {}^A x \\ {}^A y \\ 1 \end{bmatrix} = \begin{bmatrix} {}^A\mathbf{R}_B & \mathbf{t} \\ \mathbf{0}_{1\times2} & 1 \end{bmatrix} \cdot \begin{bmatrix} {}^B x \\ {}^B y \\ 1 \end{bmatrix} \qquad (6.2)$$

Zgornjemu zapisu dvodimenzionalnega vektorja s tremi parametri pravimo homogena oblika, pri kateri velja, da lahko vektor $\mathbf{p} = [x, y]$ predstavimo z neskončno različnimi homogenimi vektorji $\tilde{\mathbf{p}} = [x_1, x_2, x_3]$ za katere velja $x = x_1/x_3$, $y = x_2/x_3$ in $x_3 \neq 0$. Tipično to naredimo preprosto tako, da dvodimenzionalnemu vektorju dodamo tretji element z vrednostjo 1. Homogeni vektorji imajo pomembno lastnost, da ostajajo enaki pri množenju s skalarjem. $[2, 4, 2]$ in $[4, 8, 4]$ torej predstavljata isti dvodimenzionalni vektor $[1, 2]$. Zgornjo enačbo lahko sedaj zapišemo s pomočjo homogenih vektorjev na naslednji način.

$${}^A\tilde{\mathbf{p}} = \begin{bmatrix} {}^A\mathbf{R}_B & \mathbf{t} \\ \mathbf{0}_{1\times2} & 1 \end{bmatrix} \cdot {}^B\tilde{\mathbf{p}} = {}^A\mathbf{T}_B\tilde{\mathbf{p}} \qquad (6.3)$$

Pri tem je ${}^A\mathbf{T}_B$ t.i. *homogena transformacija*. S tem je končano naše iskanje primerne matematične strukture za opis medsebojne lege koordinatnih sistemov v dveh dimenzijah. $\xi \sim \mathbf{T}$ in $\mathbf{T}_1 \oplus \mathbf{T}_2 \to \mathbf{T}_1\mathbf{T}_2$, kar ni nič drugega kot množenje matrik. Ker predhodno definirana pravila algebre za ξ zahtevajo, da je $\xi \oplus 0 = \xi$, velja, da je $0 \to \mathbf{I}$, saj se matrika preslika sama vase le ob množenju z identiteto $\mathbf{T} \cdot \mathbf{I} = \mathbf{T}$. Še eno pravilo je bilo, da je $\xi \ominus \xi = 0$. Ker velja, da je $\mathbf{T} \cdot \mathbf{T}^{-1} = \mathbf{I}$, sledi, da je $\ominus\mathbf{T} \to \mathbf{T}^{-1}$. Velja tudi naslednje.

$$\mathbf{T}^{-1} = \begin{bmatrix} \mathbf{R} & \mathbf{t} \\ \mathbf{0}_{1\times2} & 1 \end{bmatrix}^{-1} = \begin{bmatrix} \mathbf{R}^T & -\mathbf{R}^T\mathbf{t} \\ \mathbf{0}_{1\times2} & 1 \end{bmatrix} \qquad (6.4)$$

Naloga Koordinatni sistem $\{B\}$ je napram koordinatnemu sistemu $\{A\}$ transliran za $[3, 1]$ in zarotiran za $90°$. S pomočjo homogene transformacije pokažite, da se točka ${}^B[1, 1]$ preslika v ${}^A[2, 2]$.

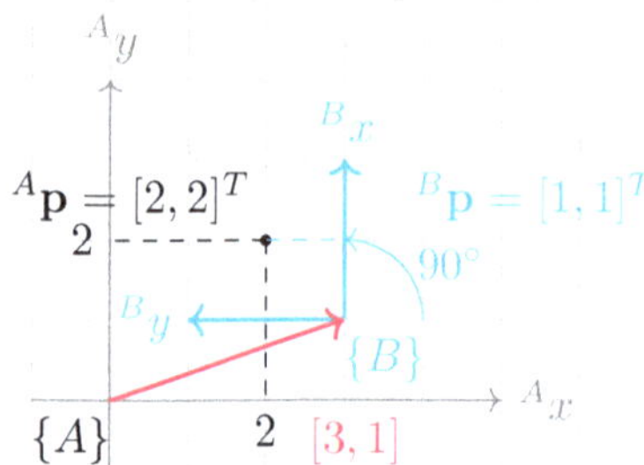

Slika 6.1 – Ilustracija naloge.

6.2 Rotacija v 3D

Obravnave tridimenzionalnega primera se lahko lotimo enako, kot dvodimenzionalnega. Pri tem koordinatnemu sistemu dodamo še eno os z, ki je ortogonalna na osi x in y in usmerjena v skladu s pravilom desne roke. S tem dobimo tri rotacijske matrike, ki opisujejo rotacijo okoli osi koordinatnega sistema.

$$\mathbf{R}_x(\theta) = \begin{bmatrix} 1 & 0 & 0 \\ 0 & \cos\theta & -\sin\theta \\ 0 & \sin\theta & \cos\theta \end{bmatrix}$$
$$\mathbf{R}_y(\theta) = \begin{bmatrix} \cos\theta & 0 & \sin\theta \\ 0 & 1 & 0 \\ -\sin\theta & 0 & \cos\theta \end{bmatrix} \qquad (6.5)$$
$$\mathbf{R}_z(\theta) = \begin{bmatrix} \cos\theta & -\sin\theta & 0 \\ \sin\theta & \cos\theta & 0 \\ 0 & 0 & 1 \end{bmatrix}$$

Slednja matrika je ravno rotacijska transformacija v dvodimenzionalnem primeru oz. v ravnini xy. Poljubno rotacijo koordinatnega sistema nato pogosto predstavimo s tri-kratnim zaporednim sestavljanjem zgornjih osnovnih transformacij. Torej, koordinatni sistem najprej zasukamo okrog ene, nato okoli druge in nato še okoli tretje osi. Pri tem lahko to naredimo na dva osnovna načina. Pri prvem, Eulerjevem, je tretja transformacija okoli iste osi, kot prva, npr. XYX ali pa ZXZ. Pri drugem, Cardanovem, pa so uporabljene rotacije okoli vseh treh osi, npr. XYZ ali pa ZXY.

Pogosto uporabljen zapis v dinamskih sistemih in aeronavtiki je npr. ZYZ, s katerim dobimo t.i. Eulerjeve kote $\mathbf{\Gamma} = [\phi, \theta, \psi]$.

$$\mathbf{R} = \mathbf{R}_z(\phi)\mathbf{R}_y(\theta)\mathbf{R}_z(\psi) \tag{6.6}$$

Drugi pogosto uporabljen zapis je zapis s t.i. Tait-Bryanovimi (RPY) koti, ZYX, s katerim dobimo nagib α, naklon β in odklon γ. Zaporedne rotacije okoli z, y in x osi lahko predstavimo z naslednjo matriko.

$$\mathbf{R} = \mathbf{R}_x(\alpha)\mathbf{R}_y(\beta)\mathbf{R}_z(\gamma) = \begin{bmatrix} m_{11} & m_{12} & m_{13} \\ m_{21} & m_{22} & m_{23} \\ m_{31} & m_{32} & m_{33} \end{bmatrix}$$

$$m_{11} = \cos\beta\cos\alpha$$
$$m_{12} = \sin\gamma\sin\beta\cos\alpha - \cos\gamma\sin\alpha$$
$$m_{13} = \cos\gamma\sin\beta\cos\alpha + \sin\gamma\sin\alpha$$
$$m_{21} = \cos\beta\sin\alpha$$
$$m_{22} = \sin\gamma\sin\beta\sin\alpha + \cos\beta\cos\alpha$$
$$m_{23} = \cos\gamma\sin\beta\sin\alpha - \sin\gamma\cos\alpha$$
$$m_{31} = -\sin\beta$$
$$m_{32} = \sin\gamma\cos\beta$$
$$m_{33} = \cos\gamma\cos\beta$$

$$\tag{6.7}$$

Da bi dobili Tait-Bryanove kote, lahko nato uporabimo algoritem 1 [3].

6.3 Kardanski zaklep

Vsi tovrstni zapisi rotacije pa trpijo za singularnostjo imenovano kardanski zaklep, pri kateri os rotacije drugega člena postane vzporedna z osjo prvega ali tretjega. To lahko pokažemo z upoštevanjem pravil rotacije. Zasuk za θ okoli osi x in nato zasuk okoli y za $\pi/2$ ustvari enako transformacijo, kot zasuk okoli y za $\pi/2$ in nato zasuk okoli z za kot θ. Za ilustracijo problema vzemimo naslednji zapis rotacije.

$$^A\mathbf{R}_B = \mathbf{R}_x(\theta_r)\mathbf{R}_y(\theta_p)\mathbf{R}_z(\theta_y) \tag{6.8}$$

Algorithm 1: Pretvorba v Tait-Bryanove kote iz rotacijske matrike.

```
1  if m₃₁ ≠ 1 then
2      β₁ = − arcsin m₃₁
3      β₂ = π − β₁
4      α₁ = atan2(m₃₂/cos β₁, m₃₃/cos β₁)
5      α₂ = atan2(m₃₂/cos β₂, m₃₃/cos β₂)
6      γ₁ = atan2(m₂₁/cos β₁, m₁₁/cos β₁)
7      γ₂ = atan2(m₂₁/cos β₂, m₁₁/cos β₂)
8  end
9  else
10     γ = 0 if m₃₁ = −1 then
11         β = π/2
12         α = atan2(m₁₂, m₁₃)
13     end
14     else
15         β = −π/2
16         α = atan2(−m₁₂, −m₁₃)
17     end
18 end
```

V primeru, da je $\theta_p = \pi/2$ velja naslednje, kot zapisano v zgornjem tekstu.

$$\mathbf{R}_x(\theta_r)\mathbf{R}_y(\pi/2) \equiv \mathbf{R}_y(\pi/2)\mathbf{R}_z(\theta_r) \tag{6.9}$$

To rezultira v tem, da končni zapis ne more predstavljati rotacije okoli x osi.

$$\begin{aligned} ^A\mathbf{R}_B &= \mathbf{R}_y(\pi/2)\mathbf{R}_z(\theta_r)\mathbf{R}_z(\theta_y) \\ &= \mathbf{R}_y(\pi/2)\mathbf{R}_z(\theta_r + \theta_y) \end{aligned} \tag{6.10}$$

Singularnosti so posledica minimalnega zapisa rotacije, za katerim trpijo tudi drugi zapisi, kot sta zapis z dvema vektorjema in zapis z vektorjem in kotom. Za rešitev splošnega problema zapisa rotacije bo treba vpeljati zapis, ki ni minimalen - ki za zapis rotacije v treh dimenzijah uporablja štiri parametre. Najelegantnejši pristop ponujajo *kvaternioni*.

> Zakaj se je kardanski zaklep izgubil v gozdu? Ker se ni mogel dobro orientirati!

Povezave
- Naprej na kvaternione: stran 15.
- Naprej na Denavit-Hartenbergov zapis: stran 37.

[3] Slabaugh, G. G. Computing Euler angles from a rotation matrix. *Technical Report* (2001). URL https://eecs.qmul.ac.uk/~gslabaugh/publications/euler.pdf.

Poglavje 7.

Kvaternioni

Uvod V tem poglavju bo vaša intuicija o prostoru
doživela preobrat za 720 stopinj (ja, prav ste
prebrali). Vaš pogled na svet bo tako zasukan,
da boste tudi preprosto zavezovanje čevljev videli
kot kompleksno matematično operacijo.

Povezave
- Nazaj na homogeno transformacijo in rotacije v 3D:
  stran 13.

7.1   Kvaternioni

Kvaternioni so hiperkompleksna števila - razširitev
kompleksnih števil v štiri dimenzije. Iznašel jih je
William Rowan Hamilton (1805-1865), irski
matematik in fizik, med sprehodom ob rečnem
kanalu v Dublinu. Sestavljeni so iz skalarja w in
vektorja.

$$\mathring{q} = w + \mathbf{v}$$
$$= w + v_1 i + v_2 j + v_3 k \tag{7.1}$$
$$= w \langle v_1, v_2, v_3 \rangle$$

Pri tem so i, j in k ortogonalna kompleksna števila
za katera velja naslednje.

$$i^2 = j^2 = k^2 = ijk = -1 \tag{7.2}$$

Naloga Na osnovi zgornje enakosti pokažite, da
velja $k = ij$. Pokažite tudi, kaj so produkti
drugih osnovnih parov, npr. $jk = ?$.

Podobno kot pri enotskih kompleksnih številih, pri
katerih lahko množenje interpretiramo kot rotacijo
v kompleksni ravnini, lahko kvaternioni predstavl-
jajo rotacijo v treh dimenzijah. Enotske kvater-
nione lahko interpretiramo kot rotacijo za kot θ
okoli enotskega vektorja $\hat{\mathbf{n}}$, z naslednima lastnos-
tma.

$$w = \cos \frac{\theta}{2}$$
$$v = \left(\sin \frac{\theta}{2} \right) \hat{\mathbf{n}} \tag{7.3}$$

Pri zapisu rotacije s kvaternioni je posplošena
lega ξ enaka kvaternionu $\mathring{q}$. Sestavljanje je t.i.
Hamiltonov produkt.

$$\mathring{q}_1 \oplus \mathring{q}_2 = w_1 w_2 - \mathbf{v}_1 \cdot \mathbf{v}_2 \langle w_1 \mathbf{v}_2 + w_2 \mathbf{v}_1 + \mathbf{v}_1 \times \mathbf{v}_2 \rangle \tag{7.4}$$

Obrat pa je konjugacija kvaterniona.

$$\ominus \mathring{q} = \mathring{q}^{-1} = w \langle -\mathbf{v} \rangle \tag{7.5}$$

Ničta lega pa je naslednji enotski kvaternion.

$$0 = 1 \langle 0, 0, 0 \rangle \tag{7.6}$$

Rotacijo tridimenzionalnega vektorja nato lahko
zapišemo na naslednji način.

$$\mathring{q} \cdot \mathbf{v} = \mathring{q} \mathring{q}(\mathbf{v}) \mathring{q}^{-1} \tag{7.7}$$

Pri tem je $\mathring{q}(\mathbf{v}) = 0 \langle \mathbf{v} \rangle$ t.i. čisti kvaternion.

Primer Določimo položaj točke
$\mathbf{p} = (1, 0, 0)$ zarotirane s kvaternionom
$\mathring{q} = 0 \langle 0, \sqrt{2}/2, \sqrt{2}/2 \rangle$.
Rešitev lahko dobimo z upoštevanjem
enačbe za rotacijo tridimenzionalnega vek-
torja. Pri tem gre za skalarni produkt
kvaternionov $0 \langle 0, \sqrt{2}/2, \sqrt{2}/2 \rangle$, $0 \langle 1, 0, 0 \rangle$ in
$0 \langle 0, -\sqrt{2}/2, -\sqrt{2}/2 \rangle$. Skalarni zmnožek prvih
dveh je naslednji.

$$\left(0 + 0i + \frac{\sqrt{2}}{2} j + \frac{\sqrt{2}}{2} k \right) \cdot (0 + 1i + 0j + 0k) =$$
$$= \frac{\sqrt{2}}{2} ji + \frac{\sqrt{2}}{2} ki = -\frac{\sqrt{2}}{2} k + \frac{\sqrt{2}}{2} j =$$
$$= 0 \left\langle 0, \frac{\sqrt{2}}{2}, -\frac{\sqrt{2}}{2} \right\rangle \tag{7.8}$$

Drugi produkt pa je nato naslednji.

$$\left(\frac{\sqrt{2}}{2} j - \frac{\sqrt{2}}{2} k \right) \cdot \left(-\frac{\sqrt{2}}{2} j - \frac{\sqrt{2}}{2} k \right) =$$
$$= \frac{\sqrt{2}}{2} j \cdot \left(-\frac{\sqrt{2}}{2} j \right) + \frac{\sqrt{2}}{2} j \cdot \left(-\frac{\sqrt{2}}{2} k \right) -$$
$$- \frac{\sqrt{2}}{2} k \cdot - \left(\frac{\sqrt{2}}{2} j \right) - \frac{\sqrt{2}}{2} k \cdot \left(-\frac{\sqrt{2}}{2} k \right) = \tag{7.9}$$
$$= \frac{1}{2} - \frac{1}{2} jk + \frac{1}{2} kj - \frac{1}{2} = -i$$

Končni rezultat je, da se točka $\mathbf{p} = (1, 0, 0)$ pres-
lika v $(-1, 0, 0)$.

Kvaternioni imajo številne prednosti pri uporabi
v robotiki in računalniški grafiki. V primerjavi
z Eulerjevimi koti ne trpijo za problemom kar-
danskega zaklepa in omogočajo gladko interpolacijo

med rotacijami (ang. spherical linear interpolation, SLERP), kar je posebej koristno pri animacijah in planiranju gibanja robotov.

7.2 Pretvorbe med zapisi rotacije

Za kvaternion $\mathring{q} = q_r + q_i i + q_j j + q_k k$ velja, da opisuje enako rotacijo, kot naslednja rotacijska matrika:

$$\mathbf{R} = \begin{bmatrix} r_{11} & r_{12} & r_{13} \\ r_{21} & r_{22} & r_{23} \\ r_{31} & r_{32} & r_{33} \end{bmatrix}$$

$$r_{11} = 1 - 2s(q_j^2 + q_k^2)$$
$$r_{12} = 2s(q_i q_j - q_k q_r)$$
$$r_{13} = 2s(q_i q_k + q_j q_r)$$
$$r_{21} = 2s(q_i q_j + q_k q_r) \qquad (7.10)$$
$$r_{22} = 1 - 2s(q_i^2 + q_k^2)$$
$$r_{23} = 2s(q_j q_k - q_i q_r)$$
$$r_{31} = 2s(q_i q_k - q_j q_r)$$
$$r_{32} = 2s(q_j q_k + q_i q_r)$$
$$r_{33} = 1 - 2s(q_i^2 + q_j^2)$$

Pri tem je $s = ||\mathring{q}||^{-2}$, kar pomeni, da je $s = 1^{-2} = 1$ za enotski kvaternion.

Reprezentacijo os-kot (ang. axis-angle) lahko rekonstruiramo na naslednji način:

$$(a_x, a_y, a_z) = \frac{(q_i, q_j, q_k)}{\sqrt{q_i^2 + q_j^2 + q_k^2}}$$
$$\theta = 2\operatorname{atan2}\left(\sqrt{q_i^2 + q_j^2 + q_k^2}, q_r\right) \qquad (7.11)$$

Ta reprezentacija ima dobro lastnost, da lahko z njo elegantno računamo prek Rodriguesove formule. Matematično je Rodriguesova formula izražena kot:

$$\mathbf{v}_{\text{rot}} = \mathbf{v}\cos\theta + (\mathbf{a} \times \mathbf{v})\sin\theta + \mathbf{a}(\mathbf{a} \cdot \mathbf{v})(1 - \cos\theta) \qquad (7.12)$$

kjer je $\mathbf{v}_{\text{rot}}$ rotirani vektor, $\mathbf{v}$ originalni vektor, $\mathbf{a}$ enotski vektor, ki predstavlja os rotacije in θ kot rotacije v radianih.

Primer Imamo vektor $\mathbf{v} = (1, 0, 0)$, ki ga želimo rotirati za kot $\theta = \frac{\pi}{2}$ (90 stopinj) okoli osi $\mathbf{k} = (0, 0, 1)$. Izračunajmo rotirani vektor $\mathbf{v}_{\text{rot}}$ z uporabo Rodriguesove formule.
Izračunajmo vsak člen posebej:

1. $\mathbf{v}\cos\theta = (1, 0, 0)\cos\frac{\pi}{2} = (0, 0, 0)$
2. $\mathbf{k} \times \mathbf{v} = (0, 0, 1) \times (1, 0, 0) = (0, 1, 0)$
3. $(\mathbf{k} \times \mathbf{v})\sin\theta = (0, 1, 0)\sin\frac{\pi}{2} = (0, 1, 0)$
4. $\mathbf{k} \cdot \mathbf{v} = 0 \cdot 1 + 0 \cdot 0 + 1 \cdot 0 = 0$
5. $\mathbf{k}(\mathbf{k} \cdot \mathbf{v})(1 - \cos\theta) = (0, 0, 1) \cdot 0 \cdot (1 - \cos\frac{\pi}{2}) = (0, 0, 0)$

Seštejemo vse člene:

$$\mathbf{v}_{\text{rot}} = (0, 0, 0) + (0, 1, 0) + (0, 0, 0) = (0, 1, 0) \qquad (7.13)$$

Torej, ko vektor $(1, 0, 0)$ rotiramo za 90 stopinj okoli z-osi, dobimo vektor $(0, 1, 0)$. To se ujema z našimi pričakovanji, saj rotacija vektorja, ki kaže v smeri x-osi, za 90 stopinj okoli z-osi, rezultira v vektorju, ki kaže v smeri y-osi.

7.3 Zapis lege v 3D

Zapis relativne lege koordinatnih sistemov v treh dimenzijah je najpogosteje zapisan s 4×4 matrikami homogene transformacije, ali pa s parom kvaternion-vektor. Obravnava homogene transformacije v treh dimenzijah je analogna tisti v dveh, zato bomo v nadaljevanju dodatno osvetlili le zapis kvaternion-vektor.

V tem primeru je celotna transformacija zapisana z $\xi \sim (\mathbf{t}, \mathring{q})$, kjer je $\mathbf{t}$ vektor, ki opisuje položaj koordinatnega sistema napram izhodiščnemu, $\mathring{q}$ pa kvaternion, ki opisuje rotacijo koordinatnega sistema napram izhodiščnemu. Sestavljanje transformacij je nato definirano na naslednji način.

$$\xi_1 \oplus \xi_2 = (\mathbf{t}_1 + \mathring{q}_1 \cdot \mathbf{t}_2, \mathring{q}_1 \oplus \mathring{q}_2) \qquad (7.14)$$

Negacija pa na naslednji.

$$\ominus\xi = \left(-\mathring{q}^{-1} \cdot \mathbf{t}, \mathring{q}^{-1}\right) \qquad (7.15)$$

Koordinatni vektor točke lahko nato preslikamo iz drugega koordinatnega sistema v prvega na naslednji način.

$$^X\mathbf{p} = {}^X\xi_Y \cdot {}^Y\mathbf{p} = \mathring{q} \cdot {}^Y\mathbf{p} + \mathbf{t} \qquad (7.16)$$

Kaj imajo skupnega kvaternioni in davki? Oboji so zelo zelo *kompleksni*!

Povezave
- Naprej na analizo in numerične metode: stran 17.
- Naprej na direktno kinematiko členkastih robotov: stran 39.
- Naprej na krmiljenje orientacije vrha robota: stran 59.

Poglavje 8.

Analiza in numerične metode

Uvod Če ste mislili, da so odvodi in integrali le mučno spominjanje na srednješolske more, se motite - tukaj bodo postali vaši najboljši prijatelji. Na koncju poglavja bo to tako zabavno, da boste morda celo sanjali o Newtonovi metodi (kar je sicer zaskrbljujoče, ampak hej, vsaj niso nočne more o izpitih).

Povezave
- Nazaj na kvaternione: 15.

8.1   Odvod

Odvod je definiran kot naslednja limita.

$$f'(t) = \frac{\mathrm{d}f(t)}{\mathrm{d}t} = \lim_{\Delta t \to 0} \frac{f(t + \Delta t) - f(t)}{\Delta t} \tag{8.1}$$

Primer Izračunajmo odvod $f(t) = t^2$.

$$\begin{aligned}
f'(t) &= \lim_{\Delta t \to 0} \frac{f(t + \Delta t) - f(t)}{\Delta t} \\
&= \lim_{\Delta t \to 0} \frac{(t + \Delta t)^2 - t^2}{\Delta t} \\
&= \lim_{\Delta t \to 0} \frac{t^2 + 2t\Delta t + \Delta t^2 - t^2}{\Delta t} \\
&= \lim_{\Delta t \to 0} \frac{2t\Delta t + \Delta t^2}{\Delta t} \\
&= \lim_{\Delta t \to 0} (2t + \Delta t) = 2t
\end{aligned} \tag{8.2}$$

Lastnosti odvoda

f(x)	f'(x)
$af(x) + bg(x)$	$af'(x) + bg'(x)$
$(fg)'(x)$	$f'(x)g(x) + f(x)g'(x)$
$f(g(x))$	$f'(g(x)) \cdot g'(x)$
$\left(\frac{f(x)}{g(x)}\right)'$	$\frac{f'(x)g(x) - g'(x)f(x)}{g(x)^2}$

Odvodi izbranih funkcij

f(x)	f'(x)
x^r	rx^{r-1}
e^{ax}	ae^{ax}
$\sin x$	$\cos x$
$\cos x$	$-\sin x$

Kadar funkcijo večih spremenljivk $f(x, y, \dots)$ odvajamo po le eni izmed njih, npr. x, pravimo, da

odvajamo parcialno, in to označujemo na naslednji način:

$$\frac{\partial f}{\partial x} \tag{8.3}$$

Odvod funkcije pri znani vrednosti njenega argumenta lahko ocenimo tudi numerično. Najenostavnejša ocena izhaja preprosto iz definicije odvoda, pri čemer pa argument limite zamenjamo s fiksnim, majhnim številom h.

$$f'(x) = \frac{f(x + h) - f(x)}{h} \tag{8.4}$$

8.2   Integral

Funkciji $f(x)$ pripada odvod $f'(x)$ oz. diferencial $\mathrm{d}f(x) = f'(x)\mathrm{d}x$. Integriranje pa je obratna operacija, pri kateri iz znanega odvoda funkcije poskušamo ugotoviti prvotno funkcijo. Nedoločeni integral označimo z naslednjim simbolom.

$$\int f(x)\mathrm{d}x \tag{8.5}$$

Pri tem je simbol $\int$ integralski znak, $f(x)$ integrand, $\mathrm{d}x$ pa označuje spremenljivko, po kateri integriramo. Ker je odvod konstante enak 0 velja, da je nedoločen integral funkcije $f(x)$ enak $F(x) + C$, pri čemer je C poljubna konstanta.

Določeni integral pa pogosto definiramo prek Riemannove ali integralske vsote funkcije $f(x)$ tako, da zaprt interval $[a, b]$ razdelimo na n podintervalov dolžine Δx_k, na njih izberemo poljubno točko ξ_k, z L definiramo dolžino najdaljšega izmed podintervalov, in zapišemo:

$$\int_a^b f(x)\mathrm{d}x = \lim_{L \to 0} \sum_{k=1}^{n} f(\xi_k)\Delta x_k \tag{8.6}$$

Nedoločeni in določeni integral pa sta povezana prek naslednje zveze, kjer je $G(x) = \int_a^b f(t)\mathrm{d}t + C$ nedoločeni integral funkcije $f(x)$.

$$\int_a^b f(x)\mathrm{d}x = G(b) - G(a) = [G(x)]_a^b \tag{8.7}$$

Določene integrale lahko ocenimo tudi numerično, pri čemer lahko uporabimo t.i. pravokotno integracijo:

$$\int_a^b f(x)\mathrm{d}x \approx (b - a)f\left(\frac{a + b}{2}\right) \tag{8.8}$$

Ali pa trapezno metodo:

$$\int_a^b f(x)\mathrm{d}x \approx (b-a)\left(\frac{f(a)+f(b)}{2}\right) \qquad (8.9)$$

8.3 Newton-Raphsonova metoda

Naj omenimo še Newton-Raphsonovo numerično metodo iskanja ničel, ki temelji na iterativnem približevanju rešitvi. Najprej določimo začetni približek x_0, nato pa ga v vsakem naslednjem koraku $n+1$ izboljšamo:

$$x_{n+1} = x_n - \frac{f(x_n)}{f'(x_n)} \qquad (8.10)$$

Primer Oglejmo si primer uporabe Newton-Raphsonove metode za iskanje ničle funkcije $f(x) = x^2 - 4$. Vemo, da sta ničli te funkcije $x = \pm 2$, vendar bomo uporabili metodo za približno določitev pozitivne ničle.
Odvod funkcije je $f'(x) = 2x$.
Izberimo začetni približek $x_0 = 3$. Iteracije bodo:

$$x_1 = 3 - \frac{3^2 - 4}{2 \cdot 3} = 3 - \frac{5}{6} \approx 2.1667$$
$$x_2 = 2.1667 - \frac{2.1667^2 - 4}{2 \cdot 2.1667} \approx 2.0069 \qquad (8.11)$$
$$x_3 = 2.0069 - \frac{2.0069^2 - 4}{2 \cdot 2.0069} \approx 2.0000$$

Vidimo, da metoda zelo hitro konvergira k točni vrednosti $x = 2$.

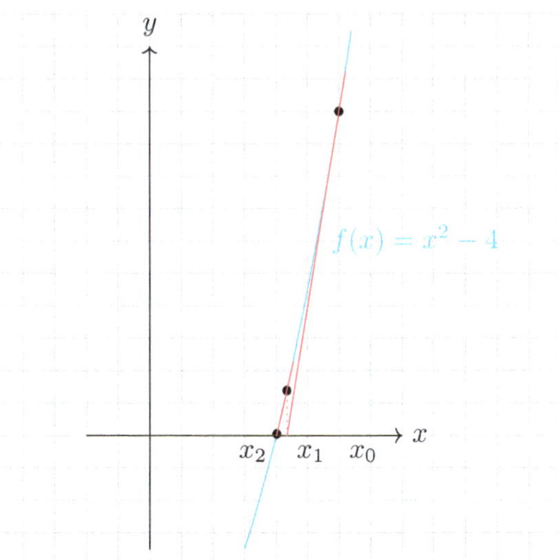

Slika 8.1 – Grafična predstavitev Newton-Raphsonove metode za $f(x) = x^2 - 4$ in $x_0 = 3$.

8.4 Vezani ekstremi

Na področju optimizacije se pogosto srečamo s problemi z omejitvami, t.j., iskanjem ekstremov pri določenih pogojih. Poglejmo si metodo Lagrangeovih multiplikatorjev, s katero lahko rešujemo tovrstne probleme. Ob dani funkciji $f(\mathbf{x})$ in množici omejitev $g_i(x) = 0$ je Lagranžijan $\mathcal{L}(\mathbf{x}, \lambda)$ definiran na naslednji način.

$$\mathcal{L}(x, \lambda) = f(\mathbf{x}) + \sum_{i=1}^m \lambda_i g_i(x) \qquad (8.12)$$

kjer je $\mathbf{x}$ vektor odločitvenih spremenljivk, λ_i pa t.i. Lagrangeovi multiplikatorji, vezani na vsako omejitev $g_i(x) = 0$.

Metoda spremeni problem z omejitvami v problem brez omejitev tako, da omejitve vključi s pomočjo Lagrangeovih multiplikatorjev. Po določitvi Lagranžijana zgradimo in rešimo naslednji sistem enačb.

$$\begin{aligned} \frac{\partial \mathcal{L}}{\partial x_j} &= 0 \quad \text{za vse } j \\ \frac{\partial \mathcal{L}}{\partial \lambda_i} &= 0 \quad \text{za vse } i \end{aligned} \qquad (8.13)$$

Primer Maksimizirajmo $f(x, y) = xy$ pri pogoju $x + y = 1$. Lagranžijan je enak:

$$\mathcal{L}(x, y, \lambda) = xy + \lambda(1 - x - y) \qquad (8.14)$$

Ustvarimo sistem enačb.

$$\begin{aligned} \frac{\partial \mathcal{L}}{\partial x} &= y - \lambda = 0 \\ \frac{\partial \mathcal{L}}{\partial y} &= x - \lambda = 0 \\ \frac{\partial \mathcal{L}}{\partial \lambda} &= 1 - x - y = 0 \end{aligned} \qquad (8.15)$$

In ga nato rešimo. Iz prvih dveh enačb velja $y = \lambda$ in $x = \lambda$, kar vstavimo v tretjo enačbo:

$$1 - \lambda - \lambda = 0 \implies \lambda = \frac{1}{2} \qquad (8.16)$$

Rešitev je torej, da sta $x = 1/2$ in $y = 1/2$.

Zakaj je optimizacijski algoritem šel na dieto? Ker je hotel najti svoj globalni minimum!

Povezave

- Naprej na Lagrangeovo mehaniko: stran 19.
- Naprej na inverzno kinematiko: stran 43.
- Naprej na kamere: stran 31.

Poglavje 9.

Lagrangeova mehanika

Uvod Če je Newton elegantno razkril osnovne zakone klasične mehanike, jo je nato Joseph-Louis Lagrange moral zakomplicirati. No, po svoje je njegova formulacija veliko elegantnejša, stranski učinek njenega poznavanja pa je, da boste tudi svojo hojo po stopnicah analizirali z vidika kinetične in potencialne energije.

Povezave
- Nazaj na analizo in numerične metode: stran 17.

Lagrangeova mehanika je oblika formulacije klasične mehanike, ki temelji na pricipu *stacionarne akcije*. Na osnovi analize kinetične in potencialne energije sistema lahko s pomočjo Lagrangeovih enačb neposredno pridobimo enačbe gibanja (t.j. gibalne enačbe). Koncizen uvod v tematiko je zahteven, zato bo v tem poglavju predstavljena le osnovna formulacija, pripadajoče izrazoslovje, nato pa bo ilustriran princip izpeljevanja gibalnih enačb na primerih.

9.1 Posplošene koordinate, omejitve in Lagranžijan

Primer matematičnega nihala na sliki 9.1 lahko obravnavamo klasično, z Newton-Eulerjevo formulacijo mehanike. Pri tem privzamemo kartezijeve koordinate (x, y, z), za katere pa takoj najdemo omejitve. Ker je primer ravninski, je ves čas $z = 0$. Hkrati pa velja omejitev, da je vrh nihala vedno omejen na krožni lok, za katerega velja $x^2 + y^2 = l^2$. Tovrstnim omejitvam pravimo *holonomne* omejitve. Poglejmo si jih podrobneje. Ker pravijo, da je z konstanten, in da lahko ob znanem x izrazimo y (in obratno), lahko ugotovimo, da za položaj vrha nihala potrebujemo le eno koordinato. Najenostavnejši se zdi opis s kotom θ. Taki koordinati nato pravimo *posplošena koordinata*. Splošneje lahko ugotovimo, da je v sistemu z N delci in m holonomnimi omejitvami $s = 3N - m$ prostostnih stopenj, zato tak sistem potrebuje s posplošenih koordinat.

Omenili smo holonomne omejitve. Zanje velja, da jih lahko zapišemo na naslednji način.

$$f_j(x_i, y_i, z_i, t) = 0; i = 1, \ldots, N; j = 1, \ldots, m \tag{9.1}$$

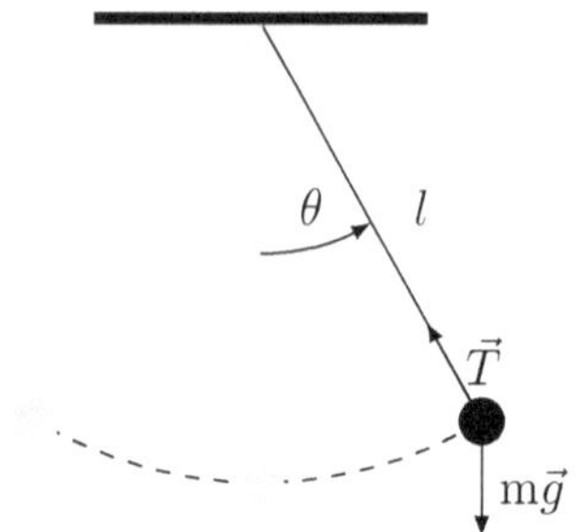

Slika 9.1 – Matematično nihalo.

V primeru, da je omejitev neodvisna od časa, pravimo temu fiksna ali *skleronomna* omejitev, v primeru, da je odvisna od časa, pa da je *reonomna*.

Neholonomne omejitve so vse tiste, ki jih ne moremo zapisati v holonomni obliki. Enostaven primer bi bila omejitev, da se delec ne more nahajati znotraj krogle z radijem l, kar lahko zapišemo z $x^2 + y^2 + z^2 - l^2 \geq 0$.

William Rowan Hamilton je predlagal, da je pot, ki jo dejansko prepotuje delec, pogojena z ekstremom naslednjega integrala, ki mu pravimo *akcija*.

$$S = \int_{t_1}^{t_2} \mathcal{L}(x, \dot{x}, t)\mathrm{d}t \tag{9.2}$$

Z drugimi besedami, da je variacija v akciji enaka 0.

$$\delta S = \delta \int_{t_1}^{t_2} \mathcal{L}(x, \dot{x}, t)\mathrm{d}t = 0 \tag{9.3}$$

$\mathcal{L}$ ju pravimo *Lagranžijan* in je v klasični mehaniki enak razliki med kinetično in potencialno energijo.

$$\mathcal{L} = E_k - E_p \tag{9.4}$$

Nadaljnja izpeljava presega obravnavo v kontekstu robotike. Z variacijskim računom in pripadajočo *fundamentalno lemo* se da pokazati, da mora biti rešitev enaka naslednjim Lagrangeovim gibalnim enačbam (t.i. druge vrste).

$$\frac{\partial \mathcal{L}}{\partial q_i} - \frac{\mathrm{d}}{\mathrm{d}t}\left(\frac{\partial \mathcal{L}}{\partial \dot{q}_i}\right) = 0; i = 1, \ldots, n \tag{9.5}$$

Pri tem so q posplošene koordinate, zgornje pa velja le, kadar so omejitve holonomne in sile konzervativne, kar pomeni, da je njihovo delo neodvisno od opravljene poti (ampak le od začetnega in končnega položaja).

Primer Za matematično nihalo s slike 9.1 izberimo kot θ kot posplošeno koordinato. Velja, da je kinetična energija nihala naslednja.

$$E_k = \frac{1}{2}mv^2 = \frac{1}{2}ml^2\dot{\theta}^2 \qquad (9.6)$$

Potencialna energija pa naslednja.

$$E_p = mgl(1 - \cos\theta) \qquad (9.7)$$

Lagranžijan je torej enak:

$$\mathcal{L} = E_k - E_p = \frac{1}{2}ml^2\dot{\theta}^2 - mgl(1 - \cos\theta) \quad (9.8)$$

Sledi:

$$\frac{\partial\mathcal{L}}{\partial q_i} - \frac{\mathrm{d}}{\mathrm{d}t}\left(\frac{\partial\mathcal{L}}{\partial\dot{q}_i}\right) = ml^2\ddot{\theta} + mgl\sin\theta = 0 \quad (9.9)$$

Oz poenostavljeno:

$$\ddot{\theta} + \frac{g}{l}\sin\theta = 0 \qquad (9.10)$$

Kar predstavlja gibalno enačbo sistema.

9.2 Lagrangeovi koeficienti

Kadar so v sistemu prisotne neholonomne omejitve oz. so izbrane posplošene koordinate odvisne, je potrebno Lagrangeove gibalne enačbe dopolniti z Lagrangeovimi koeficienti.

Za primer, ko so neholonomne omejitve podane z naslednjo obliko enačb.

$$f_j(q_1, q_2, \ldots, q_n, t) = 0 \qquad (9.11)$$

Lahko zapišemo naslednje.

$$\frac{\partial\mathcal{L}}{\partial q_i} - \frac{\mathrm{d}}{\mathrm{d}t}\left(\frac{\partial\mathcal{L}}{\partial\dot{q}_i}\right) + \sum_{j=1}^{m}\lambda_j\frac{\partial f_j}{\partial\dot{q}_i} = 0 \qquad (9.12)$$

Primer Poglejmo si primer kotaljenja diska brez zdrsavanja, prikazan na sliki 9.2. Neholonomno omejitev kotaljenja brez zdrsavanja, $y = R \cdot \theta$, lahko zapišemo tudi v naslednji obliki.

$$f(y, \theta) = y - R \cdot \theta = 0 \qquad (9.13)$$

Kinetična in potencialna energija sta enaki naslednjima izrazoma za disk z masnim vztrajnostnim momentom $\frac{1}{2}mR^2$.

$$E_k = \frac{1}{2}m\dot{y}^2 + \frac{1}{4}mR^2\dot{\theta}^2 \qquad (9.14)$$

$$E_p = mg(l - y)\sin\alpha \qquad (9.15)$$

Lagranžijan je enak razliki med kinetično in potencialno energijo.

$$\mathcal{L} = E_k - E_p = \frac{1}{2}m\dot{y}^2 + \frac{1}{4}mR^2\dot{\theta}^2 + mg(y-l)\sin\alpha \qquad (9.16)$$

Zapišimo Lagrangeove enačbe. Najprej odvajajmo po y.

$$\frac{\partial\mathcal{L}}{\partial y} - \frac{\mathrm{d}}{\mathrm{d}t}\left(\frac{\partial\mathcal{L}}{\partial\dot{y}}\right) + \lambda\frac{\partial f}{\partial y} = 0 \qquad (9.17)$$

$$mg\sin\alpha - m\ddot{y} + \lambda = 0 \qquad (9.18)$$

Nato pa še po θ.

$$\frac{\partial\mathcal{L}}{\partial\theta} - \frac{\mathrm{d}}{\mathrm{d}t}\left(\frac{\partial\mathcal{L}}{\partial\dot{\theta}}\right) + \lambda\frac{\partial f}{\partial\theta} = 0 \qquad (9.19)$$

$$\frac{1}{2}mR^2\ddot{\theta} + \lambda = 0 \qquad (9.20)$$

Z vstavljanjem enačbe (9.18) v (9.20) dobimo naslednje.

$$mg\sin\alpha - m\ddot{y} - \frac{1}{2}mR^2\ddot{\theta} = 0 \qquad (9.21)$$

Spomnimo se neholonomne omejitve $y = R \cdot \theta$, iz katere sledi $\ddot{y} = R \cdot \ddot{\theta}$. Zamenjajmo $R \cdot \ddot{\theta}$ z $\ddot{y}$ v zgornji enačbi, delimo z m, da dobimo naslednje.

$$g\sin\alpha - \frac{3}{2}\ddot{y} = 0 \qquad (9.22)$$

Iz česar sledi končna gibalna enačba.

$$\ddot{y} = \frac{2}{3}g\sin\alpha \qquad (9.23)$$

Od tu naprej lahko z vstavljanjem v enačbo (9.18) izračunamo tudi λ.

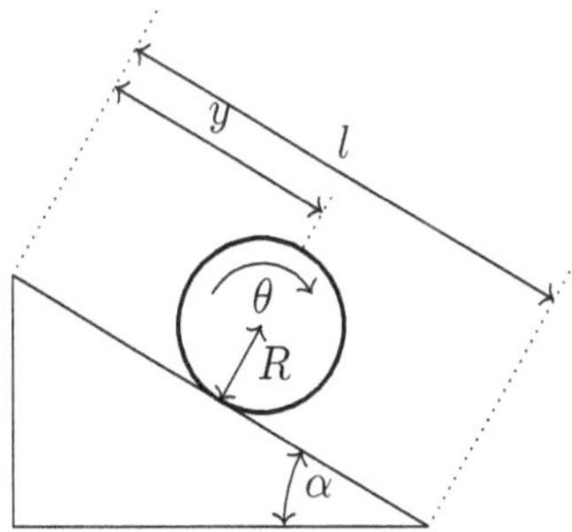

Slika 9.2 – Kotaljenje brez zdrsavanja.

Zakaj je Lagrange vedno zamujal na sestanke? Ker je deloval po principu najmanjše akcije!

Povezave
- Naprej na trajektorije: stran 21.
- Naprej na dinamiko členkastih robotov: 55.
- Naprej na dinamiko mobilnih robotov: 73.

Poglavje 10.

Trajektorije

Uvod Če ste kdaj videli Beckhama brcniti žogo, ste videli mojstra trajektorij. No, mi bomo namesto nogometašev uporabljali robote.

Povezave
- Nazaj na Lagrangeovo mehaniko: stran 19.

Če je pot krivulja, ki vodi od začetne do končne točke, je trajektorija pot, pri kateri je določen tudi časovni potek gibanja.

10.1 Trapezni hitrostni profil

Enostavne trajektorije pogosto definiramo tako, da privzamemo konstanten pospešek, s katerim generiramo t.i. trapezni hitrostni profil. Pri tem pa moramo paziti, da bo robotov vrh oz. orodje prepotovalo točno določeno razdaljo v danem času. Poglejmo si najenostavnejši primer, pri katerem sta začetna in končna hitrost enaka 0. To prikazuje slika 10.1.

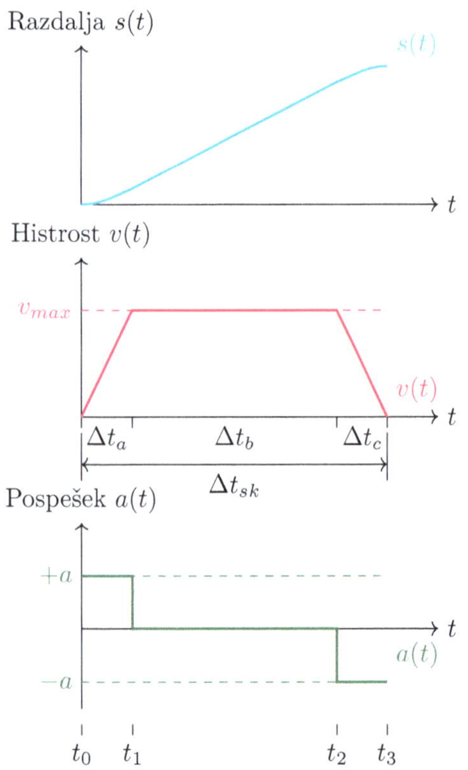

Slika 10.1 – Trapezni hitrostni profil.

Iz tega lahko izpeljemo enačbe, s katerimi si pomagamo pri določanju parametrov profila [4]. V prvem primeru je podana pot Δs v skupnem času Δt_{sk}.

$$v_{max} = \frac{\Delta s}{\Delta t_{sk} - \frac{\Delta t_a + \Delta t_c}{2}}$$
$$a_{max} = \frac{v_{max}}{\Delta t_a} \tag{10.1}$$

V drugem primeru lahko podamo razdaljo Δs in maksimalno hitrost v_{max}.

$$\Delta t_{sk} = \frac{\Delta s}{v_{max}} + \frac{\Delta t_a + \Delta t_c}{2}$$
$$a_{max} = \frac{v_{max}}{\Delta t_a} \tag{10.2}$$

Tretji primer pa je npr., da je podana razdalja Δs pri maksimalnem pospešku a_{max}, pri čemer velja, da je $\Delta t_a = \Delta t_c$.

$$\Delta t_{sk} = \frac{\Delta s}{a_{max}\Delta t_a} + \Delta t_a$$
$$v_{max} = \frac{a_{max}}{\Delta t_a} \tag{10.3}$$

Naloga Preverite veljavnost zgornjih enačb.

Naloga Analizirajte primer, ko začetna in končna hitrost nista enaki 0.

10.2 Polinmoske trajektorije

V robotiki pogosto želimo, da so poti gladke. Z drugimi besedami, da so odvodi poti, torej hitrost, pospešek in trzaj, zvezni. Enostaven matematični objekt, ki ustreza temu pogoju, je npr. polinom petega reda.

$$x(t) = At^5 + Bt^4 + Ct^3 + Dt^2 + Et + F$$
$$\dot{x}(t) = 5At^4 + 4Bt^3 + 3Ct^2 + 2Dt + E \tag{10.4}$$
$$\ddot{x}(t) = 20At^3 + 12Bt^2 + 6Ct + 2D$$

To nadalje omogoča, da definiramo začetne ($t = 0$) in končne ($t = T$) pogoje za položaj, hitrost in pospešek ter nato rešimo sistem enačb, da dobimo koeficiente (A, B, C, D, E, F).

$$\begin{bmatrix} x_0 \\ x_T \\ \dot{x}_0 \\ \dot{x}_T \\ \ddot{x}_0 \\ \ddot{x}_T \end{bmatrix} = \begin{bmatrix} 0 & 0 & 0 & 0 & 0 & 1 \\ T^5 & T^4 & T^3 & T^2 & T & 1 \\ 0 & 0 & 0 & 0 & 1 & 0 \\ 5T^4 & 4T^3 & 3T^2 & 2T & 1 & 0 \\ 0 & 0 & 0 & 2 & 0 & 0 \\ 20T^3 & 12T^2 & 6T & 2 & 0 & 0 \end{bmatrix} \begin{bmatrix} A \\ B \\ C \\ D \\ E \\ F \end{bmatrix} \tag{10.5}$$

Primer Poglejmo si primer, ko so podane naslednje omejitve: $x(0) = \dot{x}(0) = \ddot{x}(0) = \dot{x}(1) = \ddot{x}(1) = 0$ in $x(1) = 1$. Primer obravnava gib, pri katerem se x koordinata spremeni iz 0 na 1 v času 1s.

Zapišimo enačbe:

$$\begin{bmatrix} 0 \\ 1 \\ 0 \\ 0 \\ 0 \\ 0 \end{bmatrix} = \begin{bmatrix} 0 & 0 & 0 & 0 & 0 & 1 \\ 1 & 1 & 1 & 1 & 1 & 1 \\ 0 & 0 & 0 & 0 & 1 & 0 \\ 5 & 4 & 3 & 2 & 1 & 0 \\ 0 & 0 & 0 & 2 & 0 & 0 \\ 20 & 12 & 6 & 2 & 0 & 0 \end{bmatrix} \begin{bmatrix} A \\ B \\ C \\ D \\ E \\ F \end{bmatrix} \quad (10.6)$$

Iz enačb je neposredno razvidno, da velja $D = E = F = 0$. Z upoštevanjem tega lahko zapišemo in rešimo sistem treh enačb z neznankami A, B in C.

$$\begin{bmatrix} 1 & 1 & 1 & | & 1 \\ 5 & 4 & 3 & | & 0 \\ 20 & 12 & 6 & | & 0 \end{bmatrix} \sim \begin{bmatrix} 1 & 1 & 1 & | & 1 \\ 0 & 1 & 2 & | & 5 \\ 0 & 8 & 14 & | & 20 \end{bmatrix}$$

$$\sim \begin{bmatrix} 1 & 0 & -1 & | & -4 \\ 0 & 1 & 2 & | & 5 \\ 0 & 0 & 1 & | & 10 \end{bmatrix} \sim \begin{bmatrix} 1 & 0 & 0 & | & 6 \\ 0 & 1 & 0 & | & -15 \\ 0 & 0 & 1 & | & 10 \end{bmatrix}$$

$$(10.7)$$

Končna trajektorija je torej naslednja.

$$x(t) = 6t^5 - 15t^4 + 10t^3 \quad (10.8)$$

Poleg polinomskih trajektorij obstajajo tudi drugi pristopi za generiranje gladkih poti. Eden izmed njih je uporaba zlepkov (splines), ki so odsekoma definirane polinomske funkcije. Zlepki omogočajo večjo fleksibilnost pri oblikovanju trajektorij, saj lahko različne odseke poti definiramo z različnimi polinomi. To je posebej uporabno pri kompleksnih poteh, kjer en sam polinom morda ne bi zadostoval za natančen opis celotne trajektorije. Kubični zlepki so posebej priljubljeni, saj zagotavljajo zveznost položaja, hitrosti in pospeška na prehodih med odseki.

10.3   Bezierjeve krivulje

Bezierjeve krivulje so parametrične krivulje, ki se pogosto uporabljajo v računalniški grafiki in robotiki za ustvarjanje gladkih poti. Imenovane so po francoskem inženirju Pierru Bézierju, ki jih je razvil v 60. letih 20. stoletja.

Bezierjeva krivulja je definirana z naborom kontrolnih točk. Število kontrolnih točk določa stopnjo krivulje. Na primer, kvadratna Bezierjeva krivulja ima tri kontrolne točke, kubična pa štiri.

Splošna enačba za Bezierjevo krivuljo n-te stopnje je:

$$B(t) = \sum_{i=0}^{n} \binom{n}{i} (1-t)^{n-i} t^i P_i, \quad t \in [0,1] \quad (10.9)$$

kjer so P_i kontrolne točke in $\binom{n}{i}$ binomski koeficienti.

Primer Določimo kubično Bezierjevo krivuljo za $P_0 = (0,0)$, $P_1 = (1,4)$, $P_2 = (4,4)$ in $P_3 = (5,0)$ Splošna enačba za kubično Bezierjevo krivuljo je:

$$\begin{aligned} B(t) = {}& (1-t)^3 P_0 + 3(1-t)^2 t P_1 + \\ & + 3(1-t)t^2 P_2 + t^3 P_3, \quad t \in [0,1] \end{aligned} \quad (10.10)$$

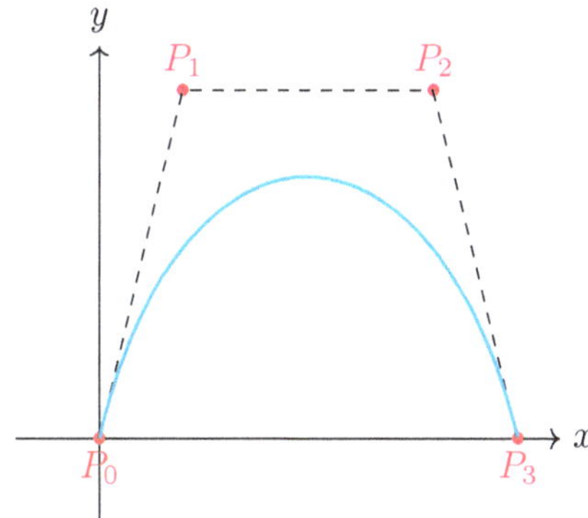

Slika 10.2 – Primer kubične Bezierjeve krivulje.

Bezierjeve krivulje imajo več uporabnih lastnosti. Krivulja vedno poteka skozi prvo in zadnjo kontrolno točko. Tangenti na začetku in koncu krivulje sta vzporedni prvemu in zadnjemu delu kontrolnega poligona. Krivulja vedno leži znotraj konveksne ovojnice kontrolnih točk.

Pri načrtovanju trajektorij v robotiki moramo pogosto upoštevati tudi omejitve delovnega prostora in izogibanje oviram. V ta namen se uporabljajo različni algoritmi za načrtovanje poti, kot so potencialna polja, raziskovanje naključnih dreves (RRT) ali optimizacijske metode.

Zakaj je trapez dobil službo? Ker je bil ravno pravi profil.

Povezave

- Naprej na Laplaceovo transformacijo: stran 23.
- Naprej na osnovno vodenje mobilnih robotov: stran 75.
- Naprej na abstrakcijo prostora: stran 77.
- Naprej na programski primer: stran 97.

[4] Maxon Motor AG. *Maxon Formulae Handbook* (Maxon Motor AG, Sachseln, Switzerland, 2023), 3 edn. URL https://www.maxongroup.com/maxon/view/content/maxon-formulae-handbook.

Poglavje 11.

Laplaceova transformacija

Uvod Zakaj bi se mučili z reševanjem diferencialnih enačb v časovnem prostoru, ko lahko preprosto pritisnemo gumb "Laplace" in - abrakadabra! - naše enačbe so nenadoma v frekvenčnem prostoru, kjer je življenje veliko preprostejše. No, vsaj dokler ne pride čas za inverzno transformacijo, ampak o tem kdaj drugič.

Povezave
- Nazaj na trajektorije: stran 21.

Laplaceova transformacija je matematično orodje, ki se pogosto uporablja v analizi in načrtovanju krmilnih sistemov. Omogoča nam, da diferencialne enačbe v časovnem prostoru pretvorimo v algebrajske enačbe v frekvenčnem prostoru, kar bistveno poenostavi reševanje in analizo dinamskih sistemov.

11.1 Definicija in osnovne lastnosti

Laplaceova transformacija funkcije časa $f(t)$ je definirana kot:

$$F(s) = \mathcal{L}\{f(t)\} = \int_0^\infty f(t)e^{-st}dt \qquad (11.1)$$

kjer je s kompleksna spremenljivka, znana kot Laplaceova spremenljivka. Funkciji $F(s)$ pravimo Laplaceova transformacija funkcije $f(t)$.

Inverzna Laplaceova transformacija nam omogoča prehod nazaj iz frekvenčnega v časovni prostor:

$$f(t) = \mathcal{L}^{-1}\{F(s)\} = \frac{1}{2\pi j} \int_{c-j\infty}^{c+j\infty} F(s)e^{st}ds \qquad (11.2)$$

Primer Poglejmo si primer izpeljave za odvod.

$$\mathcal{L}\{\frac{df(t)}{dt}\} = \int_0^\infty \frac{df(t)}{dt}e^{-st}dt$$

$$= [f(t)e^{-st}]_0^\infty + s\int_0^\infty f(t)e^{-st}dt$$

$$= -f(0) + sF(s)$$

Pri tem smo uporabili integracijo po delih in

Preglednica 11.1 – Pomembne lastnosti Laplaceove transformacije

Lastnost	Formula
Linearnost	$\mathcal{L}\{af(t) + bg(t)\} = a\mathcal{L}\{f(t)\} + b\mathcal{L}\{g(t)\}$
Odvajanje	$\mathcal{L}\{\frac{df(t)}{dt}\} = sF(s) - f(0)$
Drugi odvod	$\mathcal{L}\{\frac{d^2f(t)}{dt^2}\} = s^2F(s) - sf(0) - f'(0)$
Integriranje	$\mathcal{L}\{\int_0^t f(\tau)d\tau\} = \frac{1}{s}F(s)$
Časovni zamik	$\mathcal{L}\{f(t-a)u(t-a)\} = e^{-as}F(s)$
Konvolucija	$\mathcal{L}\{f(t) * g(t)\} = F(s)G(s)$

predpostavili, da $\lim_{t\to\infty} f(t)e^{-st} = 0$. Končni rezultat je torej $sF(s) - f(0)$, kar potrjuje formulo v tabeli.

Za lažjo uporabo v praksi je koristno poznati Laplaceove transforme pogostih funkcij:

Preglednica 11.2 – Pomembne Laplaceove transformacije

Funkcija $f(t)$	Laplaceova transformacija $F(s)$
Enotna stopnica $u(t)$	$\frac{1}{s}$
Diracova delta $\delta(t)$	1
Eksponentna funkcija e^{at}	$\frac{1}{s-a}$
Sinusna funkcija $\sin(\omega t)$	$\frac{\omega}{s^2+\omega^2}$
Kosinusna funkcija $\cos(\omega t)$	$\frac{s}{s^2+\omega^2}$
Linearna funkcija t	$\frac{1}{s^2}$
Kvadratna funkcija t^2	$\frac{2}{s^3}$
Eksponentno dušen sinus $e^{-at}\sin(\omega t)$	$\frac{\omega}{(s+a)^2+\omega^2}$
Eksponentno dušen kosinus $e^{-at}\cos(\omega t)$	$\frac{s+a}{(s+a)^2+\omega^2}$
Enotski impulz $u(t) - u(t-T)$	$\frac{1-e^{-sT}}{s}$

11.2 Uporaba v analizi sistemov

Laplaceova transformacija je posebej uporabna pri analizi linearnih časovno nespremenljivih sistemov. Omogoča nam, da prevedemo diferencialne enačbe v algebrske, kar olajša analizo in načrtovanje krmilnih sistemov.

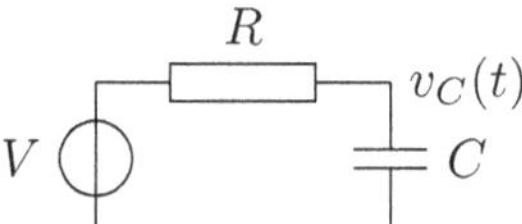

Slika 11.1 – Vezje za polnjenje kondenzatorja

Primer Poglejmo si primer uporabe Laplaceove transformacije pri analizi polnjenja kondenzatorja. Imamo vezje z napetostnim virom V, uporom R in kondenzatorjem C.

Diferencialna enačba za napetost na kondenzatorju $v_C(t)$ je:

$$RC\frac{dv_C(t)}{dt} + v_C(t) = V \qquad (11.3)$$

Uporabimo Laplaceovo transformacijo na obeh straneh enačbe:

$$RC[sV_C(s) - v_C(0)] + V_C(s) = \frac{V}{s}$$
$$(RCs + 1)V_C(s) = \frac{V}{s} + RCv_C(0)$$

Predpostavimo, da je kondenzator na začetku prazen, torej $v_C(0) = 0$. Rešimo za $V_C(s)$:

$$V_C(s) = \frac{V}{s(RCs + 1)} = \frac{V}{s} - \frac{V}{s + \frac{1}{RC}} \qquad (11.4)$$

Z uporabo inverzne Laplaceove transformacije dobimo časovni odziv:

$$v_C(t) = V(1 - e^{-t/RC}) \qquad (11.5)$$

Ta enačba opisuje eksponentno polnjenje kondenzatorja z časovno konstanto $\tau = RC$.

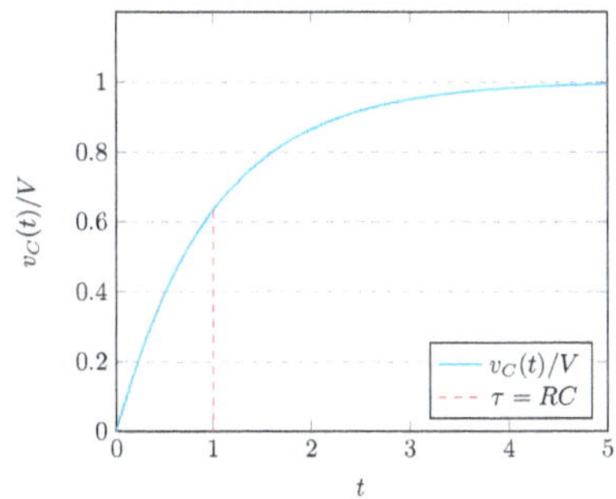

Slika 11.2 – Polnjenje kondenzatorja.

Primer Oglejmo si še primer odziva RC vezja na sinusni vhod. Imamo isto vezje kot v prejšnjem primeru, le da je tokrat vhodna napetost sinusna funkcija:

$$v_{in}(t) = V_m \sin(\omega t) \qquad (11.6)$$

kjer je V_m amplituda in ω frekvenca vhodne napetosti.

Diferencialna enačba za napetost na kondenzatorju $v_C(t)$ je:

$$RC\frac{dv_C(t)}{dt} + v_C(t) = V_m \sin(\omega t) \qquad (11.7)$$

Uporabimo Laplaceovo transformacijo na obeh straneh enačbe:

$$RC[sV_C(s) - v_C(0)] + V_C(s) = V_m \cdot \frac{\omega}{s^2 + \omega^2}$$
$$(RCs + 1)V_C(s) = V_m \cdot \frac{\omega}{s^2 + \omega^2} +$$
$$+ RCv_C(0)$$

Predpostavimo, da je kondenzator na začetku prazen, torej $v_C(0) = 0$. Rešimo za $V_C(s)$:

$$V_C(s) = V_m \cdot \frac{\omega}{(s^2 + \omega^2)(RCs + 1)} \qquad (11.8)$$

To lahko razstavimo na delne ulomke:

$$V_C(s) = V_m \cdot \frac{As + B}{s^2 + \omega^2} + V_m \cdot \frac{D}{RCs + 1} \qquad (11.9)$$

kjer so A, B in D konstante, ki jih lahko določimo tako, da množimo obe strani z $(s^2 + \omega^2)(RCs + 1)$ in nato primerjamo člene pri istih potencah s. Dobimo:

$$A = \frac{\omega}{1 + (\omega RC)^2}$$
$$B = \frac{-\omega^2 RC}{1 + (\omega RC)^2} \qquad (11.10)$$
$$D = \frac{1}{1 + (\omega RC)^2}$$

Po inverzni Laplaceovi transformaciji dobimo:

$$v_C(t) = V_m \cdot \frac{1}{\sqrt{1 + (\omega RC)^2}} \sin(\omega t - \phi) +$$
$$+ V_m \cdot \frac{1}{1 + (\omega RC)^2} e^{-t/RC}$$
$$(11.11)$$

kjer je $\phi = \arctan(\omega RC)$ fazni zamik.

Ta rešitev prikazuje, da je odziv kondenzatorja na sinusni vhod tudi sinusni signal z enako frekvenco, vendar z zmanjšano amplitudo in faznim zamikom. Amplituda se zmanjša za faktor $1/\sqrt{1 + (\omega RC)^2}$, fazni zamik pa je odvisen od frekvence vhodnega signala in časovne konstante vezja RC.

Kaj je rekel robotik, ko je končno razumel Laplaceovo transformacijo? To je s-enzacionalno!

Povezave
• Naprej na PID krmiljenje: stran 25.

Poglavje 12.

PID krmiljenje

Uvod PID krmiljenje uresničuje inženirske sanje. Tako je splošno, da z njim lahko nadzorujemo vse - od temperature jutranje kave do hitrosti vesoljske ladje. Če ste kdaj želeli imeti popoln nadzor nad svojim življenjem, potem je PID krmiljenje vaša nova religija!

Povezave
- Nazaj na Laplaceovo transformacijo: stran 23.

12.1 Blokovni diagrami

Laplaceova transformacija in prenosne funkcije nam omogočajo, da kompleksne dinamske sisteme predstavimo v obliki blokovnih diagramov [5]. Ti diagrami vizualno prikazujejo tok signalov in so izjemno uporabni pri analizi in načrtovanju krmilnih sistemov. Osnova za to je naslednja. Laplaceova transformacija nam omogoča, da diferencialne enačbe v časovnem prostoru pretvorimo v algebrajske enačbe v frekvenčnem prostoru. Te algebrajske enačbe lahko nato predstavimo kot prenosne funkcije, ki opisujejo razmerje med vhodom in izhodom sistema v frekvenčnem prostoru.

Prenosna funkcija $G(s)$ je definirana kot razmerje med Laplaceovo transformacijo izhoda $Y(s)$ in vhoda $X(s)$:

$$G(s) = \frac{Y(s)}{X(s)} \tag{12.1}$$

V blokovnih diagramih vsak blok predstavlja prenosno funkcijo podsistema. Povezave med bloki prikazujejo tok signalov skozi sistem.

Poglejmo si, kako lahko iz Laplaceove transformacije sistema pridemo do blokovnega diagrama na primeru polnjenja kondenzatorja, ki smo ga obravnavali v poglavju o Laplaceovi transformaciji.

Spomnimo se, da smo za vezje z napetostnim virom V, uporom R in kondenzatorjem C dobili naslednjo prenosno funkcijo za napetost na kondenzatorju $v_C(t)$:

$$V_C(s) = \frac{V}{s(RCs + 1)} \tag{12.2}$$

To prenosno funkcijo lahko razstavimo na dva dela:

$$V_C(s) = \frac{V}{s} \cdot \frac{1}{RCs + 1} \tag{12.3}$$

Prvi del, $\frac{V}{s}$, predstavlja Laplaceovo transformacijo vhodne stopničaste funkcije. Drugi del, $\frac{1}{RCs+1}$, predstavlja odziv RC vezja.

Iz te prenosne funkcije lahko sestavimo blokovni diagram, prikazan na sliki 12.1.

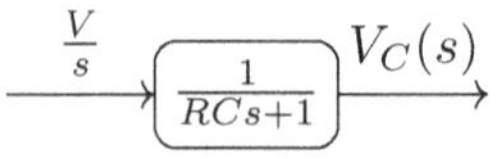

Slika 12.1 – Blokovni diagram za stopničast vhod.

Če je vhod sinusni signal namesto stopničaste funkcije, bi se blokovni diagram spremenil le pri obliki vhodnega signala. Za sinusni vhod oblike $v(t) = A\sin(\omega t)$ je Laplaceova transformacija:

$$V(s) = \frac{A\omega}{s^2 + \omega^2} \tag{12.4}$$

V tem primeru bi blokovni diagram izgledal, kot prikazano na sliki 12.2.

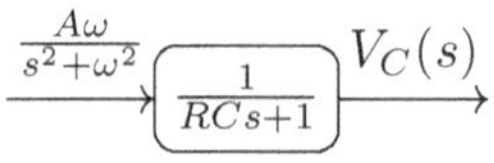

Slika 12.2 – Blokovni diagram za sinusni vhod.

Obravnava obeh sistemov pa je nato enaka. Ker je aplikacija prenosne funkcije na vhodni signal enaka konvoluciji, lahko Laplaceovo transformacijo vhoda in prenosno funkcijo enostavno zmnožimo.

12.2 Eliminacija povratne zveze

Pri analizi kompleksnih sistemov s povratno zvezo je pogosto koristno, da sistem poenostavimo z eliminacijo povratne zveze. To nam omogoča, da sistem pretvorimo v ekvivalentno obliko brez povratne zveze, kar olajša nadaljnjo analizo.

Poglejmo si primer sistema s povratno zvezo, slika 12.3, pri katerem je $r(s)$ referenca oz. želena vrednost izhoda, $e(s)$ signal napake, $o(s)$ izhodni signal, $G(s)$ prenosna funkcija sistema v direktni veji in $H(s)$ prenosna funkcija povratne zanke.

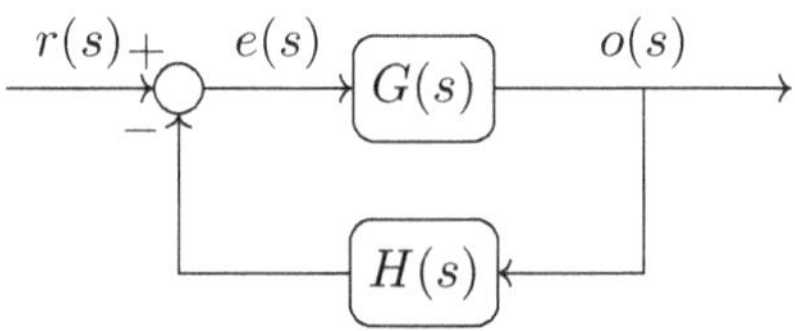

Slika 12.3 – Sistem s povratno zvezo.

Za eliminacijo povratne zveze uporabimo naslednji postopek:

1. Zapišemo enačbo za signal napake: $e(s) = r(s) - H(s)o(s)$

2. Zapišemo enačbo za izhodni signal: $o(s) = G(s)e(s)$

3. Vstavimo drugo enačbo v prvo: $e(s) = r(s) - H(s)G(s)e(s)$

4. Izpostavimo $E(s)$: $e(s)[1 + H(s)G(s)] = r(s)$

5. Izrazimo $E(s)$: $e(s) = \frac{r(s)}{1+H(s)G(s)}$

6. Končno, izračunamo razmerje med izhodom in vhodom: $\frac{o(s)}{r(s)} = \frac{G(s)}{1+H(s)G(s)}$

To razmerje imenujemo zaprtozančna prenosna funkcija sistema. Sistem lahko zdaj predstavimo z ekvivalentnim blokovnim diagramom brez povratne zveze, kot prikazuje slika 12.4.

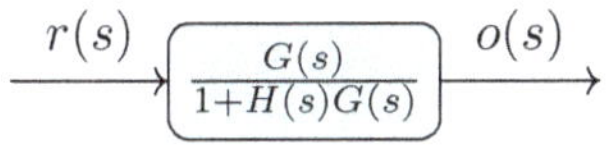

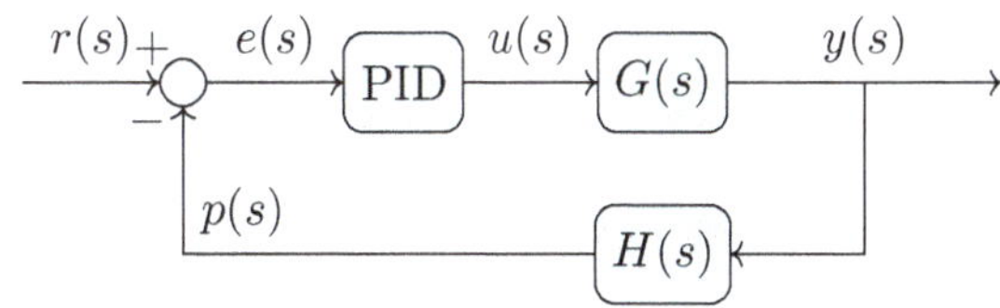

Slika 12.4 – Ekvivalentni sistem z eliminirano povratno zvezo.

12.3 PID krmiljenje

PID krmiljenje je ena izmed najpogosteje uporabljenih metod krmiljenja v industrijskih aplikacijah. PID je kratica za proporcionalno-integrirno-diferencirno krmiljenje. Ta metoda uporablja povratno zanko za minimiziranje napake med želeno vrednostjo in dejansko vrednostjo procesa.

PID krmilnik izračuna krmilni signal na podlagi treh členov:

- Proporcionalni (P) člen: ta je sorazmeren trenutni napaki

- Integrirni (I) člen: ta upošteva vsoto oz. integral preteklih napak

- Diferencirni (D) člen: ta predvideva prihodnje napake na podlagi hitrosti spreminjanja napake oz. njenega odvoda

Matematično lahko PID krmilnik opišemo z naslednjo enačbo:

$$u(t) = K_p e(t) + K_i \int_0^t e(\tau)d\tau + K_d \frac{de(t)}{dt} \quad (12.5)$$

kjer je $u(t)$ krmilni signal, $e(t)$ napaka (razlika med želeno in dejansko vrednostjo), K_p, K_i in K_d

pa so koeficienti proporcionalnega, integrirnega in diferencirnega člena.

Blokovni diagram PID krmilnika lahko prikažemo s sliko 12.5.

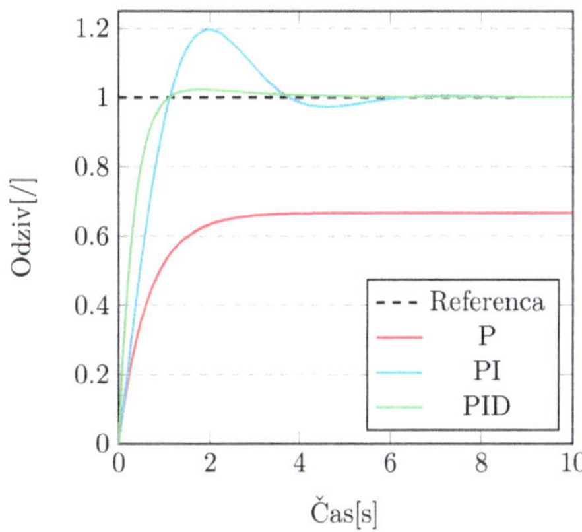

Slika 12.5 – PID krmiljenje.

Vpliv posameznih členov PID krmilnika na odziv sistema lahko prikažemo z grafom na sliki 12.6.

Slika 12.6 – Vpliv parametrov na odziv PID krmiljenega sistema.

Proporcionalni (P) člen zagotavlja hitro začetno odzivanje, vendar ne more popolnoma odpraviti napake v ustaljenem stanju. Integrirni (I) člen odpravlja napako v ustaljenem stanju, vendar lahko povzroči prenihaj. Diferencialni (D) člen pa zmanjšuje prenihaj in čas ustalitve. Nastavljanje parametrov PID krmilnika (K_p, K_i, K_d) je ključno za doseganje optimalnega odziva sistema. Obstajajo različne metode za uglaševanje teh parametrov, vključno z Ziegler-Nicholsovo metodo, metodo odziva na stopnico in modernimi adaptivnimi metodami.

Kaj je rekel PID krmilnik, ko se je preselil v Ameriko? Potrebujem malo časa za integracijo!

Povezave
- Naprej na Kalmanov filter: stran 27.
- Naprej na krmiljenje členkastih robotov: stran 57.
- Naprej na krmiljenje mobilnih robotov: stran 75.

[5] Podržaj, P. *Linearna teorija krmiljenja sistemov* (Fakulteta za strojništvo, Ljubljana, 2021), 1 edn.

Poglavje 13.

Kalmanov filter 1

Uvod V tem poglavju bomo spoznali Kalmanov filter. Če mislite, da gre za nekakšno napravo za pripravo kave, se na žalost motite - spet bo veliko matematike.

Povezave
- Nazaj na PID krmiljenje: stran 25.

13.1 Kalmanov filter

Pri ocenjevanju lege robota v inercialnem koordinatnem sistemu se zanašamo na interne in eksterne senzorje, kot so npr. kodirniki, inercialne merilne enote, sledilne kamere, itd. Vendar pa ima vsak senzor določeno merilno negotovost, lahko pa se zgodi tudi, da npr. zaradi zdrsa koles, daje pristransko informacijo. Vprašanje je, kako na podlagi informacij iz senzorjev o stanju sistema le-to oceniti kar se da natančno, z upoštevanjem vseh senzorjev.

Rešitev ponuja t.i. Kalmanov filter, ki omogoča, da navedeni problem obravnavamo splošno za poljubno-dimenzionalna stanja in poljubno število senzorjev. Pri izpeljavi Kalmanovega filtra se bomo na začetku osredotočili na 1D primer. Stanje nekega 1D dinamskega sistema bomo popisali s položajem x in hitrostjo $\dot{x}$.

$$\mathbf{q} = \begin{bmatrix} x \\ \dot{x} \end{bmatrix} \tag{13.1}$$

Kalmanov filter obe spremenljivki obravnava kot naključni, z normalno porazdelitvijo. To pomeni, da imata tako položaj, kot hitrost povprečno vrednost in varianco. Med spremenljivkami stanja lahko obstajajo fizikalne povezave. Npr. hitreje kot se premikamo, večja bo sprememba položaja. To pomeni, da bodo tudi pri meritvah teh spremenljivk obstajale povezave med njimi. Pri opisu tega se bomo poslužili t.i. kovariančne matrike in ob nekem koraku k ocenili tako stanje, kot kovariančno matriko $\mathbf{P}$. Poglejmo si najprej, kaj je kovariančna matrika. Za naključni vektor $\mathbf{X} = (X_1, X_2, \ldots, X_n)^T$ velja, da je kovariančna matrika $\mathbf{P}$ matrika, katere element na mestu (i, j) je naslednja kovarianca.

$$\mathrm{cov}[X_i, X_j] = \Sigma_{X_i X_j} = \mathrm{E}[(X_i - \mathrm{E}[X_i])(X_j - \mathrm{E}[X_j])] \tag{13.2}$$

Oceno stanja in kovarianco lahko za obravnavani primer torej zapišemo z naslednjima izrazoma.

$$\hat{\mathbf{q}}_k = \begin{bmatrix} x \\ \dot{x} \end{bmatrix}$$
$$\mathbf{P}_k = \begin{bmatrix} \Sigma_{xx} & \Sigma_{x\dot{x}} \\ \Sigma_{\dot{x}x} & \Sigma_{\dot{x}\dot{x}} \end{bmatrix} \tag{13.3}$$

13.2 Napoved

Pri Kalmanovem filtru upoštevamo pri prehodu iz prejšnjega v naslednje stanje model, ki ga popišemo z matriko $\mathbf{F}$. Vzemimo preprost primer kinematike, za katerega velja naslednje.

$$x_k = x_{k-1} + \Delta t \cdot \dot{x}_{k-1}$$
$$\dot{x}_k = \dot{x}_{k-1} \tag{13.4}$$

Če model uporabimo za oceno stanja, lahko to zapišemo na naslednji način.

$$\hat{\mathbf{q}}_k = \begin{bmatrix} 1 & \Delta t \\ 0 & 1 \end{bmatrix} \hat{\mathbf{q}}_{k-1}$$
$$\hat{\mathbf{q}}_k = \mathbf{F}_k \cdot \hat{\mathbf{q}}_{k-1} \tag{13.5}$$

Vprašanje pa je, kaj se zgodi s kovariančno matriko, ko vse točke vektorja $\mathbf{q}$ preslikamo iz enega koraka v drugega. Iz obravnave linearne kombinacije naključnih spremenljivk je znano, da če je $\mathrm{cov}[\mathbf{X}] = \Sigma$ kovarianca naključnega vektorja, potem je kovarianca naključnega vektorja, pomnoženega z matriko $\mathbf{A}$, torej $\mathrm{cov}[\mathbf{A}\mathbf{X}]$, enaka $\mathbf{A}\Sigma\mathbf{A}^T$. Iz tega sledi, da kovariančno matriko preslikamo na naslednji način.

$$\mathbf{P}_k = \mathbf{F}_k \cdot \mathbf{P}_{k-1} \cdot \mathbf{F}_k^T \tag{13.6}$$

Vendar pa s tem še nismo zajeli vsega, saj obstajajo spremembe, ki jih povzroča zunanji svet in niso odvisne od stanja sistema. Npr. če naš primer opisuje gibanje vlaka, lahko operater z ročico doda nek pospešek, ki ni odvisen od stanja, torej položaja x in hitrosti $\dot{x}$. Te spremembe bomo popisali s krmilnim vektorjem $\mathbf{u}_k$. Poleg tega pa imamo tudi zunanje motnje, ki jih ne popisujemo z modelom. Npr., pri robotu na stanje lahko vpliva zdrs koles, ki ni zajet v modelu. Naše neznanje o motnjah modeliramo tako, da dodamo nekaj negotovost po vsakem koraku napovedi. To naredimo tako, premiku v prostoru stanj dodamo nek Gaussov šum $\mathbf{Q}_k$, s katerim spremenimo oceno kovariančne matrike, ne pa povprečja in s tem stanja. Torej.

$$\hat{\mathbf{q}}_k = \mathbf{F}_k \hat{\mathbf{q}}_{k-1} + \mathbf{B}_k \mathbf{u}_k$$
$$\mathbf{P}_k = \mathbf{F}_k \mathbf{P}_{k-1} \mathbf{F}_k^T + \mathbf{Q}_k \tag{13.7}$$

Nova ocena stanja je napoved, sestavljena iz prejšnje najbolje ocene in popravka glede na znane zunanje vplive. Nova ocena negotovosti je napovedana iz prejšnje ocene z dodanim šumom (negotovostjo) iz okolja.

Če sledimo zgornjim enačbam, bo ocena negotovosti stanja divergirala, saj ji bomo v vsakem koraku dodajali šum Q. Vendar pa lahko, zato da zmanjšamo negotovost, upoštevamo informacijo s senzorjev.

13.3 Posodobitev

Vsak sistem ima lahko poljubno senzorjev, ki tako ali drugače merijo spremenljivke stanja. Želimo napovedati, kakšna bo vrednost nekega senzorja pri nekem napovednem stanju $\hat{\mathbf{x}}_k$. Za to uvedemo model senzorja $\mathbf{H}_k$, ki pove, kakšna je pričakovana vrednost in kakšna je pričakovana negotovost nekega senzorja.

$$\begin{aligned} \mu_{expected} &= \mathbf{H}_k\hat{\mathbf{q}}_k \\ \Sigma_{expected} &= \mathbf{H}_k\mathbf{P}_k\mathbf{H}_k^T \end{aligned} \tag{13.8}$$

V splošnem imajo izmerjene vrednosti iz senzorjev svojo nedoločenost s povprečjem $\mathbf{z}_k$ in kovarianco $\mathbf{R}_k$. Imamo torej dve porazdelitvi: kaj bi senzorji morali videti na podlagi napovedi stanja in modela senzorja in kaj senzorji dejansko vidijo. Skombinirali ju bomo tako, da bomo dobili novo normalno porazdelitev, kar lahko ilustriramo z naslednjim enodimenzionalnim primerom dveh normalnih porazdelitev naključnih spremenljivk X_0 in X_1.

$$\begin{aligned} \mu' &= \mu_0 + \frac{\sigma_0^2(\mu_1 - \mu_0)}{\sigma_0^2 + \sigma_1^2} \\ \sigma'^2 &= \sigma_0^2 - \frac{\sigma_0^4}{\sigma_0^2 + \sigma_1^2} \end{aligned} \tag{13.9}$$

Če zapišemo $k = \frac{\sigma_0^2}{\sigma_0^2 + \sigma_1^2}$, se enačbi prevedeta na naslednji.

$$\begin{aligned} \mu' &= \mu_0 + k(\mu_1 - \mu_0) \\ \sigma'^2 &= \mu_0^2 - k\sigma_0^2 \end{aligned} \tag{13.10}$$

Pri matrični verziji $\mathbf{K}$ imenujemo Kalmanovo ojačenje in je analogno k-ju definirano z naslednjo enačbo za naključna vektorja $\mathbf{X}_0$ in $\mathbf{X}_1$.

$$\mathbf{K} = \Sigma_0(\Sigma_0 + \Sigma_1)^{-1} \tag{13.11}$$

Posledično lahko zapišemo za večdimenzionalni primer naslednje.

$$\begin{aligned} \mu' &= \mu_0 + \mathbf{K}(\mu_1 - \mu_0) \\ \Sigma' &= \Sigma_0 - \mathbf{K}\Sigma_0 \end{aligned} \tag{13.12}$$

Imamo torej dve porazdelitvi, napovedane meritve in dejanske izmerjene vrednosti.

$$\begin{aligned} (\sigma_0, \Sigma_0) &= (\mathbf{H}_k\hat{\mathbf{q}}_k, \mathbf{H}_k\mathbf{P}_k\mathbf{H}_k^T) \\ (\sigma_1, \Sigma_1) &= (\mathbf{z}_k, \mathbf{R}_k) \end{aligned} \tag{13.13}$$

Posodobitev lahko zapišemo z naslednjima enačbama.

$$\begin{aligned} \mathbf{H}_k\hat{\mathbf{q}}_k' &= \mathbf{H}_k\hat{\mathbf{q}}_k + \mathbf{K}(\mathbf{z}_k - \mathbf{H}_k\hat{\mathbf{q}}_k) \\ \mathbf{H}_k\mathbf{P}_k'\mathbf{H}_k^T &= \mathbf{H}_k\mathbf{P}_k\mathbf{H}_k^T - \mathbf{K}\mathbf{H}_k\mathbf{P}_k\mathbf{H}_k^T \end{aligned} \tag{13.14}$$

Pri tem je Kalmanovo ojačenje naslednje.

$$\mathbf{K} = \mathbf{H}_k\mathbf{P}_k\mathbf{H}_k^T(\mathbf{H}_k\mathbf{P}_k\mathbf{H}_k^T + \mathbf{R}_k)^{-1} \tag{13.15}$$

Enačbe lahko nekoliko skrajšamo tako, da odstranimo člene $\mathbf{H}_k$ in $\mathbf{H}_k^T$, kjer mogoče. Kočni zapis koraka posodobitve je naslednji.

$$\begin{aligned} \hat{\mathbf{q}}_k' &= \hat{\mathbf{q}}_k + \mathbf{K}'(\mathbf{z}_k - \mathbf{H}_k\hat{\mathbf{q}}_k) \\ \mathbf{P}_k' &= \mathbf{P}_k - \mathbf{K}'\mathbf{H}_k\mathbf{P}_k \\ \mathbf{K}' &= \mathbf{P}_k\mathbf{H}_k^T(\mathbf{H}_k\mathbf{P}_k\mathbf{H}_k^T + \mathbf{R}_k)^{-1} \end{aligned} \tag{13.16}$$

Uporaba Kalmanovega filtra je nato preprosta: koraka napovedi in posodobitve ponavljamo poljubnokrat.

Kalmanov fiKalmanov filter je izjemno močno orodje za ocenjevanje stanja dinamskih sistemov. Čeprav se lahko zdi matematično zahteven, je Kalmanov filter v praksi zelo uporaben in ga lahko prilagodimo številnim različnim aplikacijam. V naslednjem poglavju bomo raziskali praktične primere uporabe Kalmanovega filtra in njegove nadgradnje, ki omogočajo reševanje še kompleksnejših problemov ocenjevanja stanja.

Zakaj Kalmanovega filtra nikoli ne preseneti dež? Ker zna zelo dobro oceniti stanje.

Povezave
- Naprej na primer in nadgradnje Kalmanovega filtra: stran 29.

Poglavje 14.

Kalmanov filter 2

Uvod V tem poglavju napredujemo na Kalmanov filter 2! Kot pri nadaljevanjih filmov, je tudi tukaj nadaljevanje še bolj zanimivo. Pogledali si bomo razširjeno in nepristransko različico, ki iz meritev ustvarita red hitreje, kot lahko rečete "kovariančna matrika". Ampak najprej, številski primer osnovnega Kalmanovega filtra.

Povezave
- Nazaj na Kalmanov filter: stran 27.

14.1 Primer

Primer Vzemimo najenostavnejši enodimenzionalni primer merjenja skalarne spremenljivke, npr. merjenja napetosti. Naš model bo, da je vrednost konstantna, vemo pa, da jo merimo z instrumentom, katerega varianca meritve je 0.1V. Enačbe Kalmanovega filtra so v tem primeru zelo enostavne.
- Primer je enodimenzionalen, zato bodo vse matrike 1D, torej skalarji.
- Ni zunanjega signala $\mathbf{u}_k = 0$.
- Ker bo napetost pri naslednji meritvi enaka, kot pri prejšnji, je $\mathbf{F}_k = 1$.
- Sistemskega šuma ne znamo oceniti, zato pustimo $\mathbf{Q}_k = 0$.
- Ker merimo direktno napetost, je model senzorja $\mathbf{H}_k = 1$.
- Negotovost merilnika je podana in je $\mathbf{R}_k = 0.1$.

Z zaporednimi meritvami $\mathbf{z}$ izmerimo naslednje vrednosti: 0.39, 0.50, 0.48, 0.29, 0.25, 0.32, 0.34, 0.48, 0.41 in 0.45.

Najprej določimo začetno vrednost. Ker napetosti ne poznamo, ugibamo: $\mathbf{q}_0 = 0$ in $\mathbf{P} = 1$. Nato ponavljamo koraka napovedi in posodobitve. Pri prvi napovedi dobimo:

$$\hat{\mathbf{q}}_1 = \hat{\mathbf{q}}_0 = 0$$
$$\mathbf{P}_1 = \mathbf{P}_0 = 1 \tag{14.1}$$

Za posodobitev pa naslednje.

$$\mathbf{K}_1 = \frac{\mathbf{P}_1}{\mathbf{P}_1 + \mathbf{R}_1} = \frac{1}{1 + 0.1} = 0.909$$
$$\hat{\mathbf{q}}_1' = \hat{\mathbf{q}}_1 + \mathbf{K}_1(\mathbf{z}_1 - \hat{\mathbf{q}}) = 0.909 \cdot 0.390 = 9.35$$
$$\mathbf{P}_1' = (1 - \mathbf{K}_1)\mathbf{P}_1 = (1 - 0.909) \cdot 1 = 0.091 \tag{14.2}$$

S ponavljanjem postopka dobimo vrednosti za $\hat{\mathbf{q}}_k$ in $\mathbf{P}_k$, ki konvergirajo proti pravi vrednosti napetosti in šuma.

Naloga Preverite, da je po 10-tih meritvah $\hat{\mathbf{q}}_{10} = 0.387$ in $\mathbf{P}_{10} = 0.010$ za zgornji primer.

14.2 Razširjeni in nepristranski Kalmanov filter

Razširjeni Kalmanov filter (ang. Extended Kalman Filter - EKF) je razširitev koncepta Kalmanovega filtra na nelinearne sisteme. Pri tem zapišemo prehode stanj sistema s funkcijama $\mathbf{f}$ in $\mathbf{h}$, ki predstavljata nelinearna modela sistema in meritev. Sistemska negotovost $\mathbf{w}_{k-1}$ in merilna negotovost $\mathbf{v}_k$ sta normali porazdelitvi z ničelnim povprečjem in kovariančnima matrikama $\mathbf{Q}_k$ in $\mathbf{R}_k$.

$$\mathbf{q}_k = \mathbf{f}(\mathbf{q}_{k-1}, \mathbf{u}_{k-1}) + \mathbf{w}_{k-1}$$
$$\mathbf{z}_k = \mathbf{h}(\mathbf{q}_k) + \mathbf{v}_k \tag{14.3}$$

Edina razlika glede na Kalmanov filter je pri razširjenem to, da sta matriki $\mathbf{F}$ in $\mathbf{H}$ ocenjeni z linearizacijo okoli obratovalne točke v vsakem koraku.

$$\mathbf{F}_k = \left. \frac{\partial \mathbf{f}(\mathbf{q}, \mathbf{u})}{\partial \mathbf{q}} \right|_{\mathbf{q}_k = \hat{\mathbf{q}}_k'}$$
$$\mathbf{H}_k = \left. \frac{\partial \mathbf{h}(\mathbf{q})}{\partial \mathbf{q}} \right|_{\mathbf{q}_k = \hat{\mathbf{q}}_k'} \tag{14.4}$$

Glede na Kalmanov filter, pri razširjenem za napoved stanja in vrednosti senzorjev uporabimo nelinearni model, torej sta razliki naslednji.

$$\hat{\mathbf{q}}_k = \mathbf{f}(\hat{\mathbf{q}}_{k-1}, \mathbf{u}_k)$$
$$\hat{\mathbf{q}}_k' = \hat{\mathbf{q}}_k + \mathbf{K}'(\mathbf{z}_k - \mathbf{h}(\hat{\mathbf{q}}_k)) \tag{14.5}$$

Naj za zaključek omenimo, da poleg razširjenega Kalmanovega filtra obstaja obstajajo dodatne razširitve, ki še bolj natančno modelirajo negotovost. Primer tega je nepristranski Kalmanov filter (ang. Unscented Kalman Filter - UKF), ki rešuje problem, da se kovariance pri EKF preslikajo prek lineariziranega modela, kar je lahko daleč od realnosti, kadar je model hudo nelinearen. UKF definira t.i. sigma točke, vzorce iz prostora stanj, jih preslika prek nelinearnega modela, in nato na podlagi nove porazdelitve oceni kovariance.

14.3 Določanje stanja robota z diferencialnim pogonom

Stanje mobilnega robota bo tipično predstavljeno z naslednjim vektorjem, ki vsebuje lego, hitrost in kotno hitrost.

$$\mathbf{q} = [x, y, \theta, v, \omega]^T \tag{14.6}$$

Matriko $\mathbf{F}$ definira kinematika robota.

$$
\begin{aligned}
f_x &= x_k = x_{k-1} + v_{k-1}\Delta t \cos(\theta_{k-1} + \frac{\omega_{k-1}\Delta t}{2}) \\
f_y &= y_k = y_{k-1} + v_{k-1}\Delta t \sin(\theta_{k-1} + \frac{\omega_{k-1}\Delta t}{2}) \\
f_\theta &= \theta_k = \theta_{k-1} + \omega\Delta t \\
f_v &= v_k = v_{k-1} \\
f_\omega &= \omega_k = \omega_{k-1}
\end{aligned}
\tag{14.7}
$$

Zgornje enačbe sledijo direktno iz kinematike. Za translatorno in kotno hitrost velja, da pripadajočih pospeškov ni v vektorju stanja, zato lahko zapišemo, da se ohranjata. Pospeške bomo nato lahko pripeljali prek krmilnega vektorja $\mathbf{u}$. Da pridobimo $\mathbf{F}$, zgornje enačbe odvajamo po vseh koordinatah stanja. Z drugimi besedami, $\mathbf{F}$ je Jakobijan zgornjega kinematičnega modela v trenutni obratovalni točki.

$$\theta_m = \theta_k + \frac{\omega_k\Delta t}{2} \tag{14.8}$$

$$
\mathbf{F}_k =
\begin{bmatrix}
1 & 0 & -v_k\Delta t s(\theta_m) & \Delta t c(\theta_m) & -\frac{v_k\Delta t^2}{2}s(\theta_m) \\
0 & 1 & v_k\Delta t c(\theta_m) & \Delta t s(\theta_m) & \frac{v_k\Delta t^2}{2}c(\theta_m) \\
0 & 0 & 1 & 0 & dt \\
0 & 0 & 0 & 1 & 0 \\
0 & 0 & 0 & 0 & 1
\end{bmatrix}
\tag{14.9}
$$

Model GPS senzorja

Začnimo s primerom senzorja GPS, ki podaja globalne koordinate robota. Vzemimo primer, ko je GPS modul montiran izven izhodišča robota, na lokaciji (x_{off}, y_{off}) v robotovem koordinatnem sistemu. Model senzorja definira, kakšna bo meritev glede na stanje robota. V primeru GPS senzorja lahko zapišemo naslednje.

$$
\begin{aligned}
h_{x,gps} &= x_{gps} = x_k + x_{off}\cos\theta_k - y_{off}\sin\theta_k \\
h_{y,gps} &= y_{gps} = y_k + x_{off}\sin\theta_k + y_{off}\cos\theta_k
\end{aligned}
\tag{14.10}
$$

Model senzorja $\mathbf{H}$ je nato Jakobijan zgornjih funkcij.

$$
\mathbf{H}_{gps} =
\begin{bmatrix}
1 & 0 & -x_{off}\sin\theta_k - y_{off}\cos\theta_k & 0 & 0 \\
0 & 1 & x_{off}\cos\theta_k - y_{off}\sin\theta_k & 0 & 0
\end{bmatrix}
\tag{14.11}
$$

Model žiroskopa

Žiroskop je senzor, ki neposredno meri kotno hitrost. Težava je, da so vrednosti žiroskopa pogosto *pristranske*, z drugimi besedami, da žiroskop poroča vrednost kotne hitrosti, ki je glede na resnično zamaknjena za konstanto. Z razširjenim Kalmanovim filtrom to lahko obravnavamo na dva načina: (1) pristranskost ignoriramo in povečamo šum meritve $\mathbf{R}$, ali pa (2) pristranskost ocenjujemo prek tega, da jo vključimo v razširjeno stanje robota (dodamo $\mathbf{q}$). V prvem, enostavnejšem primeru, bo model senzorja zelo enostaven, ker senzor neposredno ocenjuje spremenljivko stanja, kotno hitrost.

$$\mathbf{H}_{imu} = \begin{bmatrix} 0 & 0 & 0 & 0 & 1 \end{bmatrix} \tag{14.12}$$

Model kodirnikov

Za robota z diferencialnim pogonom sta hitrosti desnega in levega kolesa odvisni od translatorne hitrosti robota v, rotacijske hitrosti ω in polovične razdalje med kolesoma l.

$$
\begin{aligned}
h_{r,enc} &= v_R^{enc} = v_k + l\omega_k \\
h_{l,enc} &= v_L^{enc} = v_k - l\omega_k
\end{aligned}
\tag{14.13}
$$

Iz tega sledi naslednji Jakobijan za kodirnike.

$$
\mathbf{H}_{enc} =
\begin{bmatrix}
0 & 0 & 0 & 1 & l \\
0 & 0 & 0 & 1 & -l
\end{bmatrix}
\tag{14.14}
$$

Zakaj je robot z diferencialnim pogonom izgubil službo v tovarni? Ker je preveč flirtal. Ups, filtriral.

Povezave
- Naprej na kamere: stran 31.
- Naprej na EKF lokalizacijo mobilnih robotov: stran 85.

Poglavje 15.

Kamere

Uvod V robotiki je uporaba kamer vseprisotna. Brez njih bi bili roboti kot slepci v labirintu - zabavno za gledalce, malo manj za robote.

Povezave
- Nazaj na vezane ekstreme: 17.
- Nazaj na Kalmanov filter: 29.

S kalibracijo kamere določimo notranje in zunanje parametre, ki so potrebni za preslikavo med 2D slikovnimi koordinatami in 3D koordinatami realnega sveta.

15.1 Parametri kamere

Slika 15.1 prikazuje koordinatni sistem sveta $\{W\}$, koordinatni sistem kamere $\{C\}$, katerega z-os je usmerjena v smeri optične osi kamere, in koordinatni sistem slike $\{I\}$, ki je 2D.

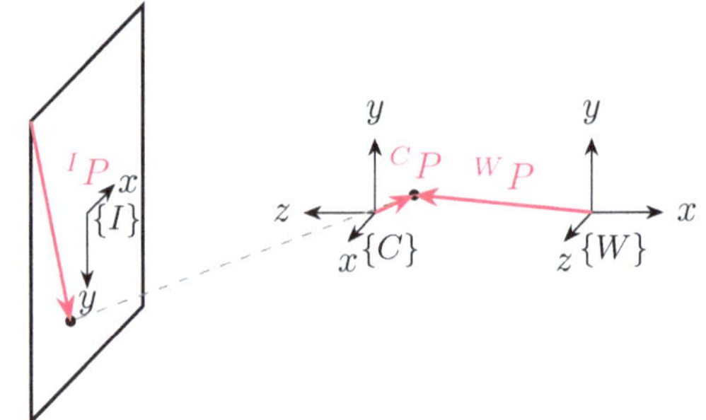

Slika 15.1 – Koordinatni sistemi slikovnega sistema.

Notranji parametri

Notranji parametri popisujejo, kako se točka iz koordinatnega sistema kamere preslika v $^I P$ v koordinatnem sistemu slike. Ti parametri zajemajo optične in geometrijske značilnosti kamere. Da bi jih določili si poglejmo najprej model kamere luknjičarke (slika 15.2). Ta model predstavlja najenostavnejšo obliko kamere, kjer svetloba prehaja skozi majhno odprtino in ustvarja obrnjeno sliko na nasprotni strani.

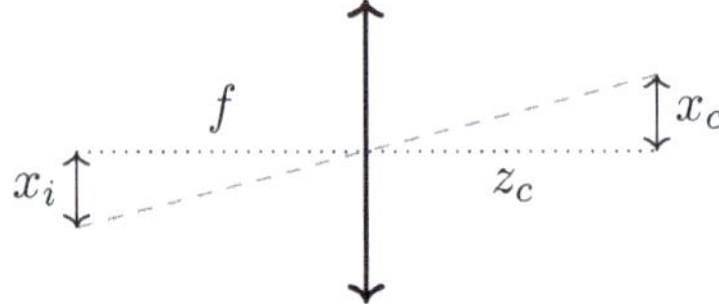

Slika 15.2 – Model kamere luknjičarke.

V tem modelu je f goriščna razdalja, ki predstavlja razdaljo med luknjo in slikovno ravnino. Iz podobnih trikotnikov lahko izpeljemo osnovno enačbo za preslikavo točke iz 3D prostora v 2D sliko:

$$x_i = f\frac{x_c}{z_c} \tag{15.1}$$

kjer je x_i koordinata točke na sliki, x_c in z_c pa sta koordinati točke v koordinatnem sistemu kamere. Dodatno pa imamo še model senzorja oz. digitalizacije (slika 15.3).

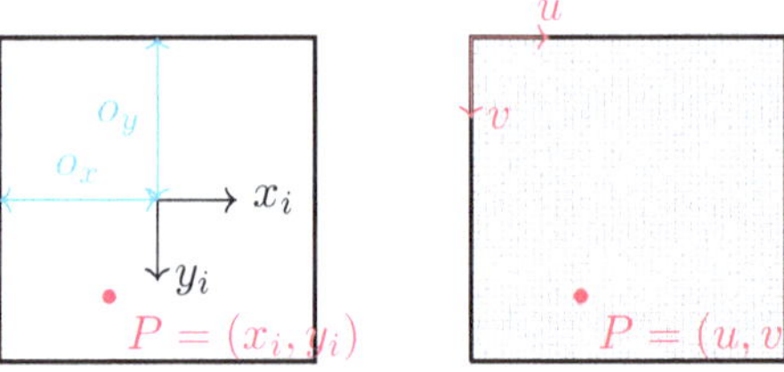

Slika 15.3 – Pretvorba v slikovne točke.

Pri digitalizaciji moramo upoštevati o_x in o_y: koordinati glavne točke (presečišče optične osi s slikovno ravnino) ter s_x in s_y: velikost slikovnih elementov v x in y smeri. Z upoštevanjem teh parametrov lahko zapišemo enačbo za preslikavo iz koordinatnega sistema kamere v koordinatni sistem slike:

$$\begin{aligned} u &= f_x\frac{x_c}{z_c} + o_x \\ v &= f_y\frac{y_c}{z_c} + o_y \end{aligned} \tag{15.2}$$

kjer sta $f_x = f/s_x$ in $f_y = f/s_y$ goriščni razdalji, izražени v slikovnih elementih.

Te enačbe lahko zapišemo v matrični obliki, ki jo imenujemo notranja ali intrinzična matrika kamere in omogoča preslikavo točk iz koordinatnega sistema kamere v koordinatni sistem slike.

$$\mathbf{M}_{int} = \begin{bmatrix} f_x & 0 & o_x & 0 \\ 0 & f_y & o_y & 0 \\ 0 & 0 & 1 & 0 \end{bmatrix} \tag{15.3}$$

Opazimo lahko, da je notranja matrika $\mathbf{M}_{int}$ velikosti 3x4. To ni naključje, ampak je posledica uporabe homogenih koordinat. Četrti stolpec matrike je sestavljen iz ničel, kar omogoča, da lahko matriko uporabljamo za množenje s 3D točkami v homogenih koordinatah $(x, y, z, 1)^T$. Rezultat množenja je 3D vektor, ki predstavlja 2D točko na sliki v homogenih koordinatah $(u, v, 1)^T$.

Zunanji parametri

Zunanji parametri opisujejo položaj in orientacijo kamere v svetovnem koordinatnem sistemu:

$$\mathbf{M}_{ext} = \begin{bmatrix} r_{11} & r_{12} & r_{13} & t_x \\ r_{21} & r_{22} & r_{23} & t_y \\ r_{31} & r_{32} & r_{33} & t_z \\ 0 & 0 & 0 & 1 \end{bmatrix} \tag{15.4}$$

Z združitvijo notranjih in zunanjih parametrov lahko dobimo polno projekcijsko matriko P:

$$P = \mathbf{M}_{int} \cdot \mathbf{M}_{ext} = \begin{bmatrix} p_{11} & p_{12} & p_{13} & p_{14} \\ p_{21} & p_{22} & p_{23} & p_{24} \\ p_{31} & p_{32} & p_{33} & p_{34} \end{bmatrix} \tag{15.5}$$

S pomočjo te matrike lahko izračunamo projekcijo katerekoli 3D točke v koordinatnem sistemu sveta na 2D slikovno ravnino.

15.2 Kalibracija kamere

Cilj kalibracije je določiti notranje in zunanje parametre kamere, ki so potrebni za natančno preslikavo med 2D slikovnimi koordinatami in 3D koordinatami realnega sveta.

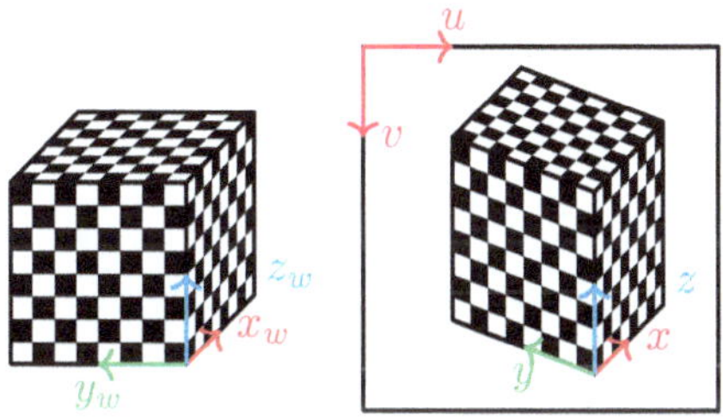

Slika 15.4 – Kalibracija kamere z uporabo šahovnice.

Kot je prikazano na sliki 15.4, se za kalibracijo pogosto uporablja šahovnica z znanimi dimenzijami. Postopek kalibracije vključuje naslednje korake: (1) zajamemo več slik šahovnice v različnih položajih in orientacijah, (2) na vsaki sliki identificiramo oglišča šahovnice, (3) za vsako sliko določimo preslikavo med 3D koordinatami šahovnice in 2D koordinatami na sliki ter (4) s pomočjo teh preslikav ocenimo notranje in zunanje parametre kamere. Eden od načinov za oceno parametrov je minimizacija napake projekcije, ki jo lahko formuliramo kot optimizacijski problem:

$$\min_p \sum_i \| x_i - \hat{x}_i(p) \|^2 \tag{15.6}$$

kjer so x_i izmerjene 2D koordinate točk na sliki, $\hat{x}_i(p)$ pa so projekcije 3D točk na sliko z uporabo trenutnih ocen parametrov p.

Ta problem lahko rešimo npr. z Lagrangeovo metodo, pri kateri minimiziramo $\|\mathbf{A}p\|^2$ ob pogoju $\|p\|^2 = 1$, kjer je $\mathbf{A}$ matrika, ki povezuje parametre p s projekcijskimi napakami. Za vsako točko lahko zapišemo dve enačbi:

$$\begin{aligned} u_i &= \frac{p_{11}X_i + p_{12}Y_i + p_{13}Z_i + p_{14}}{p_{31}X_i + p_{32}Y_i + p_{33}Z_i + p_{34}} \\ v_i &= \frac{p_{21}X_i + p_{22}Y_i + p_{23}Z_i + p_{24}}{p_{31}X_i + p_{32}Y_i + p_{33}Z_i + p_{34}} \end{aligned} \tag{15.7}$$

kjer so (X_i, Y_i, Z_i) 3D koordinate točke na šahovnici, (u_i, v_i) so izmerjene 2D koordinate na sliki, in p_{ij} so elementi projekcijske matrike P.

Te enačbe lahko preuredimo v linearno obliko:

$$\begin{aligned} &X_i p_{11} + Y_i p_{12} + Z_i p_{13} + p_{14} - \\ &- u_i X_i p_{31} - u_i Y_i p_{32} - u_i Z_i p_{33} - u_i p_{34} = 0 \\ &X_i p_{21} + Y_i p_{22} + Z_i p_{23} + p_{24} - \\ &- v_i X_i p_{31} - v_i Y_i p_{32} - v_i Z_i p_{33} - v_i p_{34} = 0 \end{aligned} \tag{15.8}$$

Matriko $\mathbf{A}$ sestavljajo elementi ob parametrih p_{ij}. Rešitev sistema $\mathbf{A}p = 0$ nam da iskane vrednosti parametrov. Lagrangeova funkcija za ta problem je:

$$L(p, \lambda) = p^T A^T A p - \lambda(p^T p - 1) \tag{15.9}$$

Če odvajamo L po p in λ ter postavimo odvode na 0, dobimo sistem enačb:

$$A^T A p = \lambda p \tag{15.10}$$
$$p^T p = 1 \tag{15.11}$$

Iz prve enačbe vidimo, da je p lastni vektor matrike $A^T A$, λ pa enak lastni vrednosti. Iz druge enačbe pa sledi, da mora biti p normaliziran. Rešitev tega sistema je lastni vektor matrike $A^T A$, ki ustreza njeni najmanjši lastni vrednosti. Ta lastni vektor predstavlja optimalne vrednosti parametrov kamere.

Zakaj je bila leča zmedena? Ker ni imela fokusa!

Povezave

- Naprej na členkaste robote: stran 35.
- Naprej na mobilno robotiko: stran 69.

Členkasti roboti

Poglavje 16.

Tipi členkastih robotov

Uvod V tem poglavju bomo spoznali različne tipe členkastih robotov - od tistih, ki so bolj gibčni kot kača, do takšnih, ki bi lahko dvignili vašo tašč... pardon, vaš avto. Z eno roko.

Povezave
- Nazaj na zgodovino robotike: stran 3.
- Nazaj na matematične osnove: stran 5.
- Preskoči na mobilno robotiko: stran 69.

16.1 Geometrijski tipi robotov

Sklepi členkastih robotov so lahko rotacijski (R) ali pa translatorni oz. prizmatični (P). Medsebojno so lahko vzporedni oz. paralelni ($\parallel$), ortogonalni ($\vdash$), ali pa pravokotni ($\perp$). Ortogonalne osi sklepov se sekajo pod pravim kotom, medtem ko sta osi pravokotni, kadar sta pod pravim kotom na skupno normalo. Pravokotna sklepa postaneta paralelna, če enega zasukamo za 90 stopinj okoli skupne normale in ortogonalna, če je dolžina skupne normale 0. Večina industrijskih manipulatorjev ima šest prostostnih stopenj. Odprte manipulatorje (z odprtimi kinematičnimi verigami) lahko delimo glede na prve tri sklepe od osnove. Od 72 možnih konfiguracij jih je običajno uporabljenih le nekaj:

1. $R \parallel R \parallel P$: SCARA roboti (ang. Selective Compliant Articulated Robot for Assembly), slika 16.1.
2. $R \vdash R \perp R$ ali $R \vdash R \parallel R$: Artikulirani roboti (tudi komolci, roke, antropomorfni), slika 16.2. Takih je večina industrijskih robotov.
3. $R \vdash R \perp P$: Sferični roboti.
4. $R \parallel P \vdash P$: Cilindrični roboti.
5. $P \vdash P \vdash P$: Kartezični roboti.

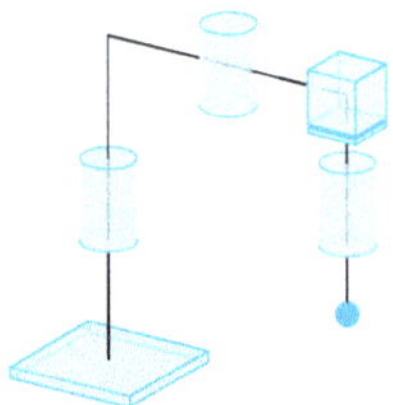

Slika 16.1 – Primer SCARA kinematike.

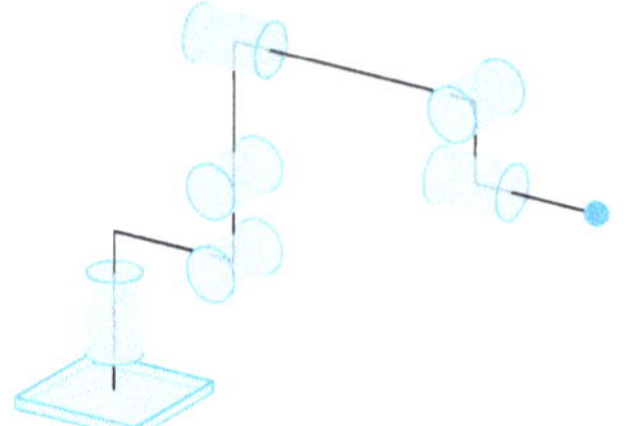

Slika 16.2 – Primer kinematike artikuliranega robota.

16.2 Tipi robotov glede na uporabo

Roboti so s svojo obliko in kinematiko prilagojeni specifični aplikaciji.

Roboti za manipulacijo

Največkrat srečamo splošne robote za manipulacijo, ki jih odlikujeta relativno visoka nosilnost glede na velikost, visoka maksimalna hitrost in veliko delovno območje, s čimer so primerni za različne aplikacije. Pogosto je njihova naloga pobiranje in odlaganje med stroji in odlagalnimi mesti, prav tako pa so predvsem pri pobiranju pogosto podprti s slikovnimi sistemi za zaznavo objektov.

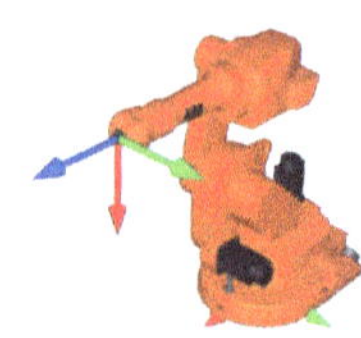

Lastnost	Vrednost
Kinematika	6R
Nosilnost	6 kg
Doseg	1200 mm
Ponovljivost	0.05 mm
Teža	250 kg

Slika 16.3 – ABB IRB 1600-6/1.2.

Roboti za težka bremena

Roboti za težka bremena so konstrukcijsko robustnejši, pogosto pa imajo dodatne kinematične strukture in protiutež za zagotavljanje večjih nosilnosti.

Lastnost	Vrednost
Kinematika	6R
Nosilnost	1700 kg
Doseg	4683 mm
Ponovljivost	0.27 mm
Teža	12500 kg

Slika 16.4 – Fanuc M-2000iA/1700L.

Roboti za prijemanje in odlaganje v ravnini

Za aplikacije prijemanja in odlaganja v ravnini je najprimernejša SCARA kinematika. Tovrstne robote odlikujeta predvsem velika hitrost in velika natančnost, namesto klasičnega prijemala pa je le-to pogosto vakuumsko.

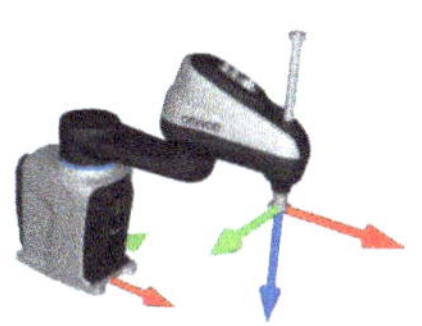

Lastnost	Vrednost
Kinematika	RRPR SCARA
Nosilnost	15 kg
Doseg	650 mm
Ponovljivost	0.01 mm
Teža	50 kg

Slika 16.5 – Omron i4-650H.

Roboti za tekoče trakove

Pri pobiranju s tekočih trakov morajo biti roboti izjemno hitri, zato se pri teh aplikacijah najpogosteje uporabljajo t.i. delta roboti. Odlikujejo jih paličja z majhnimi vztrajnostnimi momenti, nameščeni pa so običajno nad tekoče trakove, s stropa, in podprti s slikovnimi sistemi za prepoznavo lege objektov na tekočem traku.

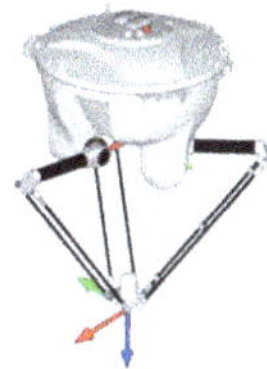

Lastnost	Vrednost
Kinematika	4 delta
Nosilnost	3 kg
Doseg	650 mm
Ponovljivost	0.1 mm
Teža	145 kg

Slika 16.6 – Kawasaki YF003N.

Roboti za varjenje

Za robote za varjenje je specifično to, da je orodje, t.j. varilna glava, znano vnaprej, zato je lahko temu prilagojena celotna konstrukcija. To običajno pomeni, da imajo votla zapestja in usločen hrbet, kar jim omogoča povečano delovno območje.

Lastnost	Vrednost
Kinematika	6R
Nosilnost	20 kg
Doseg	3120 mm
Ponovljivost	0.07 mm
Teža	560 kg

Slika 16.7 – Yaskawa Motoman AR3120.

Roboti za barvanje

Roboti za barvanje morajo biti v zapestju zelo gibljivi, da lahko obdelovanec barvajo z različnih strani. Zato je večina sklepov premaknjena proti vrhu, pogosto pa so celo redundantni oz. 7-osni. Ker so tipično oblečeni v zaščito, so velikokrat ponujeni brez dodatne barve.

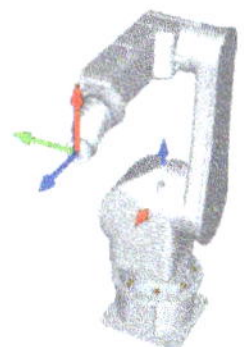

Lastnost	Vrednost
Kinematika	6R
Nosilnost	10 kg
Doseg	1800 mm
Ponovljivost	0.2 mm
Teža	331 kg

Slika 16.8 – Fanuc P-50iB/10L.

Roboti za paletiranje

Pri prijemanju in odlaganju standardnih industrijskih palet mora robot skrbeti, da obdelovancev na paleti ne prevrne. Ker morajo posledično palete le rotirati okoli z osi, so običajno le 4- ali 5-osni, prepoznavni pa po značilnih kinematičnih mehanizmih, ki skrbijo, da je tovor vedno poravnan s tlemi.

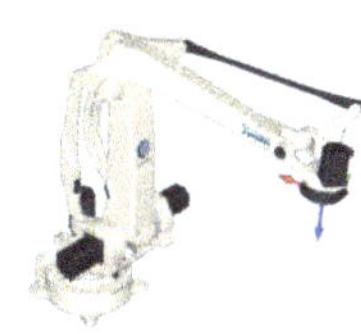

Lastnost	Vrednost
Kinematika	4R
Nosilnost	260 kg
Doseg	3099 mm
Ponovljivost	0.25 mm
Teža	160 kg

Slika 16.9 – Comau Smart5 PAL 180.

Sodelovalni roboti

Vse pogosteje tudi v industrijskih aplikacijah srečujemo sodelovalne robote, ki morajo zagotavljati varno delovanje kljub prisotnosti človeka. Opremljeni so z dodatno senzoriko, npr. senzorji navora in sile v osnovi ali v vsakem sklepu. Prav tako so velikokrat bolj zaobljeni. Napram klasičnim manipulatorjem pa so nekoliko počasnejši in dražji.

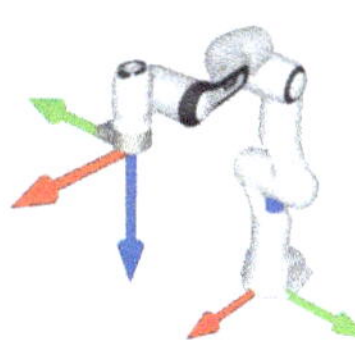

Lastnost	Vrednost
Kinematika	7
Nosilnost	3 kg
Doseg	850 mm
Ponovljivost	0.1 mm
Teža	18 kg

Slika 16.10 – Franka Emika Panda.

Kateri je najljubša glasbena zvrst industrijskih robotov? Metal!

Povezave
• Naprej na Denavit-Hartenbergov zapis: stran 37.

Poglavje 17.

Denavit-Hartenbergov zapis

Uvod Spoznali bomo, kako lahko s samo štirimi številkami opišemo, ali vaš robot maha z roko ali pa se poskuša praskati po hrbtu. Tako zanimivo bo, da boste najbrž o DH parametrih razlagali svojim prijateljem na naslednji zabavi - in potem na naslednjo ne boste povabljeni.

Povezave
- Nazaj na tipe členkastih robotov: stran 35.

17.1 Denavit-Hartenbergovi parametri

Da bi popisali transformacije med koordinatnimi sistemi artikuliranega robota, lahko le te verižimo iz zaporednih transformacij med sosednjimi sklepi. Da bi to naredili čim bolj učinkovito, želimo uporabiti čim manj parametrov. Denavit-Hartenbergov zapis je standardni način zapisovanja razmer med koordinatnimi sistemi v robotiki in definira razmerje med dvema koordinatnima sistemoma prek samo štirih parametrov.

Robot z n sklepi ima $n+1$ segmentov. Sklepe bomo oštevilčevali, začenjši z 1, kar bo označevalo koordinatni sistem osnove, do n, s katerim bo označen koordinatni sistem koordinatni sistem vrha robota, t.j. dela, ki omogoča namestitev prijemala ali drugega orodja. Segmente označujemo začenjši z 0. To pomeni, da je segment i povezan z $i-1$ prek sklepa i in do segmenta $i+1$ prek sklepa $i+1$. Vsakemu segmentu i nato določimo lokalni koordinatni sistem, običajno v sklepu $i+1$, po DH metodi:

1. Os z_i je poravnana z osjo sklepa $i+1$. Orientacija vseh sklepov je enoznačno popisana z osjo z_i, ki je pri rotacijskih sklepih (R) enaka osi rotacije, pri prizmatičnih (P) pa smeri translatornega premika. Pri R je identifikacija osi očitna, pri P pa je lahko tudi vzporedna s sklepom. Usmerjenost osi je poljubna.
2. Os x_i je določena s skupno normalo med osema z_{i-1} in z_i, in je usmerjena od z_{i-1} proti z_i. Skupna normala je daljica, ki predstavlja najkrajšo razdaljo med osema z_{i-1} in z_i. Kadar sta z osi vzporedni, je normal neskončno, izberemo pa tisto, ki je kolinearna z normlano prejšnjih sklepov. Kadar se dve z osi sekata, takrat skupna normala ne obstaja. Os x_i določimo kot pravokotno na ravnino, ki jo ustvarjata osi z_{i-1} in z_i, in sicer v smeri $z_{i-1} \times z_i$. V primeru, da sta dve z osi kolinearni sta edini netrivialni kombinaciji sklepov $P \parallel R$ ali $R \parallel P$. x_i določimo tako, da je $\theta_i = 0$ v začetnem položaju robota (θ_i bomo definirali kmalu).
3. Os y_i je določena tako, da dopolni desnosučni koordinatni sistem, $y_i = z_i \times x_i$.

S tem je izhodišče koordinatnega sistema i postavljeno na presečišče sklepa $i+1$ in usmerjeno v smeri normale med z_{i-1} in z_i.

Običajno bomo koordinatne sisteme določili tako, da bomo določili z osi za vse koordinatne sisteme. Potem pa začnemo tako, da določimo x_1 tako, da je ortogonalen tako z z_0 kot z z_1. Po potebi premaknemo izhodišče koordinatnega sistema. Določitev y_1 je trivialna. Nato dopolnimo koordinatni sistemi {0} tako, da bo čim manj translacij in rotacij do {1}. Postopek ponovimo nato za vse koordinatne sisteme od {2} naprej.

Razmerje med dvema koordinatnima sistemoma nato popišemo s štirimi Denavit-Hartenbergovimi parametri.

1. Dolžino segmenta a_i, razdaljo med z_{i-1} in z_i v smeri osi x_i.
2. Zasukom segmenta α_i, kotom med z_{i-1} in z_i pri rotaciji okoli osi x_i, da postaneta paralelni.
3. Razdaljo sklepa d_i, razdaljo med x_{i-1} in x_i v smeri z_{i-1}.
4. Kotom sklepa θ_i, kotom med x_{i-1} in x_i pri rotaciji okoli osi z_{i-1}, da postaneta paralelni.

Pri rotacijskih sklepih je parameter θ_i prost, medtem ko je prost d_i za prizmatične sklepe.

17.2 Primeri

Oglejmo si postavljanje koordinatnih sistemov in DH parametre na enostavnem primeru ravninskega robota.

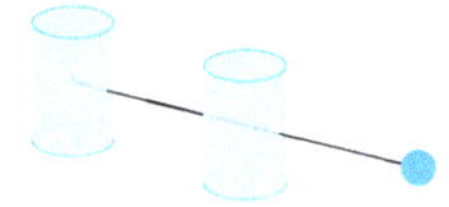

Slika 17.1 – Ravninski robot.

Primer Za ravninskega robota najprej postavimo z_0 in z_1 tako, da sta kolinearna s sklepoma. z_2 orientiramo enako - razlog za to je, da s tem poskrbimo, da je čim več parametrov enakih 0. x_1 nato postavimo v izhodišče sklepa 1 tako, da je usmerjen od z_0 proti z_1. Da bi bilo čim več parametrov enakih 0 postavimo v isti smeri x tudi za koordinatna sistema 0 in 2.

Končna rešitev je prikazana na sliki 17.2.

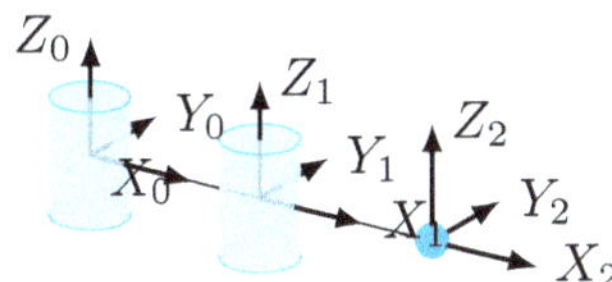

Slika 17.2 – Ravninski robot in koordinatni sistemi za DH zapis.

Oglejmo si postavljanje koordinatnih sistemov in DH parametre še na nekoliko zahtevnejšem primeru.

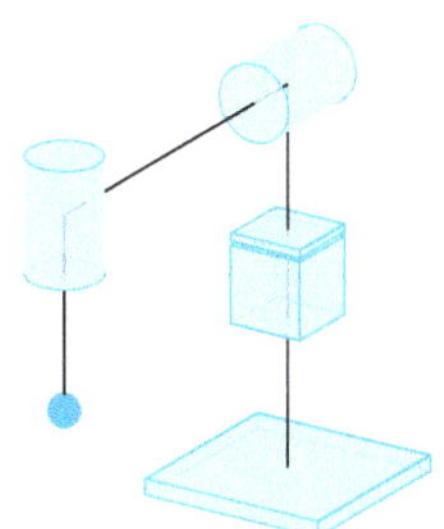

Slika 17.3 – Primer robota.

Primer Najprej postavimo z osi koordinatnih sistemov tako, da so kolinearne s sklepi. Nato je os x_1 ortogonalna na z_0 in z_1 in usmerjena od naprej v smeri od z_0 proti z_1. y_1 dopolni desnosučni koordinatni sistem. x_0 nato postavimo v isti smeri, kot x_1. Koordiantna sistema 0 in 1 prikazuje slika 17.4.

Za koordinatni sistem 2 nato postavimo x_2 tako, da je ortogonalen z_1 in z_2. Koordinatni sistem 3 je izbran poljubno, zato ga usmerimo enako, kot 2. Rezultat prikazuje slika 17.5

Nato lahko zapišemo tabelo DH parametrov. Da pridemo od koordinatnega sistema 0 do 1, se moramo premakniti v z_0 smeri za $1+d_1$, ter nato zarotirati okoli x_1 za $\pi/2$.

Da pridemo od koordinatnega sistema 2 do 3, se moramo premakniti v z_1 za 1 enoto in zarotirati za θ_2, nato pa se še dodatno zarotirati okoli x_2 za $\pi/2$.

Med koordinatnim sistemom 2 in 3 se moramo na koncu premakniti v smeri z_2 za 0.5 enote in zarotirati za θ_3.

Tabela DH parametrov je torej naslednja.

i	a	α	d	θ
1	0	$\pi/2$	$1+d_1$	0
2	0	$\pi/2$	1	θ_2
3	0	0	0.5	θ_3

Naloga Podana je naslednja tabela DH parametrov. Narišite kinematiko pripadajočega robota.

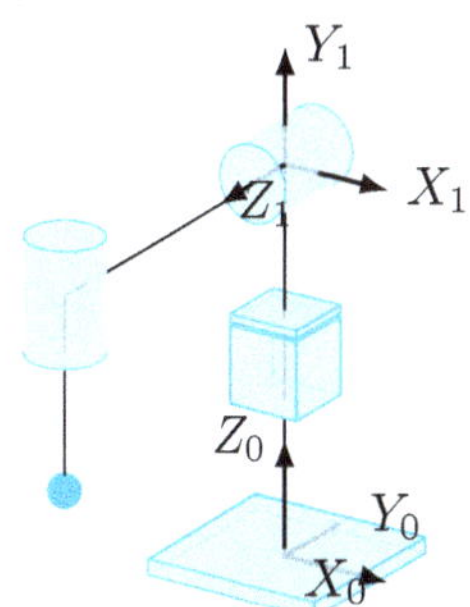

Slika 17.4 – Primer robota s koordinatnima sistemoma 0 in 1.

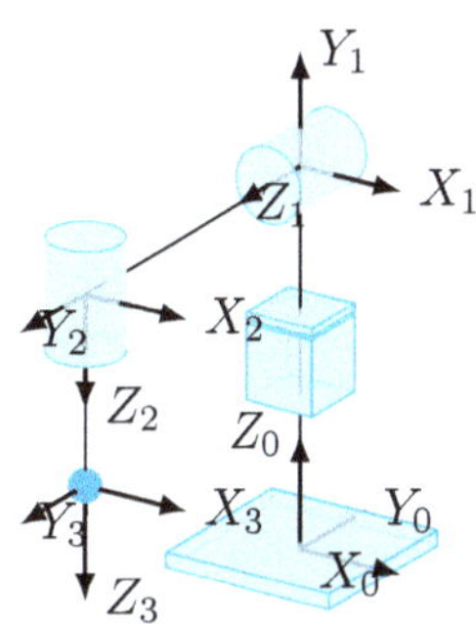

Slika 17.5 – Primer robota s postavljenimi vsemi koordinatnimi sistemi.

i	a	α	d	θ
1	0.5	$-\pi/2$	0.6	θ_1
2	0.3	0	0	$-\pi/2+\theta_2$
3	0.5	$-\pi/2$	0	θ_3
4	0	$\pi/2$	1	θ_4
5	-0.3	$-\pi/2$	0	θ_5
6	0	0	0.5	$\pi+\theta_6$

Naloga Postavite koordinatne sisteme in določite DH parametre za SCARA robota na sliki 17.6.

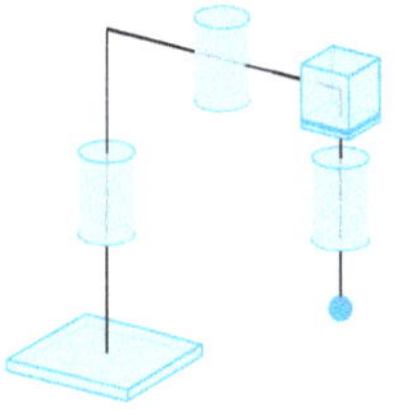

Slika 17.6 – SCARA robot.

Zakaj je robot zgrešil cilj? Ker ni obravnaval kinematike v svoji DH-plomski nalogi!

Povezave
- Naprej na direktno kinematiko: stran 39.

Poglavje 18.

Direktna kinematika

Uvod Direktna kinematika je kot čarobna palica robotike - poveste ji, kako ste zvili sklepe svojega robotskega prijatelja, in ona vam pove, kje je pristal njegov prst. Preprosteje povedano, gre za odgovor na vprašanje "Kje za vraga je zdaj prijemalo tega robota?", ko poznamo stanje vseh njegovih sklepov.

Povezave
- Nazaj na matrično algebro: stran 5.
- Nazaj na homogeno transformacijo in rotacije v 3D: stran 13.
- Nazaj na kvaternione: stran 15.
- Nazaj na Denvit-Hartenbergov zapis: stran 37.

Direktna kinematika je temeljni koncept v robotiki, ki nam omogoča, da določimo položaj in orientacijo vrha robota (običajno prijemala ali orodja) glede na njegove sklepe. V tem poglavju bomo podrobneje raziskali, kako lahko s pomočjo matematičnih orodij, kot so matrike in kvaternioni, opišemo gibanje robota. Začeli bomo z Denavit-Hartenbergovim (DH) zapisom, nato pa bomo raziskali tudi alternativne pristope, kot je uporaba kvaternionov za opis rotacij. Slednja metoda ima določene prednosti, zlasti pri izogibanju singularnostim, ki se lahko pojavijo pri uporabi Eulerjevih kotov.

V splošnem, direktna kinematika odgovarja na vprašanje, kje bo vrh robota, ob znani konfiguraciji, t.j., ob znanem stanju zasukov in premikov sklepov.

$$\mathbf{q} = (q_1, q_2, \dots) \rightarrow \mathbf{x} = (x, y, z, \alpha, \beta, \gamma) \quad (18.1)$$

Izračuna direktne kinematike se bomo najprej lotili na podlagi DH zapisa.

18.1 DH matrika

Transformacije med koordinatnimi sistemi lahko popišemo z matrikami homogene transformacije. V primeru DH zapisa je transformacija med dvema koordinatnima sistemoma sestavljena iz štirih osnovnih transformacij: translacije v smeri z_{i-1} za d_i, rotacije okoli z_{i-1} za θ_i, translacije v smeri x_i za a_i in rotacije okoli x_i za α_i. To lahko zapišemo z naslednjo matriko.

$$
\begin{aligned}
{}^{i-1}\mathbf{DH}_i =& \mathbf{Trans}(0, 0, d_i) \cdot \mathbf{Rot}(z_{i-1}, \theta_i) \cdot \\
& \cdot \mathbf{Trans}(a_i, 0, 0) \cdot \mathbf{Rot}(x_i, \alpha_i) \\
=& \begin{bmatrix} c\theta_i & -s\theta_i & 0 & 0 \\ s\theta_i & c\theta_i & 0 & 0 \\ 0 & 0 & 1 & d_i \\ 0 & 0 & 0 & 1 \end{bmatrix} \cdot \\
& \cdot \begin{bmatrix} 1 & 0 & 0 & a_i \\ 0 & c\alpha_i & -s\alpha_i & 0 \\ 0 & s\alpha_i & c\alpha_i & 0 \\ 0 & 0 & 0 & 1 \end{bmatrix} \\
=& \begin{bmatrix} c\theta_i & -s\theta_i c\alpha_i & s\theta_i s\alpha_i & a_i c\theta_i \\ s\theta_i & c\theta_i c\alpha_i & -c\theta_i s\alpha_i & a_i s\theta_i \\ 0 & s\alpha_i & c\alpha_i & d_i \\ 0 & 0 & 0 & 1 \end{bmatrix}
\end{aligned}
$$
$$(18.2)$$

Pri tem s in c označujeta funkciji sin in cos. DH matrike lahko nato verižimo, da preslikamo poljubno točko iz koordinatnega sistema vrha robota v koordinatni sistem osnove, če le poznamo zasuke in translacije vseh sklepov.

Primer Poglejmo si enostaven primer za ravninskega robota, ki ima naslednjo tabelo DH parametrov.

i	a	α	d	θ
1	a_1	0	0	θ_1
2	a_2	0	0	θ_2

Zapišimo DH matriki.

$$
{}^{0}\mathbf{DH}_1 = \begin{bmatrix} c\theta_1 & -s\theta_1 & 0 & a_1 c\theta_1 \\ s\theta_1 & c\theta_1 & 0 & a_1 s\theta_1 \\ 0 & 0 & 1 & 0 \\ 0 & 0 & 0 & 1 \end{bmatrix}
$$
$$
{}^{1}\mathbf{DH}_2 = \begin{bmatrix} c\theta_2 & -s\theta_2 & 0 & a_2 c\theta_2 \\ s\theta_2 & c\theta_2 & 0 & a_2 s\theta_2 \\ 0 & 0 & 1 & 0 \\ 0 & 0 & 0 & 1 \end{bmatrix}
$$
$$(18.3)$$

Da dobimo celotno transformacijo, matriki enostavno zmnožimo.

$$
{}^{0}\mathbf{DH}_2 = \begin{bmatrix} m_{11} & m_{12} & 0 & m_{14} \\ m_{21} & m_{22} & 0 & m_{24} \\ 0 & 0 & 1 & 0 \\ 0 & 0 & 0 & 1 \end{bmatrix}
$$
$$
\begin{aligned}
m_{11} &= c\theta_1 c\theta_2 - s\theta_1 s\theta_2 \\
m_{12} &= -c\theta_1 s\theta_2 + c\theta_1 c\theta_2 \\
m_{14} &= a_2 c\theta_1 c\theta_2 - a_2 s\theta_1 s\theta_2 + a_1 c\theta_1 \\
m_{21} &= s\theta_1 c\theta_2 + c\theta_1 s\theta_2 \\
m_{22} &= -s\theta_1 s\theta_2 + c\theta_1 c\theta_2 \\
m_{24} &= a_2 s\theta_1 c\theta_2 + a_2 c\theta_1 s\theta_2 + a_1 s\theta_1
\end{aligned}
$$
$$(18.4)$$

Veljajo trigonometrične identitete.

$$\sin(\alpha \pm \beta) = \sin\alpha\cos\beta \pm \cos\alpha\sin\beta$$
$$\cos(\alpha \pm \beta) = \cos\alpha\cos\beta \mp \sin\alpha\sin\beta \tag{18.5}$$

Končna, poenostavljena rešitev je tako naslednja.

$$^0\mathbf{DH}_2 = \begin{bmatrix} c_{12} & -s_{12} & 0 & a_1c_1 + a_2c_{12} \\ s_{12} & c_{12} & 0 & a_1s_1 + a_2c_{12} \\ 0 & 0 & 1 & 0 \\ 0 & 0 & 0 & 1 \end{bmatrix} \tag{18.6}$$

Pri čemer c_{12} predstavlja $\cos(\theta_1 + \theta_2)$, ipd.

Naloga Pokažite preračun direktne kinematike na primerih iz prejšnjega poglavja.

18.2 Modificiran DH zapis

Naj na tem mestu omenimo še alternativni DH zapis, ki je sicer uporabljen redkeje, a pogosto njegovo nepoznavanje povzroča zmedo. Pri tem zapisu so razlike napram klasičnem naslednje.

1. z_i je poravnana s sklepom i in ne $i+1$, kot pri klasičnem DH.
2. a_i in α_i sta razdalja in zasuk od z_{i-1} do z_i napram in okoli x_{i-1}.
3. d_i in θ_i sta razdalja in zasuk od x_{i-1} do x_i napram in okoli z_i

S tem je DH matrika naslednja.

$$^{i-1}\mathbf{DH}_i^{mod} = \begin{bmatrix} c\theta_i & -s\theta_i & 0 & a_i \\ s\theta_i c\alpha_i & c\theta_i c\alpha_i & -s\alpha_i & -d_i s\alpha_i \\ s\theta_i s\alpha_i & c\theta_i s\alpha_i & c\alpha_i & d_i c\alpha_i \\ 0 & 0 & 0 & 1 \end{bmatrix} \tag{18.7}$$

18.3 Preračun orientacije vrha s kvaternioni

Oglejmo si še alternativen pristop z uporabo kvaternionov, ki ponuja določene prednosti pri predstavitvi rotacij v 3D prostoru. Za vsak sklep lahko določimo kvaternion rotacije, ter jih pomnožimo, da dobimo orientacijo vrha.

Prednost uporabe kvaternionov je v tem, da se izognemo singularnostim, ki se lahko pojavijo pri uporabi Eulerjevih kotov, in da je računsko bolj učinkovito kot množenje rotacijskih matrik.

Primer Vzemimo preprost primer robota z dvema rotacijskima sklepoma. Prvi sklep se zavrti za kot θ_1 okoli osi z, drugi pa za kot θ_2 okoli osi x. Kvaterniona za ta dva zasuka sta:

$$\mathring{q}_1 = \cos(\frac{\theta_1}{2}) + \sin(\frac{\theta_1}{2})k$$
$$\mathring{q}_2 = \cos(\frac{\theta_2}{2}) + \sin(\frac{\theta_2}{2})i \tag{18.8}$$

Izračunajmo $\mathring{q}_{ee} = \mathring{q}_2 \cdot \mathring{q}_1$:

$$w = \cos(\frac{\theta_2}{2})\cos(\frac{\theta_1}{2})$$
$$x = \sin(\frac{\theta_2}{2})\cos(\frac{\theta_1}{2})$$
$$y = \sin(\frac{\theta_2}{2})\sin(\frac{\theta_1}{2}) \tag{18.9}$$
$$z = \cos(\frac{\theta_2}{2})\sin(\frac{\theta_1}{2})$$

Torej je končni kvaternion:

$$\mathring{q}_{ee} = \cos(\frac{\theta_2}{2})\cos(\frac{\theta_1}{2}) + \sin(\frac{\theta_2}{2})\cos(\frac{\theta_1}{2})i +$$
$$+ \sin(\frac{\theta_2}{2})\sin(\frac{\theta_1}{2})j + \cos(\frac{\theta_2}{2})\sin(\frac{\theta_1}{2})k \tag{18.10}$$

Ta kvaternion neposredno reprezentira rotacijo vrha, izraženo v koordinatnem sistemu baze. Za $\theta_1 = \pi/2$ in $\theta_2 = 0$ je konfiguracija predstavljena na sliki 18.1.

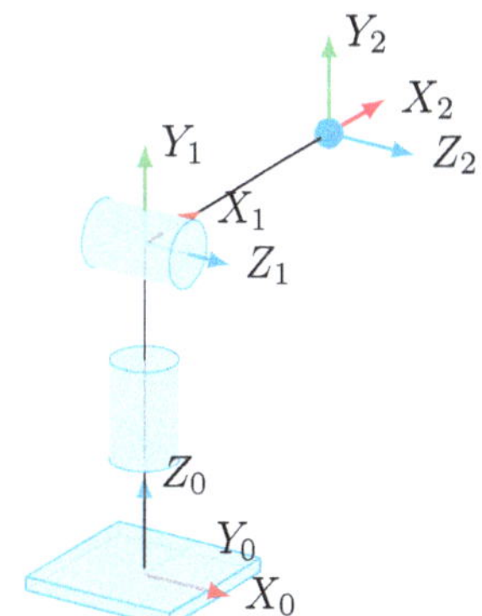

Slika 18.1 – Ilustracija primera.

Kateri boksarski udarec je za robotovo kinematiko najlažji? Direkt!

Povezave
- Naprej na vijačno teorijo: stran 41.
- Naprej na inverzno kinematiko: stran 43.

Poglavje 19.

Vijačna teorija

Uvod V tem poglavju bomo spoznali vijake, zvine in napore - ne, ne govorimo o vaši zadnji prenovi stanovanja, temveč o matematičnih konceptih, ki bodo zavrteli in zategnili vaše znanje robotike.

Povezave
- Nazaj na direktno kinematiko: stran 39.

Poleg Denavit-Hartenbergove metode obstaja še en pomemben pristop k reševanju problema direktne kinematike, ki temelji na t.i. vijačni teoriji. Poglejmo si ta pristop, metodo produkta eksponentov, a pred tem osvetlimo matematične osnove, potrebne za razumevanje.

19.1 Vijak, zvin in napor

Vijak je šestdimenzionalni vektor, sestavljen iz para dveh tridimenzionalnih. Posebna primera vijaka sta zvin, pri katerem sta vektorja translatorna in kotna hitrost ter napor, pri katerem sta vektorja sila in navor. Vijake bomo označevali z ravno pisavo: $\mathsf{S} = (\mathbf{s}, \mathbf{v})$.

Za vijake veljajo naslednja algebrajična pravila. Vpeljimo urejeno dvojico realnih števil $\hat{a} = (a, b)$, imenovano *dvojni skalar*. Seštevamo in odštevamo jih po komponentah. Za množenje dvojnih skalarjev in dvojnega skalarja z vijakom velja:

$$\begin{aligned} \hat{a}\hat{c} &= (a, b)(c, d) = (ac, ad + bc) \\ \hat{a}\mathsf{S} &= (a, b)(\mathbf{s}, \mathbf{v}) = (a\mathbf{s}, a\mathbf{v} + b\mathbf{s}) \end{aligned} \tag{19.1}$$

Skalarni in vektorski produkt pa sta:

$$\begin{aligned} \mathsf{S}\mathsf{T} &= (\mathbf{s}, \mathbf{v}) \cdot (\mathbf{t}, \mathbf{w}) = (\mathbf{s} \cdot \mathbf{t}, \mathbf{s} \cdot \mathbf{w} + \mathbf{v} \cdot \mathbf{t}) \\ \mathsf{S} \times \mathsf{T} &= (\mathbf{s}, \mathbf{v}) \times (\mathbf{t}, \mathbf{w}) = (\mathbf{s} \times \mathbf{t}, \mathbf{s} \times \mathbf{w} + \mathbf{v} \times \mathbf{t}) \end{aligned} \tag{19.2}$$

Naslednji vijak predstavlja zvin:

$$\mathsf{T} = (\omega, \mathbf{v} + \mathbf{p} \times \omega) \tag{19.3}$$

kjer je ω vektor kotne hitrosti, $\mathbf{v}$ vektor translatorne hitrosti, $\mathbf{p}$ pa vektor od izhodišča koordinatnega sistema.

Napor, končno, zapišemo kot:

$$\mathsf{W} = (\mathbf{F}, \mathbf{p} \times \mathbf{F}) \tag{19.4}$$

kjer je $\mathbf{F}$ vektor sile, $\mathbf{p}$ pa ponovno vektor od izhodišča koordinatnega sistema do prijemališča sile.

Za rotacijske sklepe, pri katerih gre os rotacije skozi $\mathbf{q}$ in je usmerjena v smeri ω, lahko zapišemo zvin kot:

$$\zeta = \begin{Bmatrix} \omega \\ \mathbf{q} \end{Bmatrix} \tag{19.5}$$

Za prizmatične sklepe pa $\mathbf{v}$ enostavno predstavlja vektor hitrosti:

$$\zeta = \begin{Bmatrix} 0 \\ \mathbf{v} \end{Bmatrix} \tag{19.6}$$

19.2 Rodriguesova formula

Vektorski produkt dveh vektorjev $\mathbf{a} = [a_1, a_2, a_3]^T$ in $\mathbf{b} = [b_1, b_2, b_3]^T$ lahko zapišemo tudi v matrični obliki z uporabo antisimetrične matrike:

$$\mathbf{a} \times \mathbf{b} = \mathbf{S}(a)\mathbf{b} = \begin{bmatrix} 0 & -a_3 & a_2 \\ a_3 & 0 & -a_1 \\ -a_2 & a_1 & 0 \end{bmatrix} \begin{bmatrix} b_1 \\ b_2 \\ b_3 \end{bmatrix} \tag{19.7}$$

Poglejmo še, kako z eksponentno funkcijo predstavimo rotacije. Izberimo matriko $\mathbf{A}$ in jo razcepimo.

$$\mathbf{A} = \begin{bmatrix} 0 & -1 \\ 1 & 0 \end{bmatrix} = \begin{bmatrix} i & -i \\ 1 & 1 \end{bmatrix} \begin{bmatrix} i & 0 \\ 0 & -i \end{bmatrix} \begin{bmatrix} -i/2 & 1/2 \\ i/2 & 1/2 \end{bmatrix} \tag{19.8}$$

Velja:

$$e^{t\mathbf{A}} = \begin{bmatrix} i & -i \\ 1 & 1 \end{bmatrix} \begin{bmatrix} e^{it} & 0 \\ 0 & e^{-it} \end{bmatrix} \begin{bmatrix} -i/2 & 1/2 \\ i/2 & 1/2 \end{bmatrix} \tag{19.9}$$

Uporabimo Eulerjevo formulo:

$$e^{ix} = \cos x + i \sin x \tag{19.10}$$

Z nekaj premetavanja je končni rezultat:

$$e^{t\mathbf{A}} = \begin{bmatrix} \cos t & -\sin t \\ \sin t & \cos t \end{bmatrix} \tag{19.11}$$

kar je ravno rotacijska matrika!

Izpeljimo Rodriguesovo formulo, ki omogoča izračun rotacijske matrike za rotacijo okoli poljubne osi za poljuben kot. Imamo enotski vektor $\omega = [\omega_1, \omega_2, \omega_3]^T$, ki predstavlja os rotacije in kot rotacije θ. Začnemo z eksponentno obliko rotacije in jo razvijemo s Taylorjevo vrsto:

$$\mathbf{R} = e^{\theta \mathbf{S}(\omega)} =$$
$$= \mathbf{I} + \theta \mathbf{S}(\omega) + (\theta \mathbf{S}(\omega)^2/2!) + (\theta \mathbf{S}(\omega)^3/3!) + \dots \tag{19.12}$$

Upoštevajmo lastnosti antisimetričnih matrik:

$$\mathbf{S}(\omega)^3 = -\mathbf{S}(\omega)\mathbf{S}(\omega)^4 = -\mathbf{S}(\omega)^2 \dots \tag{19.13}$$

Z združitvijo členov dobimo končno obliko Rodriguesove formule:

$$\mathbf{R} = \mathbf{I} + \sin\theta \mathbf{S}(\omega) + (1 - \cos\theta)\mathbf{S}(\omega)^2 \tag{19.14}$$

19.3 Metoda produkta eksponentov (POE)

Metoda produkta eksponentov (POE - ang. Product of Exponentials), ki sta jo razvila Brockett in Murray, ponuja alternativni in v nekaterih primerih bolj intuitiven način za opis kinematike členkastih robotov. POE metoda temelji na teoriji Liejeve algebre in uporablja eksponentno preslikavo za opis gibanja togih teles. Namesto da bi določali koordinatne sisteme za vsak sklep, kot to počnemo pri DH metodi, POE metoda opisuje gibanje vsakega sklepa glede na fiksni referenčni okvir.

V POE metodi je lega vrha robota $g_{st}(\theta)$ podana kot:

$$g_{st}(\theta) = e^{\hat{\xi}_1\theta_1} e^{\hat{\xi}_2\theta_2} \cdots e^{\hat{\xi}_n\theta_n} g_{st}(0) \tag{19.15}$$

kjer je:

- $g_{st}(0)$ začetna lega vrha robota,

- $\hat{\xi}_i$ vijak koordinate i-tega sklepa,

- θ_i kot zasuka i-tega sklepa,

- n število sklepov robota.

Primer Poglejmo si primer uporabe POE metode na preprostem ravninskem robotu z dvema rotacijskima sklepoma. Za tega robota imamo:

- Začetno lego vrha robota (ko sta oba sklepa

v ničelni poziciji):

$$g_{st}(0) = \begin{bmatrix} 1 & 0 & a_1 + a_2 \\ 0 & 1 & 0 \\ 0 & 0 & 1 \end{bmatrix} \tag{19.16}$$

kjer sta a_1 in a_2 dolžini prvega in drugega segmenta.

- Vijaka za oba sklepa:

$$\hat{\xi}_1 = \begin{bmatrix} 0 & -1 & 0 \\ 1 & 0 & 0 \\ 0 & 0 & 0 \end{bmatrix}$$
$$\hat{\xi}_2 = \begin{bmatrix} 0 & -1 & -a_1 \\ 1 & 0 & 0 \\ 0 & 0 & 0 \end{bmatrix} \tag{19.17}$$

Vijaka $\hat{\xi}_1$ in $\hat{\xi}_2$ sta izpeljana na naslednji način:
- Za $\hat{\xi}_1$: Prvi sklep rotira okoli osi z, ki gre skozi izhodišče. V 2D prostoru to predstavimo z rotacijsko matriko $\begin{bmatrix} 0 & -1 \\ 1 & 0 \end{bmatrix}$.

- Za $\hat{\xi}_2$: Drugi sklep prav tako rotira okoli osi z, vendar je ta os zamaknjena za a_1 v smeri x. To zamaknjeno rotacijo predstavimo z rotacijsko matriko, ki ji dodamo translacijski del $\begin{bmatrix} -a_1 \\ 0 \end{bmatrix}$.

Končna lega vrha robota je tako:

$$g_{st}(\theta) = e^{\hat{\xi}_1\theta_1} e^{\hat{\xi}_2\theta_2} g_{st}(0) \tag{19.18}$$

Izračun eksponentov matrik lahko dobimo prek Rodriguesove formule in je enak:

$$e^{\hat{\xi}_i\theta_i} = \begin{bmatrix} c\theta_i & -s\theta_i & x_i(1 - c\theta_i) + y_i s\theta_i \\ s\theta_i & c\theta_i & y_i(1 - c\theta_i) - x_i s\theta_i \\ 0 & 0 & 1 \end{bmatrix} \tag{19.19}$$

kjer sta x_i in y_i koordinati središča rotacije i-tega sklepa: za $\hat{\xi}_1$, $x_1 = y_1 = 0$, za $\hat{\xi}_2$, $x_2 = a_1$ in $y_2 = 0$.

Po množenju matrik dobimo končni rezultat:

$$g_{st}(\theta) = \begin{bmatrix} c_{12} & -s_{12} & a_1 c_1 + a_2 c_{12} \\ s_{12} & c_{12} & a_1 s_1 + a_2 s_{12} \\ 0 & 0 & 1 \end{bmatrix} \tag{19.20}$$

Kaj rečemo, ko se robot gladko premika? POEzija!

Povezave
- Naprej na inverzno kinematiko: stran 43.
- Naprej na gibljivost: stran 47.
- Naprej na programski primer za preračun direktne kinematike z vijačno teorijo: stran 99.

Poglavje 20.

Inverzna kinematika

Uvod Inverzna kinematika je kot poskus oblačenja puloverja z zavezanimi rokami - veste, kam želite priti, vendar je pot do tja prava pustolovščina. Kdo pravi, da matematika ni zabavna? No, verjetno večina ljudi, ampak mi vemo bolje!

Povezave
- Nazaj na obrat in psevdoobrat matrike: stran 9.
- Nazaj na matematično analizo in numerične metode: stran 17.
- Nazaj na direktno kinematiko: stran 39.

Pri inverzni kinematiki smo soočeni z ravno nasprotnim problemom, kot pri direktni. Če poznamo lego vrha robota, kako retrogradno določiti vse zasuke in premike robotovih sklepov.

$$\mathbf{q} = (q_1, q_2, \dots) \leftarrow \mathbf{x} = (x, y, z, \alpha, \beta, \gamma) \quad (20.1)$$

Izkaže se, da je to precej zahtevnejši problem. Če je celotna transformacija za primer šest-osnega robota popisana z matriko rotacij in translacij $\mathbf{T}$, lahko zapišemo naslednje.

$$^0\mathbf{T}_6 = \begin{bmatrix} r_{11} & r_{12} & r_{13} & d_{14} \\ r_{21} & r_{22} & r_{23} & d_{24} \\ r_{31} & r_{32} & r_{33} & d_{34} \\ 0 & 0 & 0 & 1 \end{bmatrix} \quad (20.2)$$

Dvanajst neznanih parametrov je funkcija šestih stanj sklepov. Vendar pa vemo, da je zgornja 3×3 matrika rotacijska, in da vsebuje le tri neodvisne parametre. Zato je samo 6 enačb od dvanajstih neodvisnih.

20.1 Analitična rešitev

Analitična rešitev inverzne kinematike obstaja takrat, kadar je prostostnih stopenj robota enako, kot prostostnih stopenj delovnega prostora. V primeru redundatnega robota, ki ima več prostostnih stopenj, je rešitev neskončno. V primeru podaktuiranega, z manj prostostnimi stopnjami, pa rešitev ne obstaja vedno. A tudi v primeru enakega števila prostostnih stopenj rešitev ni samo ena.

Da bi dobili rešitev moramo obrniti funkcijo direktne kinematike $\mathbf{x} = f(\mathbf{q})$.

$$\mathbf{q} = f^{-1}(\mathbf{x}) \quad (20.3)$$

Poglejmo si primer ravninskega 2R robota. Zanj velja naslednje.

$$\begin{aligned} x &= a_1 \cos\theta_1 + a_2 \cos(\theta_1 + \theta_2) \\ y &= a_1 \sin\theta_1 + a_2 \sin(\theta_1 + \theta_2) \end{aligned} \quad (20.4)$$

Da bi ugotovili, kakšna sta θ_1 in θ_2 pri danem x in y, bomo razmere izpeljali geometrijsko.

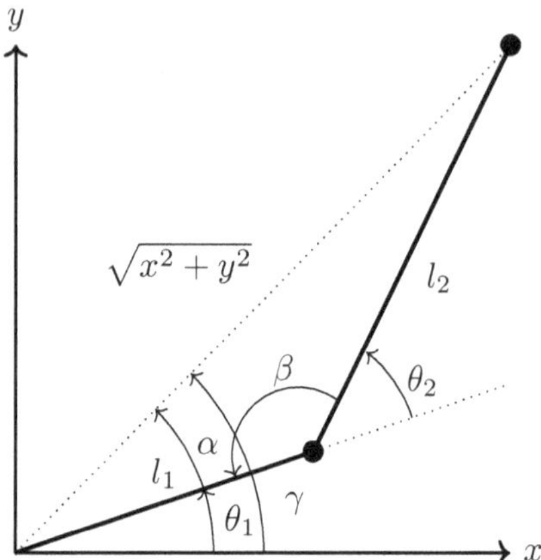

Slika 20.1 – 2R robot z označenimi koti in dolžinami.

Spomnimo se kosinusnega izreka.

$$c^2 = a^2 + b^2 - 2ab\cos(\gamma) \quad (20.5)$$

kjer so a, b, c dolžine stranic trikotnika in α, β, γ koti nasproti stranicam a, b in c.

Za 2R robota imamo:

$$l_1^2 + l_2^2 - 2l_1 l_2 \cos\beta = x^2 + y^2 \quad (20.6)$$

Iz tega sledi:

$$\beta = \cos^{-1}\left(\frac{l_1^2 + l_2^2 - x^2 - y^2}{2l_1 l_2}\right) \quad (20.7)$$

Podobno:

$$\alpha = \cos^{-1}\left(\frac{l_1^2 - l_2^2 + x^2 + y^2}{2l_1 \sqrt{x^2 + y^2}}\right) \quad (20.8)$$

Z uporabo funkcije atan2 dobimo:

$$\gamma = \text{atan2}(y, x) \quad (20.9)$$

Dve možni rešitvi sta:

$$\begin{aligned} \theta_1 &= \gamma - \alpha, \quad \theta_2 = \pi - \beta \\ \theta_1 &= \gamma + \alpha, \quad \theta_2 = \beta - \pi \end{aligned} \quad (20.10)$$

Če $x^2 + y^2 \notin [l_1 - l_2, l_1 + l_2]$, potem rešitev ne obstaja.

Primer Poglejmo primer, ko sta $l_1 = l_2 = 1$ ter $x = y = 0.5$.
Iz enačb izračunamo naslednje.

$$\beta = \arccos(1.5/2) = 0.72273$$
$$\alpha = \arccos(0.5/(2\sqrt{0.5})) = 1.20943 \quad (20.11)$$
$$\gamma = \text{atan2}(0.5, 0.5) = 0.78540$$

Sledi:

$$\theta_1 = -0.42403, \quad \theta_2 = 2.41886$$
$$\theta_1 = 1.99483, \quad \theta_2 = -2.41886 \quad (20.12)$$

20.2 Numerična rešitev

Za numerično reševanje se pogosto uporablja Newton-Raphsonova metoda iskanja ničel. Pri tej metodi iščemo vektor stanja sklepov $\mathbf{q}$, ki ustreza, prek direktne kinematike, eksternim koordinatam vrha robota x.

$$x - \mathbf{T}(\mathbf{q}) = 0 \quad (20.13)$$

Če z $\hat{\mathbf{q}}$ označimo začetni poskus ugibanja stanja sklepov in če razširimo enačbo v Taylorjevo vrsto ter upoštevamo prva dva člena, dobimo naslednje.

$$x = \mathbf{T}(\hat{\mathbf{q}}) + \frac{\partial \mathbf{T}}{\partial \mathbf{q}}(\mathbf{q} - \hat{\mathbf{q}}) \quad (20.14)$$

Oz. zapisano drugače:

$$x - \mathbf{T}(\hat{\mathbf{q}}) = \mathbf{J}(\hat{\mathbf{q}})\Delta\mathbf{q}$$
$$\mathbf{J}^{-1}(\hat{\mathbf{q}})(x - \mathbf{T}(\hat{\mathbf{q}})) = \Delta\mathbf{q} \quad (20.15)$$

Pri iterativni metodi nato zmanjšujemo napako $\Delta\mathbf{q}$ tako, da jo izračunamo za naš poskus $\hat{\mathbf{q}}$, nato pa poskus popravimo za produkt inverza Jakobijana in napake.

$$\hat{\mathbf{q}}^{i+1} = \hat{\mathbf{q}}^i + \mathbf{J}^{-1}(\hat{\mathbf{q}}^i)(x - \mathbf{T}(\hat{\mathbf{q}})) \quad (20.16)$$

Primer Rešimo problem inverzne kinematike še numerično za ravninskega $R \parallel R$ robota z $l_1 = l_2 = 1$. Jakobijan je naslednji.

$$\mathbf{J}(\mathbf{q}) = \frac{\partial \mathbf{T}}{\partial \mathbf{q}} = \begin{bmatrix} \frac{\partial x}{\partial \theta_1} & \frac{\partial x}{\partial \theta_2} \\ \frac{\partial y}{\partial \theta_1} & \frac{\partial y}{\partial \theta_2} \end{bmatrix}$$
$$= \begin{bmatrix} -l_1 s_1 - l_2 s_{12} & -l_2 s_{12} \\ l_1 c_1 + l_2 c_{12} & l_2 c_{12} \end{bmatrix} \quad (20.17)$$

Inverz Jakobijana pa:

$$\mathbf{J}^{-1} = \frac{-1}{l_1 l_2 s_2} \begin{bmatrix} -l_2 c_{12} & -l_2 s_{12} \\ l_1 c_1 + l_2 c_{12} & l_1 s_1 + l_2 s_{12} \end{bmatrix} \quad (20.18)$$

Želimo, enako, kot pri analitičnem primeru, da sta $x = y = 0.5$. Vzemimo začetni približek $\theta_1 = -1$ in $\theta_2 = 2$. Po eni iteraciji dobimo:

$$x = \cos(-1) + \cos 1 = 1.0806$$
$$y = \sin(-1) + \sin 1 = 0 \quad (20.19)$$

Inverz Jakobijana je naslednji.

$$\frac{-1}{s2} \begin{bmatrix} -c1 & -c1 \\ c(-1) + c1 & s(-1) + s(1) \end{bmatrix} =$$
$$= \begin{bmatrix} 0.594198 & 0.925408 \\ -1.1884 & 0 \end{bmatrix} \quad (20.20)$$

Izračunajmo popravek.

$$\begin{bmatrix} 0.594198 & 0.925408 \\ -1.1884 & 0 \end{bmatrix} \cdot \begin{bmatrix} 0.5 - 1.0806 \\ 0.5 - 0 \end{bmatrix} =$$
$$= \begin{bmatrix} 0.11771 \\ 0.68999 \end{bmatrix} \quad (20.21)$$

Rezultat, po iteracijah, je naslednji.

Iteracija	(x, y)
1	(-0.88229, 2.68999)
2	(-0.267188, 2.46135)
3	(-0.4397, 2.43088)
4	(-0.423899, 2.41891)
5	(-0.424031, 2.41886)

Vidimo, da rezultat skonvergira do prave vrednosti že v samo nekaj iteracijah.

Poleg analitičnih in numeričnih metod, ki smo jih obravnavali, obstajajo še druge tehnike reševanja. Ena izmed pomembnih je metoda ciklične koordinatne spustitve (ang. CCD - Cyclic Coordinate Descent), ki je iterativna tehnika, posebej učinkovita za kinematične verige z veliko prostostnimi stopnjami. Druga pogosto uporabljena metoda je FABRIK (ang. Forward And Backward Reaching Inverse Kinematics), ki izmenično uporablja direktno in inverzno kinematiko za hitro konvergenco k rešitvi. Te metode so posebej koristne v situacijah, kjer analitične rešitve niso na voljo ali so računsko prezahtevne.

Kaj imata skupnega inverzna kinematika in profesor robotike? Oba sta težka in zahtevna. Ampak, na nek način, zabavna?

Povezave
• Naprej na hitrostne razmere: stran 45.

Poglavje 21.

Hitrostne razmere

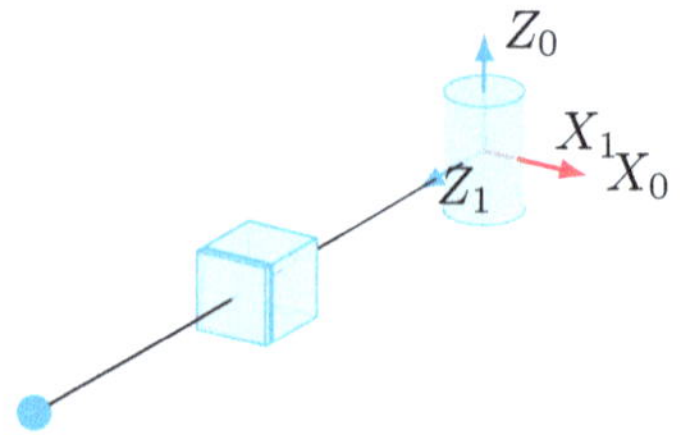

Slika 21.1 – RP manipulator.

Uvod Pri hitrostnih razmerah nas zanima, kako se hitrosti sklepov transformirajo v hitrosti vrha in obratno. Hkrati nam bo ta analiza osvetlila pomen Jakobijeve matrike členkastih robotov. Jakobijeva matrika je kot rubikova kocka za robotike - na začetku izgleda nemogoče, ampak ko jo enkrat razumete, postane super enostavna.

Povezave
- Nazaj na obrat in psevdoobrat matrik: stran 9.
- Nazaj na inverzno kinematiko: stran 43.

21.1 Jakobijeva matrika

Jakobijeva matrika oz. Jakobijan, kot smo videli že pri inverzni kinematiki, povezuje majhne spremembe m koordinat vrha robota $(\delta x_1, \ldots, \delta x_m)$ s spremembami stanj sklepov $(\delta q_1, \ldots, \delta q_n)$. Posledično velja, da popisuje tudi razmere med hitrostmi sklepov in hitrostjo vrha.

$$\frac{\mathrm{d}\mathbf{x}}{\mathrm{d}t} = \frac{\mathrm{d}\mathbf{T}(\mathbf{q})}{\mathrm{d}t} = \frac{\partial \mathbf{T}(\mathbf{q})}{\partial \mathbf{q}} \frac{\mathrm{d}\mathbf{q}}{\mathrm{d}t} = \mathbf{J}(\mathbf{q})\dot{\mathbf{q}}$$
$$\dot{\mathbf{x}} = \mathbf{J}(\mathbf{q})\dot{\mathbf{q}} \tag{21.1}$$

Dimenzije Jakobijana so odvisne od števila sklepov robota. Če zapišemo direktno kinematiko robota z $\mathbf{x} = \mathbf{f}(\mathbf{q})$, velja naslednje.

$$\mathbf{J}(\mathbf{q}) = \frac{\partial \mathbf{f}(\mathbf{q})}{\partial \mathbf{q}} = \begin{bmatrix} \frac{\partial f_1}{\partial q_1} & \cdots & \frac{\partial f_1}{\partial q_n} \\ \vdots & \ddots & \vdots \\ \frac{\partial f_m}{\partial q_1} & \cdots & \frac{\partial f_m}{\partial q_n} \end{bmatrix} \in \mathbb{R}^{m \times n} \tag{21.2}$$

Pri tem je m število prostostnih stopenj prostora, običajno 6, ker so v prostoru možne tri translacije in tri rotacije, n pa število sklepov.

Primer Za $R \parallel R$ ravninskega robota vemo, da je njegova direktna kinematika naslednja.

$$x = a_1 \cos(\theta_1) + a_2 \cos(\theta_1 + \theta_2)$$
$$y = a_1 \sin(\theta_1) + a_2 \sin(\theta_1 + \theta_2) \tag{21.3}$$

Analitično Jakobijevo matriko dobimo s parcialnim odvajanjem teh enačb po $\mathbf{q} = (\theta_1, \theta_2)$.

$$\frac{\partial x}{\partial \theta_1} = -a_1 \sin(\theta_1) - a_2 \sin(\theta_1 + \theta_2)$$
$$\frac{\partial x}{\partial \theta_2} = -a_2 \sin(\theta_1 + \theta_2)$$
$$\frac{\partial y}{\partial \theta_1} = a_1 \cos(\theta_1) + a_2 \cos(\theta_1 + \theta_2)$$
$$\frac{\partial y}{\partial \theta_2} = a_2 \cos(\theta_1 + \theta_2) \tag{21.4}$$

Rezultat je naslednji.

$$\mathbf{J}(\mathbf{q}) = \frac{\partial \mathbf{T}}{\partial \mathbf{q}} = \begin{bmatrix} \frac{\partial x}{\partial \theta_1} & \frac{\partial x}{\partial \theta_2} \\ \frac{\partial y}{\partial \theta_1} & \frac{\partial y}{\partial \theta_2} \end{bmatrix}$$
$$= \begin{bmatrix} -a_1 s\theta_1 - a_2 s(\theta_1 + \theta_2) & -a_2 s(\theta_1 + \theta_2) \\ a_1 c\theta_1 + a_2 c(\theta_1 + \theta_2) & a_2 c(\theta_1 + \theta_2) \end{bmatrix} \tag{21.5}$$

Primer Poglejmo primer polarnega manipulatorja $R \vdash P$, z osjo dolžine r. Za takega robota je transformacijska matrika naslednja (lahko izpeljemo geometrijsko ali z DH postopkom).

$$\begin{bmatrix} \cos\theta & -\sin\theta & 0 & r\cos\theta \\ \sin\theta & \cos\theta & 0 & r\sin\theta \\ 0 & 0 & 1 & 0 \\ 0 & 0 & 0 & 1 \end{bmatrix} \tag{21.6}$$

Torej je vrh takega robota na naslednjih koordinatah.

$$\begin{bmatrix} x \\ y \end{bmatrix} = \begin{bmatrix} r\cos\theta \\ r\sin\theta \end{bmatrix} \tag{21.7}$$

Posledično so hitrosti naslednje.

$$\begin{bmatrix} \dot{x} \\ \dot{y} \end{bmatrix} = \begin{bmatrix} \cos\theta & -r\sin\theta \\ \sin\theta & r\cos\theta \end{bmatrix} \begin{bmatrix} \dot{r} \\ \dot{\theta} \end{bmatrix} \tag{21.8}$$

To pomeni, da je Jakobijan naslednji.

$$\mathbf{J} = \begin{bmatrix} \cos\theta & -r\sin\theta \\ \sin\theta & r\cos\theta \end{bmatrix} \tag{21.9}$$

21.2 Inverzne hitrostne razmere

Z Jakobijevo matriko pa si lahko pomagamo tudi pri inverznih hitrostnih razmerah, saj velja naslednje.

$$\dot{\mathbf{q}} = \mathbf{J}(\mathbf{q})^{-1}\dot{\mathbf{x}} \qquad (21.10)$$

Izračun inverzne matrike je lahko problematičen. Namreč, inverz ne obstaja, kadar matrika ni kvadratna, torej npr. v primeru, da ima robot 7 prostostnih stopenj, torej eno več, kot potrebno za manipulacijo v prostoru. Takrat si moramo pomagati z drugimi metodami, npr. s t.i. psevdoinverzom oz. Moore-Penrose-ovim inverzom.

Primer Inverzne hitrosti ravninskega $R \parallel R$ robota lahko določimo prek Jakobijana, ki smo ga že zapisali v enem izmed prejšnjih primerov.

$$\mathbf{J}(\mathbf{q}) = \frac{\partial \mathbf{T}}{\partial \mathbf{q}} = \begin{bmatrix} \frac{\partial x}{\partial \theta_1} & \frac{\partial x}{\partial \theta_2} \\ \frac{\partial y}{\partial \theta_1} & \frac{\partial y}{\partial \theta_2} \end{bmatrix} =$$
$$= \begin{bmatrix} -a_1 s_1 - a_2 s_{12} & -a_2 s_{12} \\ a_1 c_1 + a_2 c_{12} & a_2 c_{12} \end{bmatrix} \qquad (21.11)$$

Inverzni Jakobijan pa je naslednji.

$$\mathbf{J}^{-1} = \frac{-1}{a_1 a_2 s_2} \begin{bmatrix} -a_2 c_{12} & -a_2 s_{12} \\ a_1 c_1 + a_2 c_{12} & a_1 s_1 + a_2 s_{12} \end{bmatrix} \qquad (21.12)$$

Iz tega sledijo naslednje inverzne hitrosti.

$$\dot{\theta}_1 = \frac{\dot{x}c_{12} + \dot{y}s_{12}}{a_1 s_2}$$
$$\dot{\theta}_2 = \frac{\dot{x}(a_1 c_1 + a_2 c_{12}) + \dot{y}(a_1 s_1 + a_2 s_{12})}{-a_1 a_2 s_2} \qquad (21.13)$$

21.3 Geometrična interpretacija Jakobijeve matrike

Jakobijeva matrika ima pomembno geometrično interpretacijo, ki nam pomaga razumeti, kako posamezni sklepi robota prispevajo k hitrosti vrha. Vsak stolpec Jakobijeve matrike predstavlja trenutno vijačno os (ang. instantaneous screw axis) pripadajočega sklepa.

Za robotski manipulator s šestimi prostostnimi stopnjami lahko Jakobijevo matriko zapišemo kot:

$$\mathbf{J} = [\mathbf{j}_1; \mathbf{j}_2; \mathbf{j}_3; \mathbf{j}_4; \mathbf{j}_5; \mathbf{j}_6] \qquad (21.14)$$

kjer je vsak $\mathbf{j}_i$ 6-dimenzionalni vektor, ki predstavlja prispevek i-tega sklepa k hitrosti vrha. Ta vektor lahko razdelimo na dva 3-dimenzionalna podvektorja:

$$\mathbf{j}_i = \begin{bmatrix} \mathbf{v}_i \ \omega_i \end{bmatrix} \qquad (21.15)$$

Pri tem $\mathbf{v}_i$ predstavlja linearno hitrost, ω_i pa kotno hitrost, ki jo sklep povzroča na vrhu robota.

Za prizmatični sklep velja:

$$\mathbf{j}_i = \begin{bmatrix} \mathbf{s}_i \ \mathbf{0} \end{bmatrix} \qquad (21.16)$$

kjer je $\mathbf{s}_i$ enotski vektor v smeri osi sklepa.

Za rotacijski sklep pa velja:

$$\mathbf{j}_i = \begin{bmatrix} \mathbf{s}_i \times (\mathbf{p} - \mathbf{p}_i) \ \mathbf{s}_i \end{bmatrix} \qquad (21.17)$$

kjer je $\mathbf{s}_i$ enotski vektor v smeri osi vrtenja, $\mathbf{p}$ je pozicija vrha robota in $\mathbf{p}_i$ je pozicija i-tega sklepa.

Ta interpretacija Jakobijeve matrike nam omogoča, da si vizualno predstavljamo, kako vsak sklep prispeva k gibanju vrha robota.

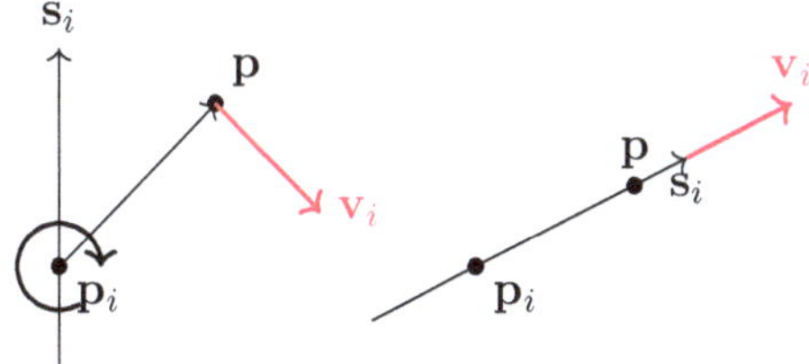

Slika 21.2 – Geometrična interpretacija stolpcev Jakobijeve matrike za rotacijski (levo) in prizmatični (desno) sklep.

Slika 21.2 prikazuje geometrično interpretacijo stolpcev Jakobijeve matrike za rotacijski in prizmatični sklep. Za rotacijski sklep je prikazan vektor $\mathbf{s}_i$, ki predstavlja os vrtenja. Vektorski produkt teh dveh vektorjev določa linearno hitrost vrha. Za prizmatični sklep je prikazan le vektor $\mathbf{s}_i$, ki določa smer gibanja sklepa in posledično smer linearne hitrosti vrha.

Kaj rečejo študenti, ko se prvič spoznajo z Jakobijevo matriko? Ja-ko-bi le to razumel!

Povezave
• Naprej na gibljivost: stran 47.

Poglavje 22.

Gibljivost

Uvod Gibljivost ima v robotiki jasno definiran pomen, ki pa je nekoliko drugačen od klasičnega. Če vi izgubljate gibljivost z leti, jo roboti takrat, ko so blizu singularnostim. Kaj to pomeni? Poglejmo.

Povezave
- Nazaj na lastne vektorje in lastne vrednosti: stran 7.
- Nazaj na vijačno teorijo: stran 41.
- Nazaj na hitrostne razmere: stran 45.

22.1   Elipsoid gibljivosti

Na osnovi Jakobijeve matrike lahko preslikamo hitrosti vrha robota iz prostora sklepov $\mathbf{q}$ v globalni koordinatni sistem $\mathbf{x}$. Poglejmo, kako se enotske hitrosti v prostoru sklepov $\mathbf{q}$ preslikajo v hitrosti vrha v globalnem koordinatnem sistemu.

$$
\begin{aligned}
\dot{\mathbf{q}}^T \dot{\mathbf{q}} &= 1 \\
(\mathbf{J}^{-1}\dot{\mathbf{x}})^T (\mathbf{J}^{-1}\dot{\mathbf{x}}) &= 1 \\
\dot{\mathbf{x}}^T \mathbf{J}^{-T} \mathbf{J}^{-1} \dot{\mathbf{x}} &= 1 \\
\dot{\mathbf{x}}^T (\mathbf{J}\mathbf{J}^T)^{-1} \dot{\mathbf{x}} &= 1 \\
\dot{\mathbf{x}}^T \mathbf{A}^{-1} \dot{\mathbf{x}} &= 1 \\
\mathbf{A} = \mathbf{J}\mathbf{J}^T &\in \mathbb{R}^{m \times m}
\end{aligned}
\tag{22.1}
$$

$\mathbf{A}$ je simetrična, pozitivno definitna matrika. Na podlagi njenih lastnih vektorjev in lastnih vrednosti lahko izračunamo elipsoid gibljivosti v globalnem koordinatnem sistemu. Če lastni vektorji predstavljajo osi, pripadajoče lastne vrednosti predstavljajo, kako enostavno je robotov vrh premakniti v smeri te osi. Tipične mere gibljivosti so nato npr. razmerje med maksimalno in minimalno lastno vrednostjo ali pa koren determinante matrike $\mathbf{A}$, ki je proporcionalen volumnu elipsoida in pogosto imenovan gibljivost po Yoshikawi.

Primer Za primer $R \parallel R$ robota lahko določimo matriko $\mathbf{A} = \mathbf{J}\mathbf{J}^T$. Vzemimo primer, ko sta dolžini segmentov $a_1 = 2$ in $a_2 = 1$. Pri $\theta_1 = 0$ in $\theta_2 = \pi/4$ lahko izračunamo $\mathbf{A}$.

$$
\mathbf{A} = \begin{bmatrix} 1 & -2.41 \\ -2.41 & 7.83 \end{bmatrix}
\tag{22.2}
$$

Lastna vektorja in pripadajoči lastni vrednosti pa sta naslednji.

$$
\begin{aligned}
v_1 = (-0.30, 0.95); \quad v_2 &= (-0.95, -0.30) \\
\lambda_1 = 8.59; \quad \lambda_2 &= 0.23
\end{aligned}
\tag{22.3}
$$

Gibljivost po Yoshikawi je naslednja.

$$
\mu = \sqrt{\det \mathbf{J}\mathbf{J}^T} = 1.41
\tag{22.4}
$$

V primeru, da je roka bolj iztegnjena, pri $\theta_1 = 0$ in $\theta_2 = \pi/8$, pa lahko izračunamo naslednje.

$$
\mathbf{A} = \begin{bmatrix} 0.29 & -1.47 \\ -1.47 & 9.40 \end{bmatrix}
\tag{22.5}
$$

Lastna vektorja in pripadajoči lastni vrednosti pa sta naslednji.

$$
\begin{aligned}
v_1 = (-0.16, 0.99); \quad v_2 &= (-0.99, -0.16) \\
\lambda_1 = 9.63; \quad \lambda_2 &= 0.06
\end{aligned}
\tag{22.6}
$$

Gibljivost po Yoshikawi je v tem primeru manjša.

$$
\sqrt{\det \mathbf{J}\mathbf{J}^T} = 0.77
\tag{22.7}
$$

Narišimo elipsoida gibljivosti za primer.

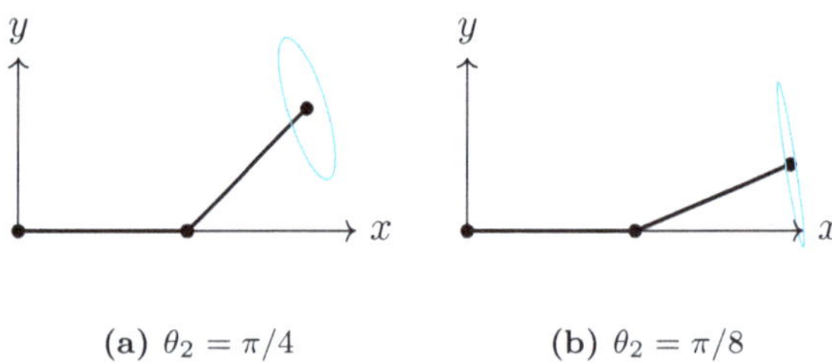

Slika 22.1 – Elipsoid gibljivosti, dimenzija elipse povečana 10x v smeri proti/od izhodišča.

22.2   Nalogi prilagojena gibljivost

Medtem ko splošne mere gibljivosti zagotavljajo celovit vpogled v zmogljivost robota, v mnogih praktičnih aplikacijah potrebujemo bolj specifično analizo. Ta koncept imenujemo nalogi prilagojena gibljivost. Nalogi prilagojena gibljivost upošteva, da so v določenih aplikacijah nekatere smeri gibanja pomembnejše od drugih. Na primer, pri nalogi vstavljanja zatiča v luknjo je ključna natančnost v smeri vstavljanja, medtem ko je gibljivost v drugih smereh manj pomembna.

Za analizo nalogi prilagojene gibljivosti uvedemo koncept elipsoida naloge, ki predstavlja zahteve naloge v smislu hitrosti in sil v različnih smereh. Elipsoid naloge lahko opišemo z matriko $\mathbf{W} \in \mathbb{R}^{m \times m}$, kjer m predstavlja dimenzije delovnega prostora. Elementi matrike $\mathbf{W}$ odražajo relativno pomembnost različnih smeri za dano nalogo.

Nalogi prilagojeno gibljivost lahko izračunamo z upoštevanjem elipsoida naloge in elipsoida gibljivosti robota:

$$\mu_t = \sqrt{\det(\mathbf{J}\mathbf{W}\mathbf{J}^T)} \qquad (22.8)$$

kjer je $\mathbf{J}$ Jakobijeva matrika robota in $\mathbf{W}$ matrika elipsoida naloge.

Primer Oglejmo si primer naloge vstavljanja zatiča v luknjo za ravninski $R \parallel R$ robot. Predpostavimo, da je smer vstavljanja vzdolž osi x. Matrika elipsoida naloge bi lahko bila:

$$\mathbf{W} = \begin{bmatrix} 1 & 0 \\ 0 & 0.1 \end{bmatrix} \qquad (22.9)$$

Ta matrika odraža, da je gibanje v smeri x desetkrat pomembnejše od gibanja v smeri y.

Za konfiguracijo robota $\theta_1 = 0$ in $\theta_2 = \pi/4$ iz prejšnjega primera lahko izračunamo nalogi prilagojeno gibljivost:

$$\mu_t = \sqrt{\det(\mathbf{J}\mathbf{W}\mathbf{J}^T)} = 0.224 \qquad (22.10)$$

V splošnem lahko nalogi prilagojeno gibljivost razumemo kot volumen preseka elipsoida gibljivosti z elipsoidom naloge.

22.3 Singularnosti

O singularnostih takrat, ko je število prostostnih stopenj vrha manjše od števila dimenzij, v katerih običajno deluje. Tipično imajo artikulirani roboti 6 osi, ker to omogoča gibanje v šestih prostostnih stopnjah prostora, t.j. položajih x, y in z ter rotacijah θ_x, θ_y in θ_z. Vendar pa pri določenih konfiguracijah sklepov lahko pride do izgube prostostnih stopenj (spomnimo se kardanskega zaklepa). To se zgodi lahko, kadar:

1. dve prizmatični osi postaneta paralelni, ali
2. dve rotacijski osi postaneta kolinearni.

Prav tako pride lahko do singularnosti na robovih delovnega območja (popolnoma iztegnjen ali popolnoma skrčen robot). Singularnostim se moramo izogibati, saj so hitrosti sklepov, ki zagotavljajo premik vrha v teh konfiguracijah teoretično neskončne. Singularnosti lahko določimo iz Jakobijeve matrike.

$$|\mathbf{J}| = 0 \text{ oz. } |\mathbf{J}\mathbf{J}^T| = 0 \qquad (22.11)$$

Primer Za ravninskega $R \parallel R$ robota iz prejšnjega primera poglejmo, kdaj bo determinanta Jakobijana enaka 0. Velja naslednje.

$$|\mathbf{J}| = a_1 a_2 \sin \theta_2 \qquad (22.12)$$

Singularnosti to torej v $\theta_2 = 0$ in $\theta_2 = \pi$, torej, ko je roka popolnoma iztegnjena ali popolnoma skrčena. V teh primerih izgubimo eno prostostno stopnjo, saj se končna točka lahko premika le pravokotno glede na rotacijski osi.

22.4 Gibljivost z vijačno teorijo

Vijačna teorija omogoča enotno obravnavo translacijskih in rotacijskih gibanj. Osnova vijačne teorije je koncept zvina, vijaka, ki ga lahko opišemo s šestdimenzionalnim vektorjem

$$\mathsf{S} = [\omega^T, \mathbf{v}^T]^T \qquad (22.13)$$

kjer je ω enotski vektor, ki predstavlja os vijaka, in $\mathbf{v} = \mathbf{p} \times \omega + h\omega$, pri čemer je $\mathbf{p}$ točka na osi vijaka in h korak vijaka. Vijačna os predstavlja kombinacijo rotacije okoli osi in translacije vzdolž te osi, pri čemer sta posebna primera čista rotacija ($h = 0$) in čista translacija ($\omega = \mathbf{0}$, $\mathbf{v}$ je smer translacije).

V robotiki lahko vsak sklep robota predstavimo z vijačno osjo. Za rotacijski sklep je to os rotacije, za prizmatični sklep pa smer translacije. Hitrost vrha lahko izrazimo kot linearno kombinacijo vijakov sklepov:

$$\mathbf{V} = \sum_{i=1}^{n} \dot{q}_i \mathsf{S}_i \qquad (22.14)$$

kjer je $\mathbf{V}$ vijak hitrosti vrha, $\dot{q}_i$ hitrost i-tega sklepa in S_i vijak i-tega sklepa. Jakobijevo matriko lahko enostavno sestavimo iz vijakov sklepov:

$$\mathbf{J} = [\mathsf{S}_1 \quad \mathsf{S}_2 \quad \cdots \quad \mathsf{S}_n] \qquad (22.15)$$

Vijačna teorija omogoča elegantno analizo singularnosti. Singularnost nastopi, ko vijaki sklepov postanejo linearno odvisni. Na primer, za planarni $R \parallel R$ robot singularnost nastopi, ko sta osi obeh sklepov vzporedni. V tem primeru sta vijaka sklepov linearno odvisna: $\mathsf{S}_1 = [0, 0, 1, 0, 0, 0]^T$ in $\mathsf{S}_2 = [0, 0, 1, -a_1 \sin \theta_1, a_1 \cos \theta_1, 0]^T = \mathsf{S}_1 + [0, 0, 0, -a_1 \sin \theta_1, a_1 \cos \theta_1, 0]^T$, kjer je a_1 dolžina prvega segmenta in θ_1 zasuk prvega sklepa.

Kako rečemo zelo gibljivemu robotu? Akrobot!

Povezave
• Naprej na statiko členkastih robotov: stran 49.

Poglavje 23.

Statika členkastih robotov

Uvod Poglejmo, kaj se dogaja z roboti, ko so na miru. Zveni dolgočasno? Nikakor! Ukvarjali se bomo s tem, kako roboti kljubujejo gravitaciji, kako uravnotežiti sile in navore, in kako preprečiti, da bi robot postal kupček dragih kovin na tleh.

Povezave
• Nazaj na gibljivost: stran 47.

23.1 Statični navori

V statičnih razmerah so zunanje sile in navori v sklepih v ravnovesju. Princip virtualnega dela nam omogoča, da izenačimo infinitezimalno majhne premike z vidika globalnega koordinatnega sistema in koordinatnega sistema sklepov na naslednji način.

$$\mathcal{F}^T \cdot \delta\mathbf{x} = \tau^T \cdot \delta\mathbf{q} \tag{23.1}$$

Pri tem je $\mathcal{F}$ 6×1 vektor sil in navorov v Kartezijevem prostoru, τ pa 6×1 vektor navorov v prostoru sklepov. Vemo, da je Jakobijan po definiciji $\delta\mathbf{x} = \mathbf{J}\delta\mathbf{q}$. Na podlagi tega lahko izpeljemo naslednje.

$$\begin{aligned} \mathcal{F}^T \delta\mathbf{x} &= \tau^T \delta\mathbf{q} \\ \mathcal{F}^T \mathbf{J}\delta\mathbf{q} &= \tau^T \delta\mathbf{q} \\ \mathcal{F}^T \mathbf{J} &= \tau^T \\ \tau &= \mathbf{J}^T \mathcal{F} \end{aligned} \tag{23.2}$$

Primer Za ravninskega $R \parallel R$ robota velja, da je njegov Jakobijan naslednji.

$$\begin{aligned} \mathbf{J}(\mathbf{q}) = \frac{\partial \mathbf{T}}{\partial \mathbf{q}} &= \begin{bmatrix} \frac{\partial x}{\partial \theta_1} & \frac{\partial x}{\partial \theta_2} \\ \frac{\partial y}{\partial \theta_1} & \frac{\partial y}{\partial \theta_2} \end{bmatrix} = \\ &= \begin{bmatrix} -a_1 s_1 - a_2 s_{12} & -a_2 s_{12} \\ a_1 c_1 + a_2 c_{12} & a_2 c_{12} \end{bmatrix} \end{aligned} \tag{23.3}$$

Vzemimo primer, pri katerem je stanje robotovih sklepov $\theta_1 = \pi/2$ in $\theta_2 = 0$, aplicirajmo silo $\mathcal{F} = (-1,0)^T$ na njegov vrh, in izračunajmo, kakšne navore to povzroča na sklepih.

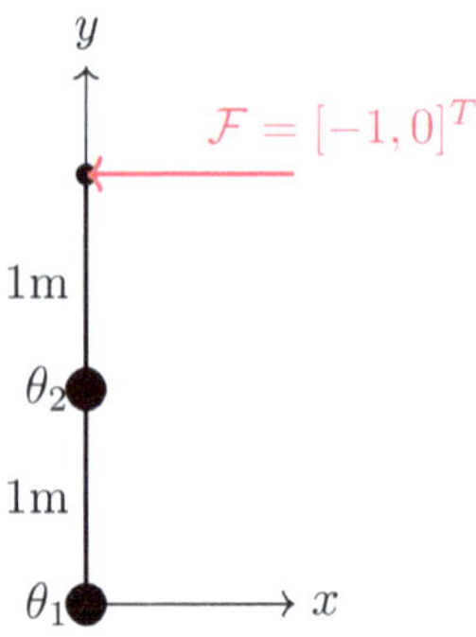

Slika 23.1 – Ilustracija primera.

$$\begin{aligned} \mathbf{J} &= \begin{bmatrix} -2 & -1 \\ 0 & 0 \end{bmatrix} \\ \tau = \mathbf{J}^T \mathcal{F} &= \begin{bmatrix} -2 & 0 \\ -1 & 0 \end{bmatrix} \cdot \begin{bmatrix} -1 \\ 0 \end{bmatrix} = \begin{bmatrix} 2 \\ 1 \end{bmatrix} \end{aligned} \tag{23.4}$$

23.2 Kompenzacija gravitacije

Za izpeljavo členov kompenzacije gravitacije začnemo s potencialno energijo robota. Za robota z n segmenti je potencialna energija zaradi gravitacije vsota potencialnih energij vsakega segmenta:

$$P = \sum_{i=1}^{n} m_i g h_i \tag{23.5}$$

kjer je m_i masa i-tega segmenta, g gravitacijski pospešek in h_i višina težišča i-tega segmenta glede na referenčno ravnino.

Gravitacijski navor, ki deluje na vsak sklep, lahko dobimo z odvajanjem potencialne energije po zasuku sklepa:

$$\tau_{g,i} = \frac{\partial P}{\partial q_i} = \sum_{j=i}^{n} m_j g \frac{\partial h_j}{\partial q_i} \tag{23.6}$$

Tu je $\tau_{g,i}$ gravitacijski navor na i-tem sklepu in q_i zasuk i-tega sklepa.

V matrični obliki lahko vektor kompenzacije gravitacije izrazimo kot:

$$\mathbf{g}(\mathbf{q}) = \left[\frac{\partial P}{\partial q_1}, \frac{\partial P}{\partial q_2}, \dots, \frac{\partial P}{\partial q_n} \right]^T \tag{23.7}$$

Za implementacijo kompenzacije gravitacije v sistem za nadzor robota te izračunane navore dodamo ukazanim navorom sklepov. To zagotavlja, da robot ohranja svoj položaj proti gravitaciji ali se premika, kot da bi bil v okolju brez gravitacije.

Primer Oglejmo si primer kompenzacije gravitacije za preprost ravninski robot z dvema členoma. Predpostavimo, da ima robot dva člena dolžin a_1 in a_2, masi m_1 in m_2, pri čemer je težišče vsakega člena na njegovi sredini. Kota sklepov sta θ_1 in θ_2.

Višini težišč sta:

$$h_1 = \frac{a_1}{2}\sin(\theta_1) \tag{23.8}$$

$$\begin{aligned} h_2 = a_1\sin(\theta_1)+ \\ + \frac{a_2}{2}\sin(\theta_1+\theta_2) \end{aligned} \tag{23.9}$$

Potencialna energija sistema je:

$$\begin{aligned} E_p = m_1 g\frac{a_1}{2}\sin(\theta_1)+ \\ + m_2 g\left(a_1\sin(\theta_1)+\frac{a_2}{2}\sin(\theta_1+\theta_2)\right) \end{aligned} \tag{23.10}$$

Z odvajanjem dobimo navore za kompenzacijo gravitacije:

$$\begin{aligned} \tau_{g,1} = \left(m_1\frac{a_1}{2}+m_2 a_1\right)\cdot \\ \cdot g\cos(\theta_1)+m_2\frac{a_2}{2}g\cos(\theta_1+\theta_2) \quad (23.11) \\ \tau_{g,2} = m_2\frac{a_2}{2}g\cos(\theta_1+\theta_2) \end{aligned}$$

23.3 Transformacija hitrosti in naporov med koordinatnimi sistemi

Pomembno je poznavanje, kako transformirati hitrosti, sile in navore med koordinatnimi sistemi. To je npr. uporabno, ko robotovo prijemalo drži senzor sile ali navora, ki le-te meri na neki razdalji od prijemala, zanimajo pa nas razmere na prijemalu. Obravnavajmo najprej kartezične transformacije hitrosti med koordinatnim sistemom $\{A\}$ in koordinatnim sistemom $\{B\}$, ki se napram $\{A\}$ nahaja na lokaciji ${}^A\mathbf{p}_B$. Velja naslednje.

$$\mathcal{V}_A = \begin{bmatrix} {}^A\mathbf{S} \\ {}^A\omega \end{bmatrix} = \begin{bmatrix} {}^A\mathbf{R}_B & {}^A\mathbf{p}_B \times {}^A\mathbf{R}_B \\ 0 & {}^A\mathbf{R}_B \end{bmatrix} \begin{bmatrix} {}^B\mathbf{S} \\ {}^B\omega \end{bmatrix} \tag{23.12}$$

Podobno lahko za sile $\mathbf{F}$ in navore $\mathbf{N}$ zapišemo naslednje.

$$\mathcal{F}_A = \begin{bmatrix} {}^A\mathbf{F} \\ {}^A\mathbf{N} \end{bmatrix} = \begin{bmatrix} {}^A\mathbf{R}_B & 0 \\ {}^A\mathbf{p}_B \times {}^A\mathbf{R}_B & {}^A\mathbf{R}_B \end{bmatrix} \begin{bmatrix} {}^B\mathbf{F} \\ {}^B\mathbf{N} \end{bmatrix} \tag{23.13}$$

23.4 Statična analiza z vijačno teorijo

Vijačna teorija omogoča enoten opis sil, navorov, linearnih in kotnih hitrosti v trirazsežnem prostoru. Temelji na konceptu vijaka, ki združuje translacijo in rotacijo v en sam matematični objekt. V kontekstu statične analize lahko silo in navor predstavimo kot vijak:

$$\mathbf{S}_F = \begin{bmatrix} \mathbf{F} & \mathbf{N} \end{bmatrix} \tag{23.14}$$

kjer je $\mathbf{F}$ vektor sile in $\mathbf{N}$ vektor navora. Ta zapis nam omogoča, da obravnavamo sile in navore kot en sam šestdimenzionalni vektor.

Prednost uporabe vijačne teorije je v tem, da lahko transformacije med različnimi koordinatnimi sistemi izvedemo z enostavnim množenjem matrik. Za transformacijo vijaka iz koordinatnega sistema A v koordinatni sistem B uporabimo:

$$ {}^B\mathbf{S}_F = \begin{bmatrix} \mathbf{R} & 0 \\ \mathbf{p}\times\mathbf{R} & \mathbf{R} \end{bmatrix}^A \mathbf{S}_F \tag{23.15}$$

kjer je $\mathbf{R}$ rotacijska matrika in $\mathbf{p}$ vektor translacije med koordinatnima sistemoma.

Vzemimo primer uporabe vijačne teorije za analizo statičnega ravnovesja robotskega manipulatorja. Silo in navor na vrhu robota lahko zapišemo kot vijak:

$$\mathbf{S}_F = \begin{bmatrix} \mathbf{F} & \mathbf{r}\times\mathbf{F}+\mathbf{N} \end{bmatrix} \tag{23.16}$$

kjer je $\mathbf{r}$ vektor od izhodišča do točke aplikacije sile. Ravnovesno enačbo lahko nato zapišemo kot:

$$\mathbf{J}^T\mathbf{S}_F = \tau \tag{23.17}$$

kjer je τ vektor navorov v sklepih.

Če ima robot dobro statiko, mora postati *stalni* član ekipe.

Povezave
- Naprej na Newton-Eulerjevo formulacijo dinamike: stran 51.

Poglavje 24.

Newton-Eulerjeva formulacija dinamike

Uvod Če se vam bo pri obravnavi dinamike členakstih robotov postalo neprijetno v želodcu, brez skrbi, to je le Coriolisov efekt.

Povezave
- Nazaj na statiko členkastih robotov: stran 49.

24.1 Splošna dinamska enačba členkastega robota

Splošno dinamske enačbe členkastega robota zapišemo s pomočjo prostora stanj, saj nam to omogoča enostavnejšo interpretacijo pomena njihovih členov.

$$\tau = \mathbf{M}(\mathbf{q})\ddot{\mathbf{q}} + \mathbf{C}(\mathbf{q}, \dot{\mathbf{q}})\dot{\mathbf{q}} + \mathbf{F}_t(\dot{\mathbf{q}}) + \mathbf{G}(\mathbf{q}) + \mathbf{J}(\mathbf{q})^T \mathbf{F} \tag{24.1}$$

Člen $\mathbf{G}(\mathbf{q})$ predstavlja gravitacijo in je pogosto dominanten člen enačbe. Roboti zato včasih uporabljajo protiuteži ali vzmeti na sklepih, da zmanjšajo navore, potrebne za vzdrževanje položaja v gravitacijskem polju.

Člen $\mathbf{M}(\mathbf{q})\ddot{\mathbf{q}}$ je t.i. matrika masnih vztrajnostnih momentov in je funkcija stanja robota. Ta matrika je simetrična in pozitivno definitna, torej jo je vedno možno invertirati.

Člen $\mathbf{C}(\mathbf{q}, \dot{\mathbf{q}})\dot{\mathbf{q}}$ imenujemo Coriolisova matrika in je funkcija položajev in hitrosti. Sestavljajo jo *centrifugalne sile*, ki so odvisne od kvadratov hitrosti sklepov, in *Coriolisove sile*.

Dodatne sile in navore na vrhu robota označimo z $\mathbf{F}$. Poleg preslikave v statične navore prek transponiranega Jakobijana ima povečanje bremena na vrhu robota še več sekundarnih efektov. Masa na koncu robota poveča člene matrike masnih vztrajnostnih momentov, prav tako pa ustvarja dodatne statične sile in navore, ki jih morajo prenašati aktuatorji v sklepih. Vse to rezultira v slabših dinamskih lastnostih robota, npr. v zmanjšanih pospeških.

Nadalje je zanima tudi obravnava vpliva premikanja robotske roke na njegovo osnovo. Na to je potrebno še posebej paziti, če osnova ni togo vpeta na tla, npr. da je robot na premikajočem se podstavku.

Poleg zgornjega je lahko pomembno tudi trenje $\mathbf{F}_t(\dot{\mathbf{q}})$, pri obravnavi katerega se ga pogosto modelira kot viskozno trenje, proporcionalno hitrosti, in/ali Coloumbovo trenje, ki je konstanto.

24.2 Iterativna formulacija

Drugi Newtonov zakon pravi, da se togo telo mas m, na katerega deluje konstantna sila F v težišču, giblje s konstantnim pospeškom.

$$F = m\dot{v} \tag{24.2}$$

Eulerjeva enačba pa govori o tem, kaj se zgodi s togim telesom, ko nan deluje navor N.

$$N = \mathbf{I}\dot{\omega} + \omega \times \mathbf{I}\omega \tag{24.3}$$

Pri tem je $\mathbf{I}$ t.i. tenzor masnih vztrajnostnih momentov, zapisan glede na težišče telesa.

Newtonov in Eulerjev zakon lahko uporabimo za preračun dinamskih razmer v robotski roki. Ideja iterativne formulacije je, da najprej izračunamo hitrostne in pospeškovne razmere od osnove robota do njegovega vrha. Nato izračunamo sile in navore na vsakem segmentu s pomočjo omenjenih zakonov. Na koncu pa od vrha nazaj do osnove preračunamo še sile in navore, ki delujejo na vsak sklep.

1. Preračun hitrosti in pospeškov

Kotna hitrost segmenta $i + 1$ je naslednja.

$$^{i+1}\omega = {}^{i+1}\mathbf{R}_i\, {}^i\omega + \dot{\theta}_{i+1}\mathbf{z}_{i+1} \tag{24.4}$$

Pri tem je $\mathbf{z}_{i+1}$ vektor z osi v koodrinatnem sistemu $i + 1$. Za kotne pospeške pa dobimo, če zgornjo enačbo odvajamo po času, naslednje.

$$^{i+1}\dot{\omega} = {}^{i+1}\mathbf{R}_i\, {}^i\dot{\omega} + {}^{i+1}\mathbf{R}_i\, {}^i\omega \times \dot{\theta}_{i+1}\mathbf{z}_{i+1} + \ddot{\theta}_{i+1}\mathbf{z}_{i+1} \tag{24.5}$$

Za prizmatične sklepe se prenos kotnega pospeška poenostavi na naslednje.

$$^{i+1}\dot{\omega} = {}^{i+1}\mathbf{R}_i\, {}^i\dot{\omega} \tag{24.6}$$

Prenos translatornih hitrosti pa je zahtevnejši prek prizmatičnih sklepov, saj velja naslednje.

$$^{i+1}\dot{v} = {}^{i+1}\mathbf{R}_i \left[{}^i\dot{\omega} \times {}^i\mathbf{p}_{i+1} + {}^i\omega \times ({}^i\omega \times {}^i\mathbf{p}_{i+1}) + {}^i\dot{v} \right]$$
$$+ 2 \cdot {}^{i+1}\omega \times \dot{d}_{i+1}\mathbf{z}_{i+1} + \ddot{d}_{i+1}\mathbf{z}_{i+1} \tag{24.7}$$

Pri tem je ${}^i\mathbf{p}_{i+1}$ lokacija koordinatnega sistema $i+1$ napram i. Ta enačba se za rotacijske sklepe poenostavi na naslednjo.

$$
{}^{i+1}\dot{v} = {}^{i+1}\mathbf{R}_i \left[{}^i\dot{\omega} \times {}^i\mathbf{p}_{i+1} + {}^i\omega \times ({}^i\omega \times {}^i\mathbf{p}_{i+1}) + {}^i\dot{v} \right]
\tag{24.8}
$$

Potrebovali bomo še linearne pospeške v težišču segmentov. Če si predstavljamo koordinatni sistem $\{c\}$ v težišču segmenta in enako orientiran kot koordinatni sistem segmenta, velja spodnje.

$$
{}^i\dot{v}_c = {}^i\dot{\omega} \times {}^i\mathbf{p}_c + {}^i\omega \times ({}^i\omega \times {}^i\mathbf{p}_c) + {}^i\dot{v}
\tag{24.9}
$$

2. Preračun sil in navorov na segmentih

Ko poznamo hitrosti in pospeške na segmentih, lahko uporabimo Newton-Eulerjeve enačbe, da izračunamo sile in navore.

$$
F_i = m\dot{v}_c
\tag{24.10}
$$

$$
N_i = \mathbf{I}\dot{\omega} + \omega \times \mathbf{I}\omega
\tag{24.11}
$$

Enačbe lahko zapišemo v iterativni obliki.

$$
\begin{aligned}
F_{i+1} &= m_{i+1}{}^{i+1}\dot{v} \\
N_{i+1} &= {}^c\mathbf{I}_{i+1}{}^{i+1}\dot{\omega} + {}^{i+1}\omega \times {}^c\mathbf{I}_{i+1}{}^{i+1}\omega
\end{aligned}
\tag{24.12}
$$

3. Preračun sil in navorov na sklepih

Zadnji korak iterativne metode je preračun sil in navorov na sklepih. Pri tem bomo z f_i označili silo segmenta $i-1$ na segment i, z n_i pa pripadajoči navor, z F_i in N_i pa silo in navor na težišče i-tega segmenta. Pokazati se da, da velja naslednje.

$$
\begin{aligned}
f_i &= {}^i\mathbf{R}_{i+1}f_{i+1} + F_i \\
n_i &= {}^i\mathbf{R}_{i+1}n_{i+1} + {}^i\mathbf{p}_c \times F_i + {}^i\mathbf{p}_{i+1} \times {}^i\mathbf{R}_{i+1}f_{i+1} + N_i
\end{aligned}
\tag{24.13}
$$

Na koncu lahko določimo navore oz. sile na sklepe na naslednji način za rotacijske in prizmatične sklepe.

$$
\begin{aligned}
{}_R\tau_i &= n_i^T \mathbf{z}_i \\
{}_P\tau_i &= f_i^T \mathbf{z}_i
\end{aligned}
\tag{24.14}
$$

Za realne robote je pomembno, da vključimo tudi gravitacijo, saj začetni segmenti nosijo vse nadaljnje. To najenostavneje naredimo tako, da postavimo $\dot{v}_0 = G$, kjer ima G magnitudo gravitacijskega pospeška, le da kaže v nasprotno stran. Sile in navore zaradi gravitacije torej natančno popišemo z obravnavanjem ekvivalentnega sistema, pri katerem osnova pospešuje navzgor z gravitacijskim pospeškom. Enačbe s tem ne spremenijo oblike.

Naloga Vektorski produkt lahko zapišemo tudi v obliki matričnega množenja s poševno simetrično matriko na naslednji način. Pokažite, da to velja.

$$
\mathbf{a} \times \mathbf{b} = \begin{bmatrix} 0 & -a_3 & a_2 \\ a_3 & 0 & -a_1 \\ -a_2 & a_1 & 0 \end{bmatrix} \begin{bmatrix} b_1 \\ b_2 \\ b_3 \end{bmatrix}
\tag{24.15}
$$

Algoritem 2 prikazuje celoten postopek.

Algorithm 2: Newton-Eulerjeva metoda za izračun dinamike členkastega robota.

Result: Navori/sile na sklepih τ
Input: Položaji q, hitrosti $\dot{q}$, pospeški $\ddot{q}$, zunanji vplivi f_{ext}, n_{ext}

1   $\omega_0 \leftarrow 0$, $\dot{\omega}_0 \leftarrow 0$;
2   $\dot{v}_0 \leftarrow [0,0,g]^T$
3   **for** $i \leftarrow 1$ **to** n **do**
4   Izračunaj ω_i, $\dot{\omega}_i$;
5   Izračunaj $\dot{v}_i$, $\dot{v}_{c_i}$;
6   **end**
7   $f_{n+1} \leftarrow f_{ext}$, $n_{n+1} \leftarrow n_{ext}$;
8   **for** $i \leftarrow n$ **to** 1 **do**
9   Izračunaj F_i, N_i;
10   Izračunaj f_i, n_i;
11   **if** *sklep i je rotacijski* **then**
12      $\tau_i \leftarrow n_i^T z_i$;
13   **end**
14   **else if** *sklep i je prizmatični* **then**
15      $\tau_i \leftarrow f_i^T z_i$;
16   **end**
17 **end**
18 **return** τ

Pri učenju robotske dinamike je pomembno, da ne izgubite momentuma, sicer boste padli iz ravnotežja.

Povezave

• Naprej na formulacijo dinamike v zaprti obliki: stran 53.

Poglavje 25.

Formulacija v zaprti obliki

Uvod Iterativna Newton-Eulerjeva formulacija dinamike omogoča, da relativno enostavno napišemo algoritem, ki bo segment-po-segment preračunaval dinamske razmere. Če pa nas zanimajo celotne razmere, lahko na osnovi iterativne formulacije zapišemo tudi te. Temu potem pravimo t.i. zaprta oblika, ki je kot robotski vrtiljak: vsi segmenti se vrtijo skupaj v eni veliki enačbi.

Povezave
- Nazaj na Newton Eulerjevo formulacijo dinamike: stran 51.

25.1 Primer

Vzemimo primer poenostavljenega $R \parallel R$ manipulatorja, pri katerem sta masi obeh segmentov m_1 in m_2 skoncentrirani na koncu pripadajočega segmenta. Izračunajmo enačbe naprej, za prvi segment, $i = 0$.

$$
{}^1\omega = {}^1\mathbf{R}_0\,{}^0\omega + \dot{\theta}_1 \mathbf{z}_1 = \dot{\theta}_1 \mathbf{z}_1 = \begin{bmatrix} 0 \\ 0 \\ \dot{\theta}_1 \end{bmatrix} \tag{25.1}
$$

$$
{}^1\dot{\omega} = {}^1\mathbf{R}_0\,{}^0\dot{\omega} + {}^1\mathbf{R}_0\,{}^0\omega \times \dot{\theta}_1 \mathbf{z}_1 + \ddot{\theta}_1 \mathbf{z}_1 = \ddot{\theta}_1 \mathbf{z}_1 = \begin{bmatrix} 0 \\ 0 \\ \ddot{\theta}_1 \end{bmatrix} \tag{25.2}
$$

$$
{}^1\dot{v} = {}^1\mathbf{R}_0 \left[{}^0\dot{\omega} \times {}^0\mathbf{p}_1 + {}^0\omega \times ({}^0\omega \times \mathbf{p}_1) + {}^0\dot{v} \right]
$$
$$
= {}^1\mathbf{R}_0\,{}^0\dot{v} = \begin{bmatrix} c_1 & s_1 & 0 \\ -s_1 & c_1 & 0 \\ 0 & 0 & 1 \end{bmatrix} \begin{bmatrix} 0 \\ g \\ 0 \end{bmatrix} = \begin{bmatrix} gs_1 \\ gc_1 \\ 0 \end{bmatrix} \tag{25.3}
$$

$$
{}^1\dot{v}_c = {}^1\dot{\omega} \times {}^1\mathbf{p}_c + {}^1\omega \times ({}^1\omega \times {}^1\mathbf{p}_c) + {}^1\dot{v} =
$$
$$
\begin{bmatrix} 0 \\ 0 \\ \ddot{\theta}_1 \end{bmatrix} \times \begin{bmatrix} a_1 \\ 0 \\ 0 \end{bmatrix} + \begin{bmatrix} 0 \\ 0 \\ \dot{\theta}_1 \end{bmatrix} \times \left(\begin{bmatrix} 0 \\ 0 \\ \dot{\theta}_1 \end{bmatrix} \times \begin{bmatrix} a_1 \\ 0 \\ 0 \end{bmatrix} \right) +
$$
$$
+ \begin{bmatrix} gs_1 \\ gc_1 \\ 0 \end{bmatrix} =
$$
$$
= \begin{bmatrix} 0 & -\ddot{\theta}_1 & 0 \\ \ddot{\theta}_1 & 0 & 0 \\ 0 & 0 & 0 \end{bmatrix} \begin{bmatrix} a_1 \\ 0 \\ 0 \end{bmatrix} + \begin{bmatrix} 0 & -\dot{\theta}_1 & 0 \\ \dot{\theta}_1 & 0 & 0 \\ 0 & 0 & 0 \end{bmatrix} \cdot
$$
$$
\cdot \begin{bmatrix} 0 & -\dot{\theta}_1 & 0 \\ \dot{\theta}_1 & 0 & 0 \\ 0 & 0 & 0 \end{bmatrix} \begin{bmatrix} a_1 \\ 0 \\ 0 \end{bmatrix} + \begin{bmatrix} gs_1 \\ gc_1 \\ 0 \end{bmatrix} =
$$
$$
= \begin{bmatrix} 0 \\ a_1\ddot{\theta}_1 \\ 0 \end{bmatrix} + \begin{bmatrix} -a_1\dot{\theta}_1^2 \\ 0 \\ 0 \end{bmatrix} + \begin{bmatrix} gs_1 \\ gc_1 \\ 0 \end{bmatrix} =
$$
$$
= \begin{bmatrix} -a_1\dot{\theta}_1^2 + gs_1 \\ a_1\ddot{\theta}_1 + gc_1 \\ 0 \end{bmatrix} \tag{25.4}
$$

$$
F_1 = m\dot{v}_c = \begin{bmatrix} -m_1 a_1 \dot{\theta}_1^2 + m_1 g s_1 \\ m_1 a_1 \ddot{\theta}_1 + m_1 g c_1 \\ 0 \end{bmatrix} \tag{25.5}
$$

$$
N_1 = \begin{bmatrix} 0 \\ 0 \\ 0 \end{bmatrix} \tag{25.6}
$$

Slednje velja, ker ima tenzor masnih vztrajnostnih momentov vrednost 0 zaradi predpostavke, da je vsa masa segmenta v centru sklepa. Za drugi segment nato veljajo naslednje enačbe.

$$
{}^2\omega = \begin{bmatrix} 0 \\ 0 \\ \dot{\theta}_1 + \dot{\theta}_2 \end{bmatrix} \tag{25.7}
$$

$$
{}^2\dot{\omega} = \begin{bmatrix} 0 \\ 0 \\ \ddot{\theta}_1 + \ddot{\theta}_2 \end{bmatrix} \tag{25.8}
$$

$$
{}^2\dot{v} = \begin{bmatrix} c_2 & s_2 & 0 \\ -s_2 & c_2 & 0 \\ 0 & 0 & 1 \end{bmatrix} \begin{bmatrix} -a_1\dot{\theta}_1^2 + gs_1 \\ a_1\ddot{\theta} + gc_1 \\ 0 \end{bmatrix} =
$$
$$
= \begin{bmatrix} a_1\ddot{\theta}_1 s_2 - a_1\dot{\theta}_1^2 c_2 + gs_{12} \\ a_1\ddot{\theta}_1 c_2 + a_1\dot{\theta}_1^2 s_2 + gc_{12} \\ 0 \end{bmatrix} \tag{25.9}
$$

$$
{}^2\dot{v}_c = \begin{bmatrix} 0 \\ a_2(\ddot{\theta}_1 + \ddot{\theta}_2) \\ 0 \end{bmatrix} + \begin{bmatrix} -a_2(\dot{\theta}_1 + \dot{\theta}_2)^2 \\ 0 \\ 0 \end{bmatrix} +
$$
$$
= \begin{bmatrix} a_1\ddot{\theta}_1 s_2 - a_1\dot{\theta}_1^2 c_2 + g s_{12} \\ a_1\ddot{\theta}_1 c_2 + a_1\dot{\theta}_1^2 s_2 + g c_{12} \\ 0 \end{bmatrix}
$$
$$(25.10)$$

$$
F_2 = \begin{bmatrix} f_{2x} \\ f_{2y} \\ 0 \end{bmatrix}
$$

$$
f_{2x} = m_2 a_1 \ddot{\theta}_1 s_2 - m_2 a_1 \dot{\theta}_1^2 c_2 + m_2 g s_{12} - \\ - m_2 a_2 (\dot{\theta}_1 + \dot{\theta}_2)^2 \qquad (25.11)
$$
$$
f_{2y} = m_2 a_1 \ddot{\theta}_1 c_2 + m_2 a_1 \dot{\theta}_1^2 s_2 + m_2 g c_{12} + \\ + m_2 a_2 (\ddot{\theta}_1 + \ddot{\theta}_2)
$$

$$
N_2 = \begin{bmatrix} 0 \\ 0 \\ 0 \end{bmatrix} \qquad (25.12)
$$

Nato pa se lahko lotimo preračuna sil in navorov nazaj, začenjši z drugim segmentom.

$$
f_2 = F_2 \qquad (25.13)
$$

$$
n_2 = {}^2\mathbf{p}_c \times F_2 = \begin{bmatrix} a_1 \\ 0 \\ 0 \end{bmatrix} \times F_2 =
$$
$$
= \begin{bmatrix} 0 \\ 0 \\ n_{2z} \end{bmatrix}
$$
$$
n_{2z} = m_2 a_1 a_2 c_2 \ddot{\theta}_1 + m_2 a_1 a_2 s_2 \dot{\theta}_1^2 + m_2 a_2 g c_{12} + \\ + m_2 a_2^2 (\ddot{\theta}_1 + \ddot{\theta}_2)
$$
$$(25.14)$$

Za prvi segment pa nato velja še naslednje.

$$
f_1 = \begin{bmatrix} c_2 & -s_2 & 0 \\ s_2 & c_2 & 0 \\ 0 & 0 & 1 \end{bmatrix} F_2 + F_1 \qquad (25.15)
$$

$$
n_1 = n_2 + \begin{bmatrix} 0 \\ 0 \\ m_1 a_1^2 \ddot{\theta}_1 + m_1 a_1 g c_1 \end{bmatrix} +
$$
$$
\begin{bmatrix} 0 \\ 0 \\ f_{1z} \end{bmatrix} \qquad (25.16)
$$
$$
f_{1z} = m_2 a_1^2 \ddot{\theta}_1 - m_2 a_1 a_2 s_2 (\dot{\theta}_1 + \dot{\theta}_2)^2 + \\ + m_2 a_1 g s_2 s_{12} + m_2 a_1 a_2 c_2 (\ddot{\theta}_1 + \ddot{\theta}_2) + \\ + m_2 a_1 g c_2 c_{12}
$$

Če izluščimo $\mathbf{z}$ komponente n_i dobimo navore v sklepih.

$$
\tau_1 = m_2 a_2^2 (\ddot{\theta}_1 + \ddot{\theta}_2) + m_2 a_1 a_2 c_2 (2\ddot{\theta}_1 + \ddot{\theta}_2) + \\ + (m_1 + m_2) l_1^2 \ddot{\theta}_1 - m_2 a_1 a_2 s_2 \dot{\theta}_2^2 - \\ - 2 m_2 a_1 a_2 s_2 \dot{\theta}_1 \dot{\theta}_2 + m_2 a_2 g c_{12} + \\ + (m_1 + m_2) a_1 g c_1
$$
$$
\tau_2 = m_2 a_1 a_2 c_2 \ddot{\theta}_1 + m_2 a_1 a_2 s_2 \dot{\theta}_1^2 + m_2 a_2 g c_{12} + \\ + m_2 a_2^2 (\ddot{\theta}_1 + \ddot{\theta}_2)
$$
$$(25.17)$$

Sedaj lahko enačbe preoblikujemo še v matrično obliko.

Vpliv gravitacije na sklepe lahko izločimo tako, da postavimo kotne hitrosti in pospeške na 0.

$$
\mathbf{G}(\mathbf{q}) = \begin{bmatrix} m_1 a_2 g c_{12} + (m_1 + m_2) a_1 g c_1 \\ m_2 a_2 g c_{12} \end{bmatrix} \qquad (25.18)
$$

Za dani primer je matrika masnih vztrajnostnih momentov naslednja.

$$
\mathbf{M}(\mathbf{q})\ddot{\mathbf{q}} = \begin{bmatrix} m_{11} & m_{12} \\ m_{21} & m_{22} \end{bmatrix}
$$
$$
m_{11} = a_2^2 m_2 + 2 a_1 a_2 m_2 c_2 + a_1^2 (m_1 + m_2)
$$
$$
m_{12} = a_2^2 m_2 + a_1 a_2 m_2 c_2
$$
$$
m_{21} = a_2^2 m_2 + a_1 a_2 m_2 c_2
$$
$$
m_{22} = a_2^2 m_2
$$
$$(25.19)$$

Za dani primer je Coriolisova matrika enaka.

$$
\mathbf{C}(\mathbf{q}, \dot{\mathbf{q}})\dot{\mathbf{q}} = \begin{bmatrix} -m_2 a_1 a_2 s_2 \dot{\theta}_2^2 - 2 m_2 a_1 a_2 s_2 \dot{\theta}_1 \dot{\theta}_2 \\ m_2 a_1 a_2 s_2 \dot{\theta}_1^2 \end{bmatrix}
$$
$$(25.20)$$

Člene, kot je npr. $-m_2 a_1 a_2 s_2 \dot{\theta}_2^2$ povzroča centrifugalna sila, medtem ko člene, kot je $-2 m_2 a_1 a_2 s_2 \dot{\theta}_1 \dot{\theta}_2$ povzroča Coriolisova sila.

Kaj reče robot, ko konča izračun dinamike? No, tale zadeva je zdaj zaprta!

Povezave
- Naprej na Lagrangeovo formulacijo dinamike: stran 55.

Poglavje 26.

Lagrangeova formulacija dinamike

Uvod Za izpeljavo enačb v zaprti obliki lahko uporabimo tudi Lagrangeovo mehaniko. Ne pozabite na matematično kremo za sončenje.

Povezave
- Nazaj na Lagranegovo mehaniko: stran 19.
- Nazaj na formulacijo dinamike v zaprti obliki: stran 53.

26.1 Kinetična in potencialna energija segmenta

Za izpeljavo gibalnih enačb po Lagrangeu moramo poznati le kinetično in potencialno energijo.

$$\frac{\mathrm{d}}{\mathrm{d}t}\frac{\partial E_k}{\partial \dot{\mathbf{q}}} - \frac{\partial E_k}{\partial \mathbf{q}} + \frac{\partial E_p}{\partial \mathbf{q}} = \tau \qquad (26.1)$$

Za i-ti sklep velja.

$$E_{k,i} = \frac{1}{2}m_i v_c^T v_c + \frac{1}{2}\omega_i^{T\,c}\mathbf{I}_i\omega_i \qquad (26.2)$$

To enačbo je možno zapisati tudi v matrični obliki, pri kateri je $\mathbf{M}$ že omenjena matrika masnih vztrajnostnih momentov.

$$E_k(\mathbf{q}, \dot{\mathbf{q}}) = \frac{1}{2}\dot{\mathbf{q}}^T \mathbf{M}(\mathbf{q})\dot{\mathbf{q}} \qquad (26.3)$$

Potencialno energijo pa lahko za i-ti sklep zapišemo na naslednji način.

$$E_p = -m_i \mathbf{g}^{T\,0}\mathbf{p}_c \qquad (26.4)$$

Primer Poglejmo primer $R \vdash P$ robota. Predpostavimo, da je razdalja med vrtiščem robota in težiščem prvega sklepa a_1, ter razdalja med vrtiščem in težiščem drugega a_2. Masi segmentov sta m_1 in m_2. Matriki masnih vztrajnostnih momentov pa sta naslednji.

$$^c\mathbf{I}_i = \begin{bmatrix} I_{xxi} & 0 & 0 \\ 0 & I_{yyi} & 0 \\ 0 & 0 & I_{zzi} \end{bmatrix} \qquad (26.5)$$

Zapišimo kinetični in potencialni energiji obeh segmentov.

$$E_{k,1} = \frac{1}{2}m_1 a_1^2 \dot{\theta}_1^2 + \frac{1}{2}I_{zz1}\dot{\theta}_1^2$$

$$E_{k,2} = \frac{1}{2}m_2(a_2^2\dot{\theta}_1^2 + \dot{a}_2^2) + \frac{1}{2}I_{zz2}\dot{\theta}_1^2 \qquad (26.6)$$

$$E_{p,1} = m_1 g a_1 \sin(\theta_1)$$

$$E_{p,2} = m_2 g a_2 \sin(\theta_1)$$

Najprej izračunajmo odvode energij po posplošenih koordinatah in njihovih hitrostih:

$$\frac{\partial E_k}{\partial \dot{\theta}1} = (m_1 a_1^2 + Izz1 + m_2 a_2^2 + I_{zz2})\dot{\theta}_1$$

$$\frac{\partial E_k}{\partial \dot{a}_2} = m_2 \dot{a}_2$$

$$\frac{\partial E_k}{\partial \theta_1} = 0$$

$$\frac{\partial E_k}{\partial a_2} = m_2 a_2 \dot{\theta}_1^2 \qquad (26.7)$$

$$\frac{\partial E_p}{\partial \theta_1} = (m_1 a_1 + m_2 a_2)g\cos(\theta_1)$$

$$\frac{\partial E_p}{\partial a_2} = m_2 g \sin(\theta_1)$$

Nato uporabimo Lagrangeovo enačbo za vsako posplošeno koordinato:

$$\frac{d}{dt}\frac{\partial E_k}{\partial \dot{\theta}1} = (m_1 a_1^2 + Izz1 + m_2 a_2^2 + I_{zz2})\ddot{\theta}_1 +$$
$$+ 2m_2 a_2 \dot{\theta}_1 \dot{a}_2$$

$$\frac{\partial E_k}{\partial \theta_1} = 0$$

$$\frac{\partial E_p}{\partial \theta_1} = (m_1 a_1 + m_2 a_2)g\cos(\theta_1)$$

$$(26.8)$$

$$\frac{d}{dt}\frac{\partial E_k}{\partial \dot{a}_2} = m_2 \ddot{a}_2$$

$$\frac{\partial E_k}{\partial a_2} = m_2 a_2 \dot{\theta}_1^2 \qquad (26.9)$$

$$\frac{\partial E_p}{\partial a_2} = m_2 g \sin(\theta_1)$$

Končno, sestavimo enačbe gibanja:

$$\tau_1 = (m_1 a_1^2 + I_{zz1} + I_{zz2} + m_2 d_2^2)\ddot{\theta}_1 +$$
$$+ 2m_2 a_2 \dot{\theta}_1 \dot{a}_2 + (m_1 a_1 + m_2 a_2)g\cos(\theta_1)$$

$$\tau_2 = m_2 \ddot{d}_2 - m_2 d_2 \dot{\theta}_1^2 + m_2 g \sin(\theta_1)$$

$$(26.10)$$

26.2   Dinamska gibljivost

Podobno kot pri kinematični gibljivosti lahko gibljivost definiramo tudi v dinamskem smislu prek tega, kako se enotski navori preslikajo v globalni prostor. Pri tem predpostavimo, da je robot pri miru in zanemarimo gravitacijo.

$$\tau^T \tau = 1$$
$$\tau = \mathbf{M}(\mathbf{q})\ddot{q} \qquad (26.11)$$
$$\dot{v} = \mathbf{J}(\mathbf{q})\ddot{q}$$

Sledi:

$$\dot{v} = \mathbf{J}(\mathbf{q})\mathbf{M}^{-1}(\mathbf{q})v\tau \qquad (26.12)$$

In končno:

$$\dot{v}^T(\mathbf{JM}^{-1}\mathbf{M}^{-T}\mathbf{J}^T)^{-1}\dot{v} = 1 \qquad (26.13)$$

Ta enačba definira elipsoid gibljivosti v dinamskem smislu. Podobno, kot pri kinematični gibljivosti tudi pri dinamski lahko definiramo več skalarnih mer. Primer ene izmed teh je razmerje med minimalnim in maksimalnim radijem elipse.

Primer Poglejmo primer ravninskega manipulatorja z dvema členoma. Predpostavimo, da sta dolžini členov $a_1 = a_2 = 1$ m, masi $m_1 = m_2 = 1$ kg, in vztrajnostna momenta $I_1 = I_2 = 0.1$ kg $\cdot$ m^2.

$$\mathbf{J} = \begin{bmatrix} -a_1 s_1 - a_2 s_{12} & -a_2 s_{12} \\ a_1 c_1 + a_2 c_{12} & a_2 c_{12} \end{bmatrix} \qquad (26.14)$$

Izračun masne matrike lahko naredimo z analizo kinetične energije.

$$E_k = E_{k1} + E_{k2}$$
$$E_{k1} = \frac{1}{2}m_1 v_1^2 + \frac{1}{2}I_1\dot{\theta}_1^2 \qquad (26.15)$$
$$E_{k2} = \frac{1}{2}m_2 v_2^2 + \frac{1}{2}I_2(\dot{\theta}_1 + \dot{\theta}_2)^2$$

Izračunajmo hitrosti težišč, ob predpostavki, da je težišče na sredini segmenta.

$$v_1^2 = (\frac{a_1}{2}\dot{\theta}_1)^2$$
$$v_2^2 = (a_1\dot{\theta}_1)^2 + (\frac{a_2}{2}(\dot{\theta}_1 + \dot{\theta}_2))^2 +$$
$$\qquad + 2a_1\frac{a_2}{2}\dot{\theta}_1(\dot{\theta}_1 + \dot{\theta}_2)\cos(\theta_2) \qquad (26.16)$$
$$= a_1^2\dot{\theta}_1^2 + (\frac{a_2}{2})^2(\dot{\theta}_1 + \dot{\theta}_2)^2 +$$
$$\qquad + a_1 a_2\dot{\theta}_1(\dot{\theta}_1 + \dot{\theta}_2)\cos(\theta_2)$$

Nato vstavimo hitrosti v enačbe za kinetično energijo.

$$E_k = \frac{1}{2}m_1(\frac{a_1}{2}\dot{\theta}_1)^2 + \frac{1}{2}I_1\dot{\theta}_1^2$$
$$\quad + \frac{1}{2}m_2[(a_1\dot{\theta}_1)^2 + (\frac{a_2}{2}(\dot{\theta}_1 + \dot{\theta}_2))^2 +$$
$$\quad + 2a_1\frac{a_2}{2}\dot{\theta}_1(\dot{\theta}_1 + \dot{\theta}_2)\cos(\theta_2)] \qquad (26.17)$$
$$\quad + \frac{1}{2}I_2(\dot{\theta}_1 + \dot{\theta}_2)^2$$

Preuredimo člene, da dobimo kvadratno obliko.

$$E_k = \frac{1}{2}[\dot{\theta}_1 \quad \dot{\theta}_2]\mathbf{M}(\mathbf{q})[\dot{\theta}_1 \quad \dot{\theta}_2]^T \qquad (26.18)$$

Iz tega pa nato razberemo končno rešitev.

$$\mathbf{M} = \begin{bmatrix} m_{11} & m_{12} \\ m_{21} & m_{22} \end{bmatrix}$$
$$m_{11} = I_1 + I_2 + m_2 a_1^2 + 2m_2 a_1 a_2 \cos(\theta_2)$$
$$m_{12} = I_2 + m_2 a_1 a_2 \cos(\theta_2)$$
$$m_{21} = I_2 + m_2 a_1 a_2 \cos(\theta_2)$$
$$m_{22} = I_2$$
$$(26.19)$$

Od tu naprej je izračun gibljivosti za znano konfiguracijo robota enostaven.

V tem poglavju smo spoznali Lagrangeovo formulacijo dinamike členkastih robotov. Ta pristop nam omogoča sistematično izpeljavo gibalnih enačb na podlagi kinetične in potencialne energije sistema. Videli smo, kako lahko to metodo uporabimo za izračun dinamike konkretnega robota in kako nam pomaga pri razumevanju koncepta dinamske gibljivosti. Lagrangeova metoda je posebej uporabna pri kompleksnejših sistemih, saj nam omogoča enostavnejšo formulacijo problema v primerjavi s klasičnimi Newton-Eulerjevimi metodami. V praksi nam to znanje pomaga pri načrtovanju boljših krmilnih algoritmov in optimizaciji gibanja robotov.

Kaj naredimo, ko se robot pokvari? Pokličemo Lagrangeovega mehanika!

Povezave
• Naprej na krmiljenje: stran 57.

Poglavje 27.

Krmiljenje 1

Uvod Problem krmiljenja členkastih robotov je kot učenje plesa - treba je uskladiti vse okončine, da se gibljejo v pravi smeri ob pravem času, brez spotikanja ali padca. Podobno kot pri plesu, kjer včasih plešemo solo, drugič pa s partnerjem, tudi pri robotih ločimo naloge v prostem prostoru in tiste v kontaktu z okolico. Krmiljenje v prostoru sklepov je kot učenje koreografije, kjer se osredotočamo na vsak gib posebej, medtem ko je krmiljenje v delovnem prostoru bolj podobno improvizaciji na plesišču. In kot pri plesnih skupinah, kjer lahko vsak pleše po svoje ali pa vsi usklajeno, imamo tudi pri robotih decentralizirane in centralizirane pristope. Na koncu pa je cilj vedno isti - da robot opravi svojo nalogo brez spotikanja, padanja ali stopanja drugim na prste.

Povezave
- Nazaj na PID krmiljenje: stran 25.
- Nazaj na Lagrangeovo formulacijo dinamike: stran 55.

27.1 Hitrostno krmiljenje

Hitrostno krmiljenje (ang. resolved-rate control, krmiljenje s preračunavanjem hitrosti) omogoča neposredno kinematično krmiljenje vrha robota v delovnem prostoru. Osnovna ideja temelji na uporabi Jakobijeve matrike za pretvorbo želenih hitrosti vrha v hitrosti sklepov. Shemo takega hitrostnega krmiljenja prikazuje slika 27.1.

Od referenčne trajektorije $\mathbf{x}_{ref}(t)$ odštejemo trenutno lego robota $\mathbf{x}$, da dobimo napako. Napako nato pomnožimo s konstanto in nato še z inverzom Jakobijana, da dobimo hitrosti posameznih sklepov, ki so vhod v robotov krmilnik.

27.2 PD krmiljenje v prostoru sklepov

V splošnem je vhod za krmiljenje v prostoru sklepov trajektorija, definirana v delovnem prostoru. Najprej jo pretvorimo v prostor sklepov z inverzno kinematiko, nato pa oblikujemo krmilni zakon, ki glede na želeno in trenutno stanje sklepov ustvarja krmilne signale za motorje. Vemo, da lahko dinamiko robota v prosti konfiguraciji (brez dodatnih zunanjih obremenitev) zapišemo v naslednji obliki.

$$\mathbf{M}(\mathbf{q})\ddot{\mathbf{q}} + \mathbf{C}(\mathbf{q}, \dot{\mathbf{q}})\dot{\mathbf{q}} + \mathbf{F}(\dot{\mathbf{q}}) + \mathbf{G}(\mathbf{q}) = \tau \quad (27.1)$$

Obravnavo PD krmiljenja začnimo s tem, kako matriko masnih vztrajnostnih momentov iz prostora posameznega segmenta preslikamo v skupni prostor sklepov [6]. Velja, da je kinetična energija posameznega segmenta naslednja.

$$E_k = \frac{1}{2}\dot{\mathbf{x}}^T \mathbf{M}_x(\mathbf{q})\dot{\mathbf{x}} \qquad (27.2)$$

Pri tem je $\mathbf{M}_x$ matrika masnih vztrajnostnih momentov v koordinatnem sistemu segmenta, $\dot{\mathbf{x}}$ pa vektor hitrosti, katerega oblika je naslednja.

$$\dot{\mathbf{x}} = \begin{bmatrix} \dot{x} & \dot{y} & \dot{z} & \dot{\omega}_x & \dot{\omega}_y & \dot{\omega}_z \end{bmatrix}^T \qquad (27.3)$$

Skupno kinetično energijo lahko napišemo z naslednjim izrazom.

$$E_k = \frac{1}{2}\sum_{i=0}^{n} \left(\dot{\mathbf{x}}_i^T \mathbf{M}_{x,i}(\mathbf{q})\dot{\mathbf{x}}_i\right) \qquad (27.4)$$

Z uporabo Jakobijana $\dot{\mathbf{x}} = \mathbf{J}\dot{\mathbf{q}}$ in nekaj premetavanja izrazov pa nato dobimo naslednje.

$$E_k = \frac{1}{2}\sum_{i=0}^{n} \left(\dot{\mathbf{q}}^T \mathbf{J}_i^T \mathbf{M}_{x,i}(\mathbf{q})\mathbf{J}_i\dot{\mathbf{q}}\right)$$

$$E_k = \frac{1}{2}\dot{\mathbf{q}}^T \sum_{i=0}^{n} \left(\mathbf{J}_i^T \mathbf{M}_{x,i}(\mathbf{q})\mathbf{J}_i\right) \dot{\mathbf{q}}$$

$$\mathbf{M}(\mathbf{q}) = \sum_{i=0}^{n} \mathbf{J}_i^T(\mathbf{q})\mathbf{M}_{x,i}(\mathbf{q})\mathbf{J}_i(\mathbf{q}) \qquad (27.5)$$

$$E_k = \frac{1}{2}\dot{\mathbf{q}}^T \mathbf{M}(\mathbf{q})\dot{\mathbf{q}}$$

Pri tem je $\mathbf{M}(\mathbf{q})$ je matrika masnih vztrajnostnih momentov v prostoru sklepov. To matriko bomo lahko uporabili pri ustvarjanju krmilnega signala. Nadalje moramo obravnavati še gravitacijo, saj jo mora krmilnik kompenzirati. Zanima nas, kako se gravitacija, ki deluje v Kartezijevem koordinatnem sistemu, odraža v prostoru sklepov. Delo, ki ga opravlja gravitacija, lahko zapišemo v Kartezijevem koordinatnem sistemu preprosto s tem, da ga seštejemo po vseh segmentih.

$$E_g = \sum_{i=0}^{n} \left(\mathbf{F}_{g,i}^T \dot{\mathbf{x}}_i\right) \qquad (27.6)$$

Pri tem je $\mathbf{F}_{g,i}$ sila gravitacije za i-ti segment. Zaradi ohranitve energije lahko isto zapišemo v prostoru sklepov.

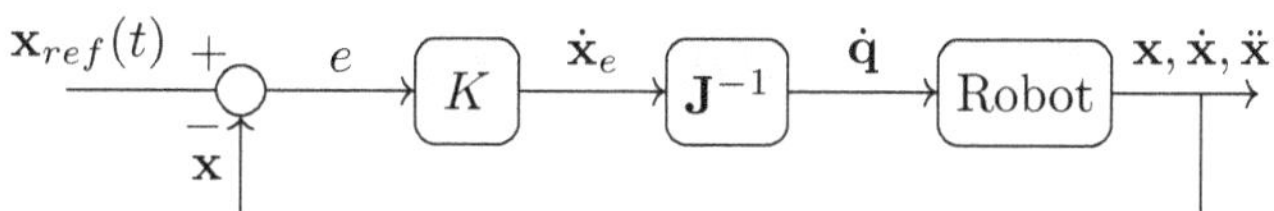

Slika 27.1 – Shema hitrostnega krmiljenja.

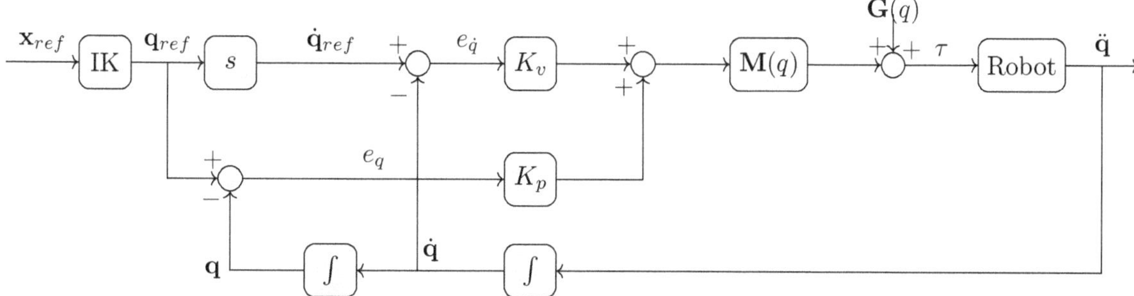

Slika 27.2 – Shema PD krmiljenja v prostoru sklepov.

$$\mathbf{F}_q^T \dot{\mathbf{q}} = \sum_{i=0}^{n} \left(\mathbf{F}_{g,i}^T \dot{\mathbf{x}}_i \right)$$

$$\mathbf{F}_q^T \dot{\mathbf{q}} = \sum_{i=0}^{n} \left(\mathbf{F}_{g,i}^T \mathbf{J}_i(\mathbf{q}) \dot{\mathbf{q}} \right)$$

$$\mathbf{F}_q^T = \sum_{i=0}^{n} \left(\mathbf{F}_{g,i}^T \mathbf{J}_i(\mathbf{q}) \right)$$

$$\mathbf{F}_q = \sum_{i=0}^{n} \left(\mathbf{J}_i^T(\mathbf{q}) \mathbf{F}_{g,i} \right) = \mathbf{G}(\mathbf{q})$$

$$(27.7)$$

Vpliv gravitacije v prostoru sklepov se enostavno prevede na produkt mase segmenta z Jakobijanom, pomnoženim s silo gravitacije v Kartezijevem prostoru, sešteto čez vse segmente. S to enačbo je definiran celotni vpliv gravitacije na sistem. Sedaj lahko načrtujemo krmilnik, ki bo upošteval vztrajnost in maso, in bo zato lahko zelo enostaven. Namreč, z upoštevanjem vztrajnosti in gravitacije lahko obravnavamo vsak sklep posebej, saj gibanje posameznega ne vpliva več na ostale. Ponavadi lahko za to uporabimo PD krmilnik za vsak sklep. Nelinarnost v sistemu ostaja, zaradi Coriolisovih in centrifugalnih sil, a jo je zelo težko modelirati, in zato bomo upali, da bo PD krmilnik uspel te nelinearnosti skompenzirati. Iz dinamike robota lahko zapišemo naslednje za krmilni signal glede na referenco, podano v prostoru sklepov $\ddot{\mathbf{q}}_{ref}$, če ignoriramo Coriolisovo matriko.

$$\mathbf{M}(\mathbf{q})\ddot{\mathbf{q}}_{ref} + \mathbf{G}(\mathbf{q}) = \tau \qquad (27.8)$$

Nato lahko uporabimo PD krmilnik, da ustvarimo referenčne pospeške.

$$\ddot{\mathbf{q}}_{ref} = K_p(\mathbf{q}_{ref} - \mathbf{q}) + K_v(\dot{\mathbf{q}}_{ref} - \dot{\mathbf{q}}) \qquad (27.9)$$

Krmilni signal za PD krmilnik v prostoru sklepov je torej.

$$\tau = \mathbf{M}(\mathbf{q})\left(K_p(\mathbf{q}_{ref} - \mathbf{q}) + K_v(\dot{\mathbf{q}}_{ref} - \dot{\mathbf{q}})\right) + \mathbf{G}(\mathbf{q})$$
$$(27.10)$$

Z uporabo predstavljenega PD krmilnika, ki upošteva predkrmiljenje gravitacije in vztrajnosti, izničimo medsebojne vplive segmentov in zato lahko vsakega krmilimo ločeno. Ta krmilna shema je prikazana na sliki 27.2.

Kako se robot izogne trku? S hitrim sklep-anjem.

Povezave
- Naprej na nadaljevanje krmiljenja: stran 59.
- Naprej na primer programske simulacije: stran 101.

[6] Siciliano, B., Sciavicco, L., Villani, L. & Oriolo, G. *Robotics: Modelling, Planning and Control* (Springer-Verlag London, London, 2010).

Poglavje 28.

Krmiljenje 2

Uvod Pogosto želimo trajektorije planirati v delovnem prostoru, saj želimo, da vrh robota v času dosega določene lege v Kartezijevem koordinatnem sistemu. Pri tem ni očitno, kako krmiliti položaj vrha prek specifikacije trajektorij v prostoru sklepov. Ideja krmiljenja v delovnem prostoru je, da ga izvajamo neposredno v prostoru, v katerem tudi definiramo trajektorije. To je približno tako, kot če bi hoteli naučiti psa, da lovi frizbi, tako da mu razlagate, kako naj premika vsako posamezno mišico - morda bo uspelo, a bo zagotovo bolj zapleteno kot če mu preprosto pokažete frisbee in rečete "primi"!

Povezave
- Nazaj na začetek krmiljenja: stran 57.

28.1 PD krmiljenje v delovnem prostoru

Vemo, da lahko sile na vrh robota transformiramo v statične navore prek robotovega Jakobijana.

$$\tau = \mathbf{J}^T(\mathbf{q})\mathcal{F} \qquad (28.1)$$

Želeli bi najti matriko masnih vztrajnostnih momentov v delovnem prostoru, ki nam bo omogočala pretvorbo želenih pospeškov v sile.

$$\mathcal{F} = \mathbf{M}_x(\mathbf{q})\ddot{\mathbf{x}}_{ref} \qquad (28.2)$$

Izračun vztrajnostne matrike $\mathbf{M}(\mathbf{q})$ nam je pri krmiljenju v prostoru sklepov omogočal kompenzacijo vztrajnostni, saj smo jo lahko vključili v izračun krmilnega signala v obliki predkrmiljenja. Da pogledamo, kako je z vztrajnostmi v delovnem prostoru, pa bomo najprej obravnavali pospeške.

$$\frac{\mathrm{d}}{\mathrm{d}t}\dot{\mathbf{x}} = \frac{\mathrm{d}}{\mathrm{d}t}\left(\mathbf{J}(\mathbf{q})\dot{\mathbf{q}}\right)$$
$$\ddot{\mathbf{x}} = \dot{\mathbf{J}}(\mathbf{q})\dot{\mathbf{q}} + \mathbf{J}(\mathbf{q})\ddot{\mathbf{q}} \qquad (28.3)$$

Pospeške lahko nadomestimo z dinamiko robota, nato pa definiramo krmilni signal prek želene sile vrha robota.

$$\ddot{\mathbf{x}} = \dot{\mathbf{J}}(\mathbf{q})\dot{\mathbf{q}} + \mathbf{J}(\mathbf{q})\mathbf{M}^{-1}(\mathbf{q})\left[\tau - \mathbf{C}(\mathbf{q},\dot{\mathbf{q}})\right]$$
$$\tau = \mathbf{J}^T(\mathbf{q})\mathbf{M}_x(\mathbf{q})\ddot{\mathbf{x}}_{ref} \qquad (28.4)$$

Če zgornjo enačbo vstavimo v enačbo za pospeške v delovnem prostoru in jo nekoliko preuredimo, dobimo naslednje.

$$\ddot{\mathbf{x}} = \dot{\mathbf{J}}(\mathbf{q})\dot{\mathbf{q}} +$$
$$+ \mathbf{J}(\mathbf{q})\mathbf{M}^{-1}(\mathbf{q})\left[\mathbf{J}^T(\mathbf{q})\mathbf{M}_x(\mathbf{q})\ddot{\mathbf{x}}_{ref} - \mathbf{C}(\mathbf{q},\dot{\mathbf{q}})\right]$$
$$\ddot{\mathbf{x}} = \mathbf{J}(\mathbf{q})\mathbf{M}^{-1}(\mathbf{q})\mathbf{J}(\mathbf{q})^T\mathbf{M}_x(\mathbf{q})\ddot{\mathbf{x}}_{ref} +$$
$$+ \dot{\mathbf{J}}(\mathbf{q})\dot{\mathbf{q}} - \mathbf{J}(\mathbf{q})\mathbf{M}^{-1}(\mathbf{q})\mathbf{C}(\mathbf{q},\dot{\mathbf{q}})$$
$$(28.5)$$

Drugi člen in člen s Coriolosovo matriko zaradi zahtevnosti pri natančnem modeliranju izpustimo, in ju v nadaljevanju ne bomo kompenzirali.

$$\ddot{\mathbf{x}} = \mathbf{J}(\mathbf{q})\mathbf{M}^{-1}(\mathbf{q})\mathbf{J}(\mathbf{q})^T\mathbf{M}_x(\mathbf{q})\ddot{\mathbf{x}}_{ref} \qquad (28.6)$$

Da bi bili pospeški v delovnem prostoru $\ddot{\mathbf{x}}$ enaki želenim $\ddot{\mathbf{x}}_{ref}$, moramo pazljivo izbrati $\mathbf{M}_x$.

$$\mathbf{M}_x(\mathbf{q}) = \left[\mathbf{J}\mathbf{M}^{-1}(\mathbf{q})\mathbf{J}^T\right]^{-1}$$
$$\ddot{\mathbf{x}} = \mathbf{J}(\mathbf{q})\mathbf{M}^{-1}(\mathbf{q})\mathbf{J}^T(\mathbf{q})\cdot$$
$$\cdot\left[\mathbf{J}(\mathbf{q})\mathbf{M}^{-1}(\mathbf{q})\mathbf{J}^T(\mathbf{q})\right]^{-1}\ddot{\mathbf{x}}_{ref} \qquad (28.7)$$
$$\ddot{\mathbf{x}} = \ddot{\mathbf{x}}_{ref}$$

Na tak način je definirana matrika v delovnem prostoru. Celoten signal nato lahko zapišemo na naslednji način.

$$\tau = \mathbf{J}^T(\mathbf{q})\mathbf{M}_x(\mathbf{q})\ddot{\mathbf{x}}_{ref} + \mathbf{G}(\mathbf{q}) \qquad (28.8)$$

PD krmilnik nato definiramo na naslednji način.

$$\ddot{x}_{ref} = K_p(\mathbf{x}_{ref} - \mathbf{x}) + K_v(\dot{\mathbf{x}}_{ref} - \dot{\mathbf{x}})$$
$$\tau = \mathbf{J}^T(\mathbf{q})\mathbf{M}_x(\mathbf{q})\cdot$$
$$\cdot\left[K_p(\mathbf{x}_{ref} - \mathbf{x}) + K_v(\dot{\mathbf{x}}_{ref} - \dot{\mathbf{x}})\right] + \mathbf{G}(\mathbf{q})$$
$$(28.9)$$

Naloga Matrika $\mathbf{M}_x$, kot definirana tukaj, je po Asadi tudi osnova za izračun dinamske gibljivosti členkastega robota, ki jo definira kot lastne vektorje in vrednosti $\mathbf{J}^{-T}\mathbf{M}\mathbf{J}$, podobno kot pri kinematični gibljivosti.

28.2 Krmiljenje po sili

Predstavljajmo si, da moramo z robotom pomivati okna. V tem primeru mora vrh robota napram oknu držati konstantno silo. V splošnem je to pogost problem tudi pri prijemanju in odlaganju. Pogosto

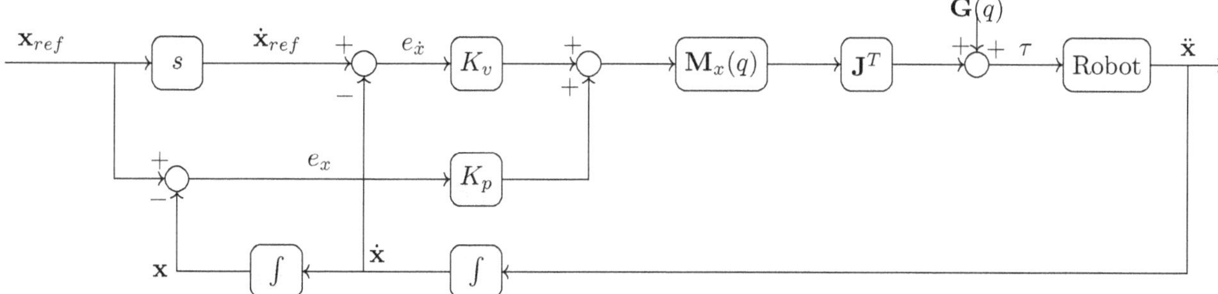

Slika 28.1 – Shema PD krmiljenja v delovnem prostoru.

bo zato robot imel še senzor sile ali navora, ki bo osnova za povratno zvezo. Poglejmo si le en, relativno enostaven primer krmilne sheme. Pri tem želimo, da ima vrh robota konstantno togost napram objektu, kar lahko modeliramo kot hipervzmet.

$$\mathcal{F} = K_x \delta \mathbf{x} \qquad (28.10)$$

Na tej osnovi lahko izračunamo, kakšen mora biti navor, da se bo vrh robota obnašal kot vzmet napram površini.

$$\tau = \mathbf{J}^T(\mathbf{q})\mathcal{F}$$
$$\tau = \mathbf{J}^T(\mathbf{q})K_x \delta \mathbf{x} \qquad (28.11)$$
$$\tau = \mathbf{J}^T(\mathbf{q})K_x \mathbf{J} \delta \mathbf{q}$$

PD krmilnik položaja pa nato namesto K_p uporablja $\mathbf{J}^T(\mathbf{q})K_x\mathbf{J}$.

28.3 Krmiljenje orientacije vrha robota

Kadar mora vrh robota slediti geometriji pogosto ni dovolj, da določimo le trajektorijo v 3D prostoru, saj je pomembna orientacija vrha robota v času. Težava pri tem je, da rotacije, definirane prek rotacijskih matrik, ne moremo enostavno interpolirati. Pri enostavnih načinih interpolacije se namreč srečamo z nezveznostmi. Vzemimo primer interpolacije rotacije od začetne $\mathbf{R}_0$ do končne $\mathbf{R}_1$.

$$\mathbf{R}(s) = (1 - s)\mathbf{R}_0 + s\mathbf{R}_1 \qquad (28.12)$$

Na tak način rotacije ne moremo interpolirati, kar lahko ilustriramo z naslednjim primerom.

Primer Če interpoliramo med $\pi/2$ do $-\pi/2$ okoli y osi bomo v vmesnem trenutku $s = 0.5$ dobili matriko, ki ni rotacijska in ni ortonormalna.

$$\mathbf{R}_0 = \begin{bmatrix} 0 & 0 & 1 \\ 0 & 1 & 0 \\ -1 & 0 & 0 \end{bmatrix}$$
$$\mathbf{R}_1 = \begin{bmatrix} 0 & 0 & -1 \\ 0 & 1 & 0 \\ 1 & 0 & 0 \end{bmatrix} \qquad (28.13)$$
$$\mathbf{R}(0.5) = \begin{bmatrix} 0 & 0 & 0 \\ 0 & 1 & 0 \\ 0 & 0 & 0 \end{bmatrix}$$

Zato, da ustvarjamo gladke trajektorije tudi iz vidika rotacije vrha robota, pogosto uporabljamo kvaternione in metodo linearne interpolacije *Lerp* ali pa sferične linearne interpolacije *Slerp*, katere lastnost je, da je kotna hitrost rotacije konstantna.

$$Lerp(q_0, q_1, s) = q_0(1 - s) + q_1 s \qquad (28.14)$$

$$\begin{aligned} Slerp(q_0, q_1, s) &= q_0(q_0^{-1}q_1)^s \\ &= q_1(q_1^{-1}q_0)^{1-s} \\ &= (q_0 q_1^{-1})^{1-s}q_1 \\ &= (q_1 q_0^{-1})^s q_0 \end{aligned} \qquad (28.15)$$

Kvaternione nato preslikamo v zasuke okoli osi Kartezijevega koordinatnega sistema in nato le-te uporabimo pri generiranju zasukov trajektorije.

Starši so neke vrste PD krmilnik. Včasih **P**ohvalijo, včasih **D**isciplinirajo.

Povezave
- Naprej na prijemala: stran 61.

Poglavje 29.

Prijemanje in prijemala

Uvod Ko robot potrebuje prijateljski stisk, pridejo na vrsto prijemala. Ta prijateljstva so lahko dvoprstna (za robote, ki cenijo minimalističen pristop), triprstna (za tiste, ki želijo posnemati človeško eleganco), vakuumska (za robote s prisesalno osebnostjo) ali magnetna (za tiste, ki se preprosto ne morejo ločiti od svojega dela). Ne glede na izbiro, vsako prijemalo ima en sam cilj: da stvari ne padejo na tla v nepravem trenutku!

Povezave
- Nazaj na krmiljenje: stran 57.

29.1 Analiza kontaktov prvega reda

Pri analizi kontaktov prvega reda preučujemo relativno gibanje med prijemalom in predmetom. Osnovna veličina, ki nas zanima, je razdalja d med točkami kontakta. Za analizo potrebujemo prvi in drugi odvod te razdalje po času:

$$\dot{d} = \frac{\partial d}{\partial q}\dot{q}$$
$$\ddot{d} = \frac{\partial d}{\partial q}\ddot{q} + \dot{q}^T \frac{\partial^2 d}{\partial q^2}\dot{q} \tag{29.1}$$

kjer je q vektor posplošenih koordinat sistema. Prvi člen ($\dot{d}$) opisuje relativno hitrost približevanja kontaktnih točk, drugi člen ($\ddot{d}$) pa pospešek. Pri analizi prvega reda običajno zadnji člen v izrazu za pospešek zanemarimo, s čimer ne upoštevamo ukrivljenosti površin v kontaktni točki. S tem se analiza kontaktov prevede na analizo normal, a pri tem lahko izgubimo nekatere rešitve.

29.2 Oblikovni prijem

Oblikovni prijem prvega reda je podan z matriko zvinov kontaktov, kjer je vsak stolpični vektor usmerjen v smeri normale.

$$\mathbf{F} = [\mathcal{F}_1 \ldots \mathcal{F}_j] \in \mathbb{R}^{n \times j}, n = 3 \text{ ali } 6 \tag{29.2}$$

kjer je $n = 3$ za ravninski primer in $n = 6$ za prostorski primer, j pa je število kontaktnih točk.

Za stabilni prijem mora biti rang matrike $\mathbf{F}$ enak n.

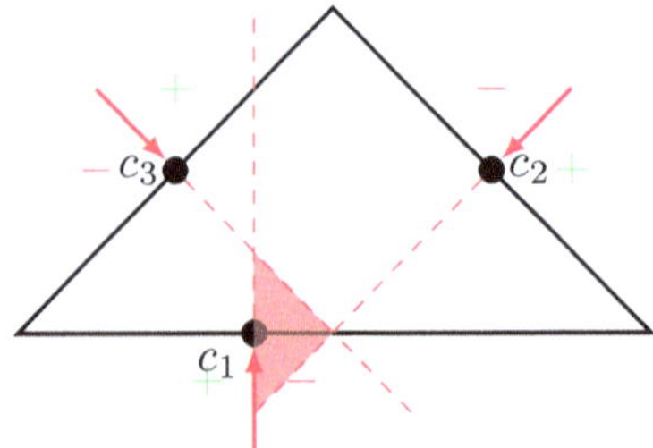

Slika 29.1 – Primer nestabilnega oblikovnega prijema trikotnika s tremi kontaktnimi točkami. Rdeče senčeno območje predstavlja presek negativnih polravnin. Presek pozitivnih polravnin ne obstaja.

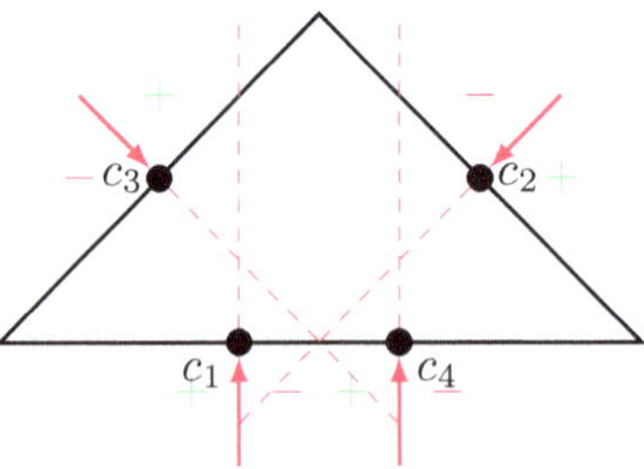

Slika 29.2 – Primer stabilnega oblikovnega prijema trikotnika. Preseh istoznačnih ravnin ne obstaja.

Za vsak kontakt i določimo zvin $\mathcal{F}_i$, ki opisuje geometrijske lastnosti kontakta. V ravninskem primeru je zvin sestavljen iz normale kontakta in momenta, ki ga ta kontakt povzroča okoli izbranega koordinatnega izhodišča.

Stabilnost oblikovnega prijema lahko preverimo z linearnim programom. Osnovna ideja je, da preverimo ali obstaja smer gibanja predmeta, ki bi mu omogočila pobeg iz prijema. Matematično to zapišemo kot:

$$\mathbf{F}k = 0, \text{ za nek } k \in \mathbb{R}^j, k_i \geq 0 \ \forall i \tag{29.3}$$

kjer je k vektor nenegativnih koeficientov. Če tak vektor obstaja (razen trivialne rešitve $k = 0$), potem prijem ni stabilen. Problem lahko prevedemo na standardni linearni program:

$$\begin{aligned} \text{maksimiziraj} \quad & \mathbf{1}^T k \\ \text{pri pogojih} \quad & \mathbf{F}k = 0 \\ & k_i \geq 0 \ \forall i \\ & \sum_i k_i = 1 \end{aligned} \tag{29.4}$$

Zadnji pogoj dodamo, da se izognemo trivialni rešitvi. Če je optimalna vrednost problema enaka 0, potem je prijem stabilen. Program lahko implementiramo z uporabo standardnih orodij za linearno programiranje, na primer v Pythonu:

```python
import numpy as np
from scipy.optimize import linprog

def test_form_closure(F):
    n, j = F.shape
    # Ciljna funkcija: maksimiziramo vsoto k
    c = -np.ones(j)   # Minus, ker linprog minimizira

    # Pogoji: Fk = 0 in sum(k) = 1
    A_eq = np.vstack([F, np.ones((1, j))])
    b_eq = np.zeros(n + 1)
    b_eq[-1] = 1

    # Omejitve: k >= 0
    bounds = [(0, None) for _ in range(j)]

    # Rešitev
    res = linprog(c, A_eq=A_eq, b_eq=b_eq,
    ↪    bounds=bounds)
    return res.success and abs(res.fun) < 1e-10
```

29.3 Torni prijem

Pri tornem prijemu upoštevamo tudi trenje med prijemalom in predmetom. Po Coulombovem modelu trenja je sila trenja sorazmerna normalni sili:

$$|f_t| \leq \mu f_n \tag{29.5}$$

kjer je μ koeficient trenja, f_t tangencialna sila in f_n normalna sila. V ravnini to določa stožec trenja s kotom $\alpha = \arctan(\mu)$. Vsaka kontaktna sila mora ležati znotraj tega stožca.

Silo v kontaktu lahko zapišemo kot vsoto normalne in tangencialne komponente:

$$\mathbf{f} = f_n \mathbf{n} + f_t \mathbf{t} \tag{29.6}$$

kjer sta $\mathbf{n}$ in $\mathbf{t}$ enotska vektorja v normalni in tangencialni smeri. Za stabilen prijem mora obstajati množica kontaktnih sil, ki zadostujejo pogojem:

$$\sum_i \mathbf{f}_i = \mathbf{0}$$
$$\sum_i (\mathbf{r}_i \times \mathbf{f}_i) = \mathbf{0} \tag{29.7}$$
$$|f_{t,i}| \leq \mu f_{n,i} \quad \forall i$$
$$f_{n,i} \geq 0 \quad \forall i$$

kjer je $\mathbf{r}_i$ vektor od izbranega središča do i-te kontaktne točke. Prvi pogoj zagotavlja ravnovesje sil, drugi ravnovesje momentov, tretji omejuje sile na stožec trenja, četrti pa zahteva, da so normalne sile tlačne.

Za dva kontakta v ravnini lahko stabilnost prijema preverimo geometrijsko. Če se stožca trenja sekata, potem obstaja območje sil, ki lahko uravnovesijo

poljubno zunanjo silo v ravnini. Za kot med normalama kontaktov θ mora veljati:

$$\theta < \pi - 2\alpha \tag{29.8}$$

kjer je $\alpha = \arctan(\mu)$ kot stožca trenja.

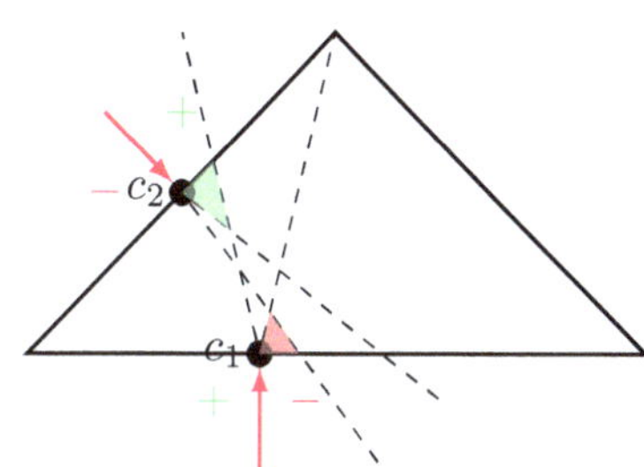

Slika 29.3 – Primer nestabilnega tornega prijema.

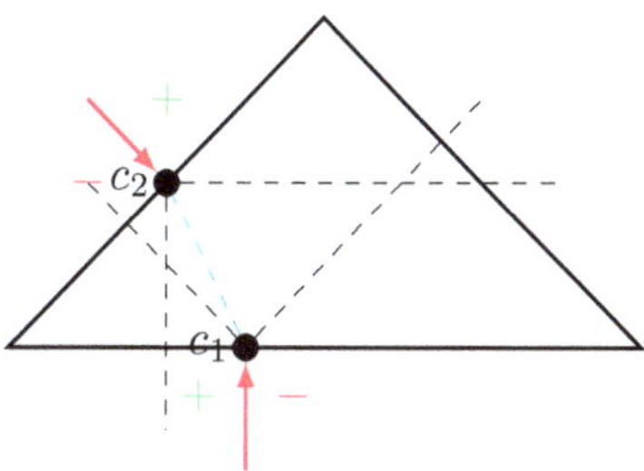

Slika 29.4 – Primer stabilnega tornega prijema.

29.4 Vakuumska in magnetna prijemala

Za zaključek poglejmo še sile pri vakuumskem in magnetnem prijemanju. Pri vakuumskem prijemu je sila prijemanja odvisna od razlike tlakov in površine:

$$F_{vak} = (p_a - p_v)A \tag{29.9}$$

kjer je p_a atmosferski tlak, p_v tlak v vakuumskem prisesku in A efektivna površina prijemanja.

Pri magnetnem prijemu pa je sila odvisna od gostote magnetnega polja in površine:

$$F_{mag} = \frac{B^2 A}{2\mu_0} \tag{29.10}$$

kjer je B gostota magnetnega polja, A kontaktna površina in μ_0 permeabilnost vakuuma.

Kaj je reklo eno mehansko prijemalno drugemu po kozarcu piva? Koliko prstov vidiš?

Povezave
• Naprej na industrijske celice: stran 63.

Poglavje 30.

Industrijske celice

Uvod Roboti imajo danes gotovo najpomembnejšo vlogo v industrijskih aplikacijah, kjer jih uporabljamo za različne naloge, od manipulacije, paletiranja, barvanja, pa do varjenja. Pogosto so centralni elementi celic, v katerih skrbijo za prenos obdelovancev med stroji. Načrtovanje teh robotskih celic pa je kot sestavljanje omare brez navodil - zahteva ogromno znanja, izkušenj in občasno nekaj čarovnije. Na žalost, teh veščin ne moreš usvojiti samo z branjem knjig, tako kot ne moreš postati mojster kuhanja samo z gledanjem kuharskih oddaj. Ampak ne skrbite, vsaj vam ne bo treba jesti svojih napak!

Povezave
- Nazaj na tipe členkastih robotov: stran 35.
- Nazaj na prijemala: stran 61.

Vrste industrijskih celic so številne in raznolike, prilagojene različnim proizvodnim potrebam. Fleksibilne proizvodne celice omogočajo hitro prilagajanje različnim izdelkom in so idealne za manjše serije. Robotske varilne celice so specializirane za avtomatizirano varjenje in so pogosto uporabljene v avtomobilski industriji. Montažne celice so zasnovane za sestavljanje kompleksnih izdelkov, medtem ko paletirne celice skrbijo za učinkovito pakiranje in zlaganje izdelkov. Obdelovalne celice pa so namenjene različnim postopkom obdelave materialov, kot so rezkanje, struženje ali brušenje.

Ključne komponente industrijskih celic vključujejo robote kot osrednje izvajalce nalog, transportne sisteme za premikanje materialov in izdelkov, senzorje in kamere za nadzor in kontrolo kakovosti, varnostne naprave za zaščito delavcev ter krmilnike in PLK-je za upravljanje celotnega sistema. Vsaka od teh komponent igra pomembno vlogo pri zagotavljanju učinkovitosti in varnosti celice.

Načrtovanje in oblikovanje industrijskih celic je kompleksen proces, ki se začne z natančno analizo zahtev. Sledi faza simulacije in virtualnega načrtovanja, ki omogoča optimizacijo postavitve še pred fizično implementacijo. Zadnja faza je integracija sistemov, kjer se vse komponente povežejo v funkcionalno celoto. Ta proces zahteva interdisciplinarno znanje in tesno sodelovanje med različnimi strokovnjaki. Pri robotskih celicah pa so pomembni tudi drugi aspekti delovnega okolja, zato si poglejmo, na kratko, nekaj o standardih na tem področju.

30.1 ISO 10218

ISO 10218 je mednarodni standard za varnost industrijskih robotov, ki je razdeljen na dva dela. ISO 10218-1 se osredotoča na varnostne zahteve za same robote, medtem ko ISO 10218-2 obravnava varnostne zahteve za robotske sisteme in njihovo integracijo v industrijsko okolje.

ISO 10218 podaja naslednjo definicijo robota: robot je programirljiv mehanizem, ki je sposoben gibanja v treh ali več oseh, je lahko fiksen ali mobilen in se uporablja v industrijskih avtomatiziranih aplikacijah.

Standard se v veliki meri posveča varnosti v robotskih aplikacijah. Opredeljeni so trije glavni hitrostne načine delovanja robotov. Avtomatski način se uporablja za normalno delovanje robota brez prisotnosti ljudi v delovnem območju. V tem načinu ni omejitev hitrosti. Ročni način z zmanjšano hitrostjo se uporablja, ko je operater v bližini robota in ga upravlja preko učne enote. V tem načinu je hitrost omejena na največ 250 mm/s, kar zmanjšuje tveganje za poškodbe v primeru trka. Ročni način z visoko hitrostjo omogoča gibanje robota s hitrostjo višjo od 250 mm/s in se uporablja za testiranje programov ali simulacijo avtomatskega delovanja, pri čemer mora biti operater na varni razdalji. Standard zahteva, da se v ročnih načinih vedno uporablja varnostna potrditvena tipka, ki zagotavlja, da se robot giblje le ob aktivnem pritisku operaterja.

Zasilna zaustavitev je namenjena takojšnji prekinitvi delovanja v primeru nevarnosti in zahteva ročni poseg za ponoven zagon. Običajno se aktivira s pritiskom na rdeč gumb v obliki gobe. Varovalna zaustavitev pa je avtomatska funkcija, ki začasno prekine delovanje robota v primeru vstopa osebe v varovano območje. Ko se oseba umakne, se robot lahko samodejno vrne v normalno delovanje.

Prav tako standard opredeljuje štiri nivoje sodelovanja med robotom in človekom. Prvi nivo je varnostna zaustavitev, pri kateri se robot ustavi, ko človek vstopi v njegovo delovno območje. Drugi nivo je ročno vodenje, kjer operater fizično vodi robota s pomočjo posebnih naprav. Tretji nivo je nadzor hitrosti in razdalje, pri katerem robot prilagaja svojo hitrost in smer gibanja glede na položaj človeka. Četrti nivo pa je omejevanje moči in sile, kjer so robotova moč in sile omejene na varne vrednosti, kar omogoča neposreden stik med človekom in robotom. Ti nivoji sodelovanja niso omejeni le na sodelovalne robote, ampak se lahko uporabljajo tudi pri tradicionalnih industrijskih robotih z ustreznimi varnostnimi sistemi.

Standard ISO 10218 opredeljuje verifikacijo in validacijo kot ključna procesa pri zagotavljanju varnosti robotskih sistemov. Verifikacija je postopek preverjanja, ali sistem izpolnjuje tehnične zahteve in specifikacije, medtem ko je validacija proces potrjevanja, da sistem ustreza predvideni uporabi in dejanskim potrebam uporabnika. Standard določa več metod za izvajanje teh procesov, vključno z vizualnimi pregledi, funkcionalnimi testi, meritvami in simulacijami. Za verifikacijo se pogosto uporabljajo kontrolni seznami in meritve, medtem ko validacija vključuje obsežnejše testiranje v realnih pogojih delovanja.

Glede navodil za uporabo robota standard zahteva, da so ta jasna, razumljiva in celovita. Navodila morajo vsebovati podrobne informacije o varni uporabi robota, vključno z opisom vseh varnostnih funkcij, navodili za namestitev in vzdrževanje, opisom načinov delovanja ter postopki za ukrepanje v nujnih primerih. Posebej pomembno je, da navodila vsebujejo informacije o morebitnih preostalih tveganjih in omejitvah uporabe robota. Proizvajalci morajo zagotoviti, da so navodila na voljo v jeziku države, kjer se robot uporablja, in da so redno posodobljena glede na morebitne spremembe ali nove ugotovitve o varni uporabi.

Drugi del standarda, ISO 10218-2, se osredotoča na varnostne zahteve za robotske sisteme in njihovo integracijo v industrijsko okolje. Pri načrtovanju robotskih celic moramo upoštevati več dejavnikov. Ključni med njimi so: prostorska razporeditev opreme, varnostne naprave in ograje, dostopne točke, ergonomija za operaterje, pretok materiala, in integracija z drugimi sistemi. Pomembno je tudi upoštevati možne nevarnosti, kot so mehanske, električne in ergonomske, ter implementirati ustrezne varnostne ukrepe.

Pri pisanju specifikacije za robotsko celico moramo biti natančni in izčrpni. Specifikacija mora vsebovati: natančen opis naloge, ki jo bo robot opravljal, zahtevane zmogljivosti (hitrost, nosilnost, natančnost), dimenzije delovnega prostora, vrste obdelovancev, zahteve za varnost in ergonomijo, potrebne vmesnike z drugimi sistemi, zahteve za programsko opremo in krmiljenje, ter pričakovano življenjsko dobo sistema. Prav tako je pomembno vključiti zahteve glede vzdrževanja, usposabljanja operaterjev in dokumentacije.

Omejevanje gibanja robotov v celicah se lahko izvaja na več načinov. Najpogostejši so fizične ovire, kot so varnostne ograje, in nefizične metode, kot so svetlobne zavese ali varnostni skenerji. Standard določa, da morajo biti ograje dovolj visoke, da preprečijo dostop v nevarno območje. Običajno je minimalna višina ograje 1,4 metra, lahko pa je tudi višja, odvisno od ocene tveganja. Pri določanju višine ograje je treba upoštevati tudi razdaljo med ograjo in nevarnim območjem - večja kot je ta razdalja, nižja je lahko ograja. Poleg višine je pomem-

bna tudi konstrukcija ograje, ki mora preprečevati plezanje in seganje skozi odprtine.

30.2 ISO/TS 15066

ISO/TS 15066 je tehnična specifikacija, ki dopolnjuje standard ISO 10218 in se osredotoča posebej na sodelovalne robotske sisteme. Ta dokument podrobneje opredeljuje varnostne zahteve za aplikacije, kjer ljudje in roboti delijo skupni delovni prostor. Ključni koncept, ki ga uvaja ISO/TS 15066, je omejitev sile in moči robotov v sodelovalnih aplikacijah. Standard določa biomehanične mejne vrednosti za različne dele človeškega telesa, ki ne smejo biti presežene pri morebitnem stiku med človekom in robotom. Te mejne vrednosti so določene na podlagi obsežnih raziskav in so zasnovane tako, da preprečujejo poškodbe pri človeku.

Poleg omejitev sile in moči ISO/TS 15066 opredeljuje tudi druge varnostne funkcije, ki so pomembne za sodelovalne robotske sisteme. To vključuje nadzor hitrosti in ločevanja, kjer se hitrost robota dinamično prilagaja glede na položaj človeka v delovnem prostoru. Standard prav tako poudarja pomen ergonomije in človeškega faktorja pri načrtovanju sodelovalnih robotskih sistemov. Priporoča, da se pri načrtovanju upoštevajo antropometrični podatki, da se zagotovi udobje in varnost operaterjev pri delu z robotom.

ISO/TS 15066 uvaja tudi koncept "varnostno ocenjenega nadzorovanega ustavljanja", ki omogoča robotu, da se varno ustavi in ostane v mirovanju, medtem ko človek opravlja določene naloge v njegovem delovnem prostoru. Ko človek zapusti območje, se robot lahko samodejno vrne v normalno delovanje. Ta funkcija je posebej koristna v aplikacijah, kjer je potrebna pogosta interakcija med človekom in robotom. Standard prav tako poudarja pomen ustreznega usposabljanja operaterjev, ki delajo s sodelovalnimi roboti, da se zagotovi varno in učinkovito delovanje.

Čeprav ISO/TS 15066 ni obvezen standard, ampak tehnična specifikacija, je postal de facto standard v industriji za načrtovanje in implementacijo sodelovalnih robotskih sistemov. Številni proizvajalci robotov in integratorji sistemov ga uporabljajo kot vodilo pri razvoju svojih rešitev. Pomembno je poudariti, da kljub naprednim varnostnim funkcijam, ki jih omogočajo sodelovalni roboti, ocena tveganja ostaja ključni del procesa implementacije.

ISO standardi ščitijo robote in ljudi. So kot *celična* membrana.

Povezave
• Naprej na tveganje in varnost: stran 65.

Poglavje 31.

Tveganje in varnost

Uvod Če ste mislili, da je varnost dolgočasna tema, počakajte, da vidite naše formule za izračun verjetnosti, da vas robot po nesreči stisne kot limono.

Povezave
- Nazaj na industrijske celice: stran 63.

31.1 Ocena tveganja

Ocena tveganja je ključni del zagotavljanja varnosti v robotskih celicah in je zahtevana s standardom ISO 10218. Gre za sistematičen proces identifikacije potencialnih nevarnosti, ocenjevanja verjetnosti in resnosti morebitnih poškodb ter določanja ustreznih varnostnih ukrepov. Proces ocene tveganja običajno vključuje naslednje korake: identifikacija nevarnosti, ocena tveganja, vrednotenje tveganja in zmanjševanje tveganja. Pri ocenjevanju tveganja se pogosto uporablja formula:

$$R = S \cdot F \cdot P \qquad (31.1)$$

kjer je R stopnja tveganja, S resnost poškodbe, F pogostost izpostavljenosti nevarnosti in P verjetnost, da se nevarnost realizira. Vsak od teh dejavnikov se oceni na lestvici, končni rezultat pa nam pove, ali je tveganje sprejemljivo ali so potrebni dodatni varnostni ukrepi.

Preglednica 31.1 – Ocenjevanje resnosti poškodbe (S)

Ocena	Opis	Primer
1	Zanemarljiva	Manjša odrgnina ali modrica
2	Manjša	Ureznina, ki zahteva prvo pomoč
3	Zmerna	Zlom kosti, izguba prsta
4	Resna	Trajna invalidnost, izguba okončine
5	Katastrofalna	Smrt ali trajno vegetativno stanje

Po izračunu produkta $R = S \cdot F \cdot P$ lahko dobljeno vrednost interpretiramo glede na naslednjo tabelo:

Primer Pri oceni tveganja je pomembno, da vsako situacijo temeljito analiziramo in upoštevamo vse možne scenarije. Na primer,

Preglednica 31.2 – Ocenjevanje pogostosti izpostavljenosti (F)

Ocena	Opis	Pogostost
1	Redko	Manj kot enkrat letno
2	Občasno	Nekajkrat letno
3	Pogosto	Tedensko ali dnevno
4	Stalno	Večkrat dnevno ali neprekinjeno

Preglednica 31.3 – Ocenjevanje verjetnosti realizacije nevarnosti (P)

Ocena	Opis	Verjetnost
1	Zelo malo verjetno	$< 0.1\%$
2	Malo verjetno	$0.1\% - 1\%$
3	Možno	$1\% - 10\%$
4	Verjetno	$10\% - 50\%$
5	Zelo verjetno	$> 50\%$

pri robotski celici za varjenje bi lahko ocenili tveganje za opekline operaterja:
- Resnost $(S) = 3$ (zmerna poškodba, opeklina druge stopnje)
- Pogostost $(F) = 3$ (pogosto, dnevna izpostavljenost)
- Verjetnost $(P) = 2$ (malo verjetno zaradi obstoječih varnostnih ukrepov)
- Izračun: $R = 3 \cdot 3 \cdot 2 = 18$

Ta vrednost spada v kategorijo zmernega tveganja, kar pomeni, da so potrebni ukrepi za zmanjšanje tveganja. To bi lahko vključevalo dodatno usposabljanje operaterjev, izboljšane osebne zaščitne opreme ali nadgradnjo varnostnih sistemov robotske celice.

Pri zmanjševanju tveganja je ključno upoštevati hierarhijo varnostnih ukrepov. Na prvem mestu je odstranitev nevarnosti z varnim načrtovanjem, kar predstavlja najboljšo možno rešitev. Če to ni mogoče, se zatečemo k uporabi varnostnih zaščit in naprav, kot so ograje in svetlobne zavese. Sledi uporaba opozorilnih sistemov, ki vključujejo zvočne in vizualne alarme. Šele nato pride na vrsto uporaba administrativnih ukrepov, kot sta usposabljanje in uvajanje varnostnih postopkov. Kot zadnja možnost se uporablja osebna varovalna oprema. Pri izbiri varnostnih ukrepov vedno stremimo k tistim, ki so višje v hierarhiji, saj ti zagotavljajo najvišjo stopnjo varnosti in zanesljivosti.

31.2 Določitev varnostnega območja

Pri načrtovanju varnostnega območja za industrijskega robota moramo upoštevati več dejavnikov, vključno z dosegom robota, hitrostjo gibanja, časom zaustavljanja in človekovim časom odziva. Varnos-

Preglednica 31.4 – Interpretacija končnega tveganja

R	Stopnja tveganja	Potrebni ukrepi
1-10	Nizko	Sprejemljivo, ni potrebnih dodatnih ukrepov
11-30	Zmerno	Potrebni so ukrepi za zmanjšanje tveganja
31-60	Visoko	Nujno potrebni ukrepi za zmanjšanje tveganja
61-100	Ekstremno	Delo ni dovoljeno, potrebna takojšnja zaustavitev

tno območje mora biti dovolj veliko, da prepreči stik med človekom in robotom, tudi v primeru nepričakovanega vstopa človeka v robotovo delovno območje.

Velikost varnostnega območja (S) lahko izračunamo po naslednji enačbi:

$$S = (K \cdot T) + C \qquad (31.2)$$

kjer je:

- S - minimalna varnostna razdalja v metrih

- K - hitrost približevanja človeka v metrih na sekundo (običajno se uporablja 1,6 m/s)

- T - skupni čas zaustavitve sistema v sekundah

- C - dodatna razdalja v metrih, ki upošteva doseg robota in morebitno pronicanje v varnostno območje

Skupni čas zaustavitve sistema (T) je vsota več komponent:

$$T = t_1 + t_2 + t_3 \qquad (31.3)$$

kjer je:

- t_1 - odzivni čas varnostnega sistema (npr. čas, ki ga potrebuje varnostni skener za zaznavo vdora)

- t_2 - čas zaustavitve robota (čas od ukaza za zaustavitev do dejanskega ustavljanja)

- t_3 - dodatni čas, ki upošteva zakasnitve v sistemu in človeški faktor

Vrednost C je odvisna od možnosti vdora v varnostno območje in se določi glede na uporabljeno varnostno tehnologijo. Na primer, za svetlobne zavese je C običajno 8 cm (0,08 m), medtem ko je za varnostne skenerje lahko večja.

Primer Predpostavimo, da imamo naslednje vrednosti:

- K = 1,6 m/s (standardna hitrost približevanja)
- t_1 = 0,07 s (odzivni čas varnostnega skenerja)
- t_2 = 0,3 s (čas zaustavitve robota)
- t_3 = 0,1 s (dodatni čas)
- C = 0,15 m (dodatna razdalja za varnostni skener)

Najprej izračunamo skupni čas zaustavitve:

$$T = 0,07 + 0,3 + 0,1 = 0,47 \text{ s} \qquad (31.4)$$

Nato lahko izračunamo minimalno varnostno razdaljo:

$$S = (1,6 \cdot 0,47) + 0,15 = 0,902 \text{ m} \qquad (31.5)$$

V tem primeru bi moralo biti varnostno območje okoli robota vsaj 0,902 metra od skrajnih točk robotovega delovnega območja.

V praksi je treba upoštevati tudi druge dejavnike, kot so oblika robotovega delovnega prostora, specifične naloge, ki jih robot opravlja, in morebitne dodatne nevarnosti v delovnem okolju. Vedno je priporočljivo izvesti temeljito oceno tveganja in po potrebi povečati varnostno območje nad izračunano minimalno vrednostjo.

Poleg tehničnih ukrepov je za celovito varnost v robotskih sistemih ključnega pomena razvoj kulture varnosti v organizaciji. Ta vključuje več pomembnih elementov. Redno usposabljanje zaposlenih o varnostnih praksah in postopkih je temelj za vzdrževanje visoke ravni ozaveščenosti. Prav tako je pomembno spodbujati zaposlene k poročanju o incidentih in skorajšnjih nesrečah, saj to omogoča proaktivno prepoznavanje in odpravljanje potencialnih tveganj. Vključevanje zaposlenih v proces ocenjevanja tveganj in izboljševanja varnosti krepi njihovo zavezanost k varnosti in prinaša dragocene vpoglede iz prve roke. Ključna je tudi jasna in učinkovita komunikacija o varnostnih politikah in postopkih na vseh ravneh organizacije. Z razvijanjem kulture, kjer sta zavedanje in proaktiven pristop k varnosti del vsakdanjega delovanja, lahko dolgoročno bistveno zmanjšamo tveganja v robotskih sistemih in ustvarimo varnejše delovno okolje za vse.

Zakaj je bil robotski sistem nevaren? Ker je imel preveč proste roke.

Povezave

- Nazaj na zgodovino robotike: stran 3.
- Naprej na mobilno robotiko: stran 69.

Kolesni roboti

Poglavje 32.

Tipi mobilnih robotov

Uvod Ko rečemo *mobilni roboti*, si večina ljudi predstavlja kakšnega BB8 iz Vojne zvezd, ki se kotali naokoli in piska. V resnici pa gre za veliko bolj raznolike naprave - od kolesnih robotov, ki se premikajo kot pijani vozniki na poligonu, do robotov z nogami, ki izgledajo kot da so ravno prišli iz robotske telovadnice. V tej knjigi se bomo osredotočili na kolesne robote, ker so ti najpogosteje uporabljeni v realnih aplikacijah. Konec koncev, kdo bi hotel robota z nogami v skladišču? Predstavljajte si, da bi moral vsak dan preskočiti nekaj palet!

Povezave
- Nazaj na zgodovino robotike: stran 3.
- Nazaj na industrijsko robotiko: stran 35.

32.1 Mobilni roboti glede na področje uporabe

Na področju intralogistike so še vedno najpogosteje uporabljani samodejno vodeni vozički (AGV). AGVji transportirajo material po skladiščih ali proizvodnih halah, pri čemer najpogosteje sledijo magnetnemu traku, pritrjenemu oz. drugače vgrajenemu v tla. Vodenje teh robotov je enostavno, vendar pa so sistemi AGVjev pogosto zelo kompleksni, saj naloge transportnega sistema vsebujejo tudi sproščanje nalog, dodeljevanje robotom ter planiranje in izvedbo poti tako, da ne prihaja do konfliktov, kot so trki in nerazrešljivi zastoji (ang. deadlocks).

Z namenom povečanja fleksibilnosti se zato vse bolj uveljavljajo avtonomni mobilni roboti (AMR), ki, za razliko od AGVjev, ne potrebujejo magnetnega traku in lahko avtonomno navigirajo po prostoru. Pri tem se zanašajo na lastne senzorje, v večini LIDARje in kodirnike, včasih pa tudi navadne ali globinske kamere. Primer AMRja je predstavljen na sliki 32.1.

Lastnost	Vrednost
Kinematika	dif.
Nosilnost	1000 kg
Hitrost	2.2 m/s
Avtonomija	8 h

Slika 32.1 – Idealworks iw.hub, slika iz simulatorja Nvidia Isaac Sim.

Zanimiva je uporaba mobilnih robotov v storitvene namene, npr., za dostavo izdelkov ali hrane na dom. Ker operirajo v napredvidljivih okoljih, morajo roboti za dostavo še posebej skrbeti za varno vožnjo, zato so opremljeni z dodatno senzoriko, ki zaradi delovanja v zunanjih okoljih obsega tudi GPS. Pomembno je tudi, da so sposobni voziti po neravnem terenu, zato imajo pogosto 6 vzmetenih koles, saj na ta način lažje zagotavljajo stabilnost vožnje oz. se tal dotikajo v vsaj treh točkah.

Prav tako morajo na zunanjih terenih obratovati tudi roboti za kmetijstvo in vojaški roboti. Prvi imajo pogosto podbno kinematiko kot roboti za dostavo, medtem ko vojaški roboti včasih uporabljajo tračnice. Primer robota za zunanje aplikacje je predstavljen na sliki 32.2.

Lastnost	Vrednost
Kinematika	drsna
Dimenzije	3 × 1.5 m
Nosilnost	513 kg
Hitrost	8.3 m/s
Avtonomija	6 h
Teža	1590 kg

Slika 32.2 – Clearpath Moose, slika iz simulatorja WeBots.

Roboti pa so svoje mesto našli tudi v vesolju, na Luni in Marsu, kjer roverji opravljajo znanstvene misije. V zadnjem času so vse bolj avtonomni, bližnja prihodnost pa bo prinesla flote in roje, ki bodo avtonomno delovali na drugih nebesnih telesih. Morda najpomembnejša zahteva za vesoljske roverje je zanesljivost, ki je zagotovljena prek večih mehanizmov, npr. 6-kolesne kinematike ter z uporabo na sevanje odpornih komponent in redundance. Sojourner, prvi robot na Marsu, je prikazan na sliki 32.3.

Lastnost	Vrednost
Kinematika	rover
Dimenzije	65 × 48 cm
Hitrost	1 cm/s
Avtonomija	100 m
Teža	11.5 kg

Slika 32.3 – Sojourner.

Nenazadnje pa so pomemben tip mobilnih robotov tudi izobraževalni. Omogočajo spoznavanje vseh področjih mehatronike, od mehanike, prek elektronike, mikrokrmilnikov, programiranja, pa do krmiljenja. Slika 32.4 prikazuje robota Turtlebot 3, ki je namenjen spoznavanju vmesnega programja Robot Operating System (ROS), ki je, sploh v akademskih vodah, osnovno orodje za razvoj kakršnegakoli robotskega sistema.

Lastnost	Vrednost
Kinematika	dif.
Dimenzije	14×18 cm
Nosilnost	15 kg
Hitrost	0.22 m/s
Avtonomija	2.5 h
Teža	1 kg

Slika 32.4 – Turtlebot 3 Burger.

32.2 Mobilni roboti glede na kinematiko

Diferencialni pogon je ena najpogostejših kinematičnih zasnov mobilnih robotov. Ta pogon sestavljata dve neodvisno gnani kolesi na isti osi, običajno nameščeni na levi in desni strani robota. Za stabilnost je pogosto dodano še eno ali več podpornih koles, ki se prosto vrtijo. Prednost diferencialnega pogona je njegova enostavnost in zmožnost obračanja na mestu. Robot se premika naravnost, ko se obe kolesi vrtita z enako hitrostjo v isto smer. Zavijanje dosežemo z različnimi hitrostmi koles, obrat na mestu pa z vrtenjem koles v nasprotnih smereh. Ta kinematika omogoča visoko manevrabilnost, vendar ima omejitve pri premikanju vstran. Diferencialni pogon je pogost pri manjših robotih, kot so izobraževalni roboti in roboti za domačo uporabo, pa tudi pri večjih industrijskih AMR-jih.

Ackermanova kinematika je pogosta pri večjih mobilnih robotih in avtonomnih vozilih. Ta zasnova temelji na principu, ki ga je razvil nemški izumitelj Rudolph Ackermann v začetku 19. stoletja. Pri tej kinematiki sta sprednji kolesi krmiljeni, zadnji pa fiksni. Ključna prednost Ackermannove kinematike je, da omogoča gladko zavijanje brez drsenja koles, saj se vsako kolo vrti okoli svoje osi. To je posebej koristno pri višjih hitrostih in na gladkih površinah. Roboti z Ackermannovo kinematiko so zelo učinkoviti pri vožnji po cestah in utrjenih poteh, vendar imajo omejeno sposobnost manevriranja v tesnih prostorih. Ta kinematika se pogosto uporablja pri avtonomnih vozilih, robotih za dostavo in nekaterih kmetijskih robotih.

Drsni pogon, znan tudi kot "skid steer", je robustna kinematična zasnova, ki se pogosto uporablja pri težjih mobilnih robotih in delovnih strojih. Pri tem pogonu so vsa kolesa ali gosenice fiksno nameščene in se ne morejo obračati okoli svoje vertikalne osi. Robot se premika tako, da se kolesa ali gosenice na eni strani vrtijo hitreje ali v nasprotni smeri kot na drugi strani. To omogoča zelo okretno gibanje, vključno z obračanjem na mestu, vendar pa pri zavijanju prihaja do drsenja koles po podlagi. Prednosti drsnega pogona so njegova enostavnost, robustnost in zmožnost delovanja na zahtevnih terenih. Zaradi

teh lastnosti je pogosto uporabljen pri gradbenih strojih, vojaških robotih in robotih za delo v težkih pogojih. Kljub svoji učinkovitosti pa ima drsni pogon višjo porabo energije in lahko poškoduje občutljive površine zaradi drsenja koles.

Vsesmerni pogon je napredna kinematična zasnova, ki omogoča robotu gibanje v katerokoli smer brez potrebe po predhodnem obračanju. To dosežemo z uporabo posebnih koles, kot so Mecanum kolesa ali sferična kolesa. Mecanum kolesa imajo na obodu nameščene poševne valje, ki omogočajo gibanje v vse smeri, vključno s premikanjem vstran. Roboti z vsesmernim pogonom imajo izjemno visoko stopnjo manevrabilnosti in so zato idealni za uporabo v ozkih ali zapletenih okoljih, kot so skladišča ali proizvodne linije. Kljub svoji vsestranskosti pa imajo ti roboti tudi nekaj slabosti, vključno z višjo ceno, večjo kompleksnostjo in nižjo učinkovitostjo na neravnih površinah. Vsesmerni pogon se pogosto uporablja pri industrijskih mobilnih robotih, kjer je potrebna natančna in fleksibilna manipulacija v omejenem prostoru.

Lastnost	Vrednost
Kinematika	vsesmerna
Dimenzije	53×38 cm
Nosilnost	20 kg
Hitrost	0.8 m/s
Avtonomija	1.5 h
Teža	30.3 kg

Slika 32.5 – KUKA Youbot.

Lastnost	Dif.	Ack.	Drsni	Omni
Manevrirnost	✓✓	✓	✓✓	✓✓
Stabilnost	✓	✓✓	✓✓	✓
Energetska uč.	✓✓	✓✓	✗	✓
Neravni tereni	✓	✗	✓✓	✗
Kompleksnost	✓✓	✓	✓✓	✗
Stroški	✓✓	✓	✓	✗
Obračanje	✓✓	✗✗	✓	✓✓
Gibanje vstran	✗✗	✗✗	✗✗	✓✓

Preglednica 32.1 – Primerjava lastnosti različnih kinematik mobilnih robotov

Kaj reče mobilni robot, ko ujame vlomilca? Kolo sreče se je obnilo proti tebi!

Povezave
• Naprej na kinematiko diferencialnega pogona: stran 71.

Poglavje 33.

Kinematika diferencialnega pogona

Uvod To poglavje se vrti okoli teme diferencialnega pogona: kjer razlike med kolesi štejejo in kjer se roboti obračajo hitreje, kot politiki pred volitvami.

Povezave
- Nazaj na tipe mobilnih robotov: stran 69.

Stanje mobilnega robota v ravnini popišemo s položajem in zasukom glede na inercialni koordinatni sistem $\{I\}$.

$$^I\mathbf{q} = \begin{bmatrix} ^Ix \\ ^Iy \\ ^I\theta \end{bmatrix} \tag{33.1}$$

33.1 Notranja in zunanja kinematika

Roboti z diferencialnim pogonom imajo dve pogonski kolesi. Rotacijsko gibanje dosegajo z različnima hitrostma obeh koles, levega $v_L = r \cdot \dot{\varphi}_L = r \cdot \omega_L$ in desnega $v_R = r \cdot \dot{\varphi}_R = r \cdot \omega_R$, pri čemer r označuje radij kolesa. Robot se pri vožnji giblje po trajektoriji, ki jo lahko v vsakem trenutku opišemo s krožnico, katere center imenujemo trenutni center rotacije (ICR). Velja, da imata obe kolesi enako kotno hitrost okoli ICR.

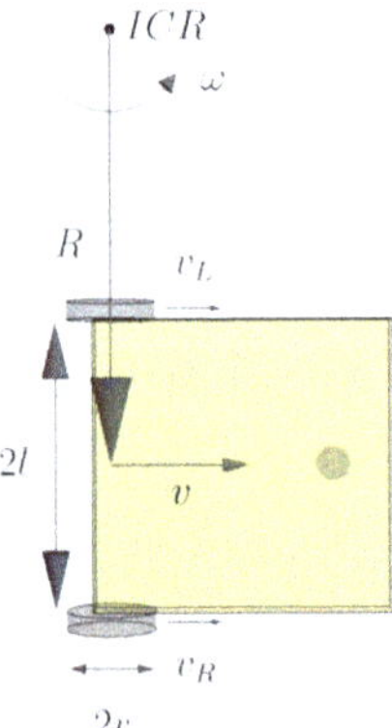

Slika 33.1 – Kinematika diferencialnega pogona.

$$\omega(t) = \frac{v_L(t)}{R(t) - l}$$
$$\omega(t) = \frac{v_R(t)}{R(t) + l} \tag{33.2}$$

Pri tem je l polovična razdalja med kolesoma. Iz zgornjih enačb lahko s preureditvijo zapišemo, kakšna sta kotna hitrost robota in kakšen je radij kroženja $R(t)$ okoli ICR.

$$\omega(t) = \frac{v_R(t) - v_L(t)}{2l}$$
$$R(t) = l \cdot \frac{v_R(t) + v_L(t)}{v_R(t) - v_L(t)} \tag{33.3}$$

Translatorna hitrost robota je produkt kotne in radija.

$$v(t) = \omega(t) \cdot R(t) = \frac{v_R(t) + v_L(t)}{2} \tag{33.4}$$

Notranjo kinematiko z vidika robotovega koordinatnega sistema $\{R\}$, zapišemo z naslednjo relacijo:

$$^R\dot{\mathbf{q}} = \begin{bmatrix} ^R\dot{x}(t) \\ ^R\dot{y}(t) \\ ^R\dot{\theta}(t) \end{bmatrix} = \begin{bmatrix} ^Rv_x(t) \\ ^Rv_y(t) \\ ^R\omega(t) \end{bmatrix} =$$
$$= \begin{bmatrix} r/2 & r/2 \\ 0 & 0 \\ +r/2l & -r/2l \end{bmatrix} \cdot \begin{bmatrix} \omega_R(t) \\ \omega_L(t) \end{bmatrix} \tag{33.5}$$

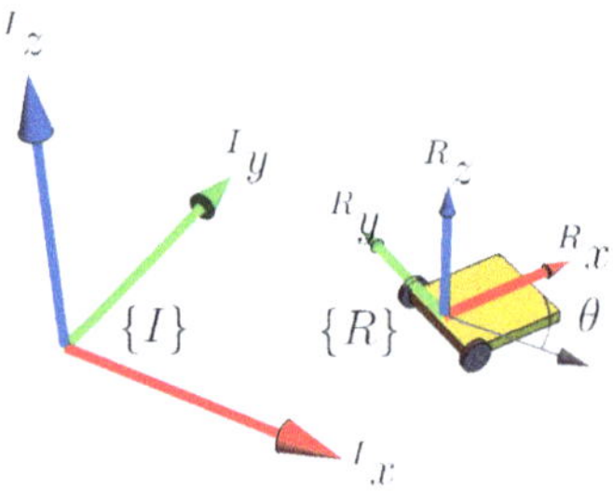

Slika 33.2 – Zunanja kinematika mobilnega robota.

Zunanjo oz. eksterno kinematiko, ki popisuje gibanje robota v inercialnem koordinatnem sistemu, pa končno lahko zapišemo na naslednji način.

$$^I\dot{\mathbf{q}} = \begin{bmatrix} ^I\dot{x}(t) \\ ^I\dot{y}(t) \\ ^I\dot{\theta}(t) \end{bmatrix} = \begin{bmatrix} \cos\theta & 0 \\ \sin\theta & 0 \\ 0 & 1 \end{bmatrix} \cdot \begin{bmatrix} v(t) \\ \omega(t) \end{bmatrix} \tag{33.6}$$

Pri tem sta translatorna $(v(t))$ in kotna hitrost $(\omega(t))$ vhodni, krmiljeni spremenljivki.

33.2 Kinematične omejitve diferencialnega pogona

Lokacija fiksiranega standardnega kolesa v koordinatnem sistemu mobilnega robota je določena z razdaljo l in zasukom α. Ravnina kolesa je nato glede na premico med izhodiščem koordinatnega sistema in lokacijo kolesa zasukana za kot β. Kolo, ki ima radij r se lahko suka, kar opisuje funkcija $\varphi(t)$. Za fiksirano kolo obstajata dve neholonomični omejitvi: prva, da kolo ne zdrsava, kar je smiselna predpostavka pri majhnih hitrostih, in druga, da se kolo lahko premika le v svoji ravnini in ne pravokotno na svojo orientacijo. Prvo neholonomično omejitev lahko zapišemo z naslednjo enačbo [7].

$$\begin{bmatrix} \sin(\alpha+\beta) & -\cos(\alpha+\beta) & -l\cos\beta \end{bmatrix} \cdot {}^{R}\mathbf{R}_I \cdot {}^{I}\dot{\mathbf{q}} - r\dot{\varphi} = 0 \tag{33.7}$$

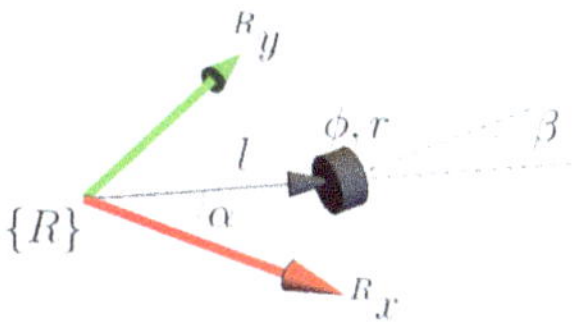

Slika 33.3 – Neholonomične omejitve gibanja kolesa.

Prvi člen enačbe opisuje prispevke $\dot{x}$, $\dot{y}$ in $\dot{\theta}$ k premiku v ravnini kolesa. Le-ta mora biti enak gibanju, ki ga povzroča vrtenje kolesa $r\dot{\varphi}$. Druga neholonomična omejitev je, da se kolo ne more premikati pravokotno glede na svojo ravnino, kar zapišemo na naslednji način.

$$\begin{bmatrix} \cos(\alpha+\beta) & \sin(\alpha+\beta) & l\sin\beta \end{bmatrix} \cdot {}^{R}\mathbf{R}_I \cdot {}^{I}\dot{\mathbf{q}} = 0 \tag{33.8}$$

Pri diferencialnem pogonu sta kolesi vzporedni, koordinatni sistem robota pa se nahaja v središču med njima. Za levo kolo velja, da je $\alpha = \pi/2$ in $\beta = 0$, za desno pa $\alpha = -\pi/2$ in $\beta = 0$. Prva neholonomična omejitev se posledično prevede v naslednji zapis.

$$\begin{bmatrix} 1 & 0 & -l \end{bmatrix} \cdot \begin{bmatrix} \cos\theta & \sin\theta & 0 \\ -\sin\theta & \cos\theta & 0 \\ 0 & 0 & 1 \end{bmatrix} \cdot \begin{bmatrix} {}^{I}\dot{x} \\ {}^{I}\dot{y} \\ {}^{I}\dot{\theta} \end{bmatrix} - r\dot{\varphi}_L = 0 \tag{33.9}$$

Oziroma, nadalje poenostavljeno.

$$\cos\theta\dot{x} + \sin\theta\dot{y} - l\dot{\theta} - r\dot{\varphi}_L = 0 \tag{33.10}$$

Analogno temu velja za desno kolo naslednje.

$$\cos\theta\dot{x} + \sin\theta\dot{y} + l\dot{\theta} - r\dot{\varphi}_R = 0 \tag{33.11}$$

Druga neholonomična omejitev pa se prevede v naslednji zapis za levo kolo.

$$\begin{bmatrix} 0 & 1 & 0 \end{bmatrix} \cdot \begin{bmatrix} \cos\theta & \sin\theta & 0 \\ -\sin\theta & \cos\theta & 0 \\ 0 & 0 & 1 \end{bmatrix} \cdot \begin{bmatrix} {}^{I}\dot{x} \\ {}^{I}\dot{y} \\ {}^{I}\dot{\theta} \end{bmatrix} = 0 \tag{33.12}$$

Oziroma, po poenostavitvi.

$$-\sin\theta\dot{x} + \cos\theta\dot{y} = 0 \tag{33.13}$$

Če to velja za center koordinatnega sistema robota, pa dodatno velja za težišče na razdalji d naslednja enačba.

$$-\sin\theta\dot{x}_c + \cos\theta\dot{y}_c - d\dot{\theta} = 0 \tag{33.14}$$

Druga neholonomična omejitev za desno kolo ne prinese nobene nove informacije, saj sta kolesi pri diferencialnem pogonu v isti osi vrtenja. Če razširimo popis stanja robota z zasukom koles, lahko zgornje omejitve zapišemo v matrični obliki, kar bo ključno pri izpeljavi dinamike v nadaljevanju.

$$\Lambda(\mathbf{q})\dot{\mathbf{q}} = 0 \tag{33.15}$$

Oziroma.

$$\begin{bmatrix} -\sin\theta & \cos\theta & -d & 0 & 0 \\ \cos\theta & \sin\theta & l & -r & 0 \\ \cos\theta & \sin\theta & -l & 0 & -r \end{bmatrix} \cdot \begin{bmatrix} \dot{x}_c \\ \dot{y}_c \\ \dot{\theta} \\ \dot{\varphi}_R \\ \dot{\varphi}_L \end{bmatrix} = 0 \tag{33.16}$$

Zakaj je robot z diferencialnim pogonom vesel matematičnih testov? Ker obvlada diferencialne enačbe!

Povezave
- Naprej na dinamiko diferencialnega pogona: stran 73.

[7] Siegwart, R., Nourbakhsh, I. R. & Scaramuzza, D. *Introduction to Autonomous Mobile Robots* (MIT Press, Cambridge, MA, 2011), 2 edn.

Poglavje 34.

Dinamika diferencialnega pogona

Uvod Tudi to poglavje se vrti okoli teme diferencialnega pogona: kjer je važno, da ne menjate leve in desne in kjer so vsi roboti v svojem bistvu Roomba.

Povezave
- Nazaj na kinematiko diferencialnega pogona: stran 71.

Lagrangeova enačba z odvajanjem Lagrangiana po generaliziranih koordinatah, upoštevanjem sil v generaliziranih koordinatah in omejitev, kot so neholonomične omejitve, rezultira neposredno v enačbah gibanja.

$$\frac{\mathrm{d}}{\mathrm{d}t}\left(\frac{\partial L}{\partial \dot{q}_i}\right) - \frac{\partial L}{\partial q_i} = \mathbf{F} - \Lambda^T(\mathbf{q}) \times \lambda \qquad (34.1)$$

Pri tem je $\mathbf{F}$ vektor generaliziranih sil, λ pa Lagrangeovi koeficienti, povezanimi z neholonomičnimi omejitvami. Potencialna energija je pri gibanju robota v ravnini enaka 0, zato je Lagrangian enak kinetični energiji.

34.1 Enostaven dinamski model

Pri poenostavljenem modelu bomo zanemarili kinetično energijo koles napram celotni robota in dušenje pri kotaljenju, upoštevali pa bomo le neholonomično omejitev, da se kolesa ne morejo premikati pravokotno glede na smer vožnje. Le-ta ima naslednjo obliko.

$$-\sin\theta\,\dot{x} + \cos\theta\,\dot{y} = 0 \qquad (34.2)$$

Če zapišemo omejitev v obliki $\Lambda(\mathbf{q})\dot{\mathbf{q}} = 0$, kjer je $\Lambda(\mathbf{q})$ matrika omejitev, potem Lagrangeove enačbe razširimo na:

$$\frac{d}{dt}\left(\frac{\partial L}{\partial \dot{\mathbf{q}}}\right) - \frac{\partial L}{\partial \mathbf{q}} = \mathbf{Q} - \Lambda^T(\mathbf{q})\lambda \qquad (34.3)$$

kjer je λ vektor Lagrangeovih multiplikatorjev.

Poenostavljeni Lagrangian pa je enak naslednjemu izrazu [8].

$$L(\mathbf{q}, \dot{\mathbf{q}}) = \frac{m}{2}\left(\dot{x}^2 + \dot{y}^2\right) + \frac{J}{2}\dot{\theta}^2 \qquad (34.4)$$

Gibalne enačbe lahko nato zapišemo na naslednji način.

$$\begin{aligned} m\ddot{x} - \lambda_1 \sin\theta &= F_x \\ m\ddot{y} + \lambda_2 \cos\theta &= F_y \\ J\ddot{\theta} &= M \end{aligned} \qquad (34.5)$$

Oziroma, z izraženimi silami in navori na robota prek navorov na kolesih.

$$m\ddot{x} - \lambda_1 \sin\theta - \frac{1}{r}\left(\tau_R + \tau_L\right)\cos\theta = 0$$

$$m\ddot{y} + \lambda_1 \cos\theta - \frac{1}{r}\left(\tau_R + \tau_L\right)\sin\theta = 0 \qquad (34.6)$$

$$J\ddot{\theta} - \frac{l}{2r}\left(\tau_R - \tau_L\right) = 0$$

Matrike dinamskega modela so nato naslednje.

$$\mathbf{M}(\mathbf{q})\ddot{\mathbf{q}} + \mathbf{V}(\mathbf{q}, \dot{\mathbf{q}})\dot{\mathbf{q}} = \mathbf{B}(\mathbf{q})\tau - \Lambda^T(\mathbf{q})^\lambda \qquad (34.7)$$

$$\mathbf{M}(\mathbf{q}) = \begin{bmatrix} m & 0 & 0 \\ 0 & m & 0 \\ 0 & 0 & J \end{bmatrix} \qquad (34.8)$$

$$\mathbf{B}(\mathbf{q}) = \frac{1}{r}\begin{bmatrix} \cos\theta & \cos\theta \\ \sin\theta & \sin\theta \\ \frac{l}{2} & -\frac{l}{2} \end{bmatrix} \qquad (34.9)$$

$$\mathbf{\Lambda} = \begin{bmatrix} -\sin\theta & \cos\theta & 0 \end{bmatrix} \qquad (34.10)$$

Reducirani model izpeljemo iz polnega modela z namenom poenostavitve in zmanjšanja števila spremenljivk. Ta proces temelji na uporabi neholonomičnih omejitev in transformaciji koordinat. Začnemo s polnim modelom:

$$\mathbf{M}(\mathbf{q})\ddot{\mathbf{q}} + \mathbf{V}(\mathbf{q}, \dot{\mathbf{q}})\dot{\mathbf{q}} = \mathbf{B}(\mathbf{q})\tau - \mathbf{\Lambda}^T(\mathbf{q})\lambda \qquad (34.11)$$

Neholonomična omejitev nam omogoča, da izrazimo hitrost robota v lokalnem koordinatnem sistemu:

$$\begin{bmatrix} \dot{x} \\ \dot{y} \\ \dot{\theta} \end{bmatrix} = \begin{bmatrix} \cos\theta & 0 \\ \sin\theta & 0 \\ 0 & 1 \end{bmatrix} \begin{bmatrix} v \\ \omega \end{bmatrix} \qquad (34.12)$$

kjer sta v in ω translatorna in kotna hitrost robota. Če to vstavimo v enačbo gibanja in pomnožimo z $\mathbf{S}^T(\mathbf{q})$ z leve strani dobimo:

$$\mathbf{S}^T(\mathbf{q})\mathbf{M}(\mathbf{q})\mathbf{S}(\mathbf{q})\dot{\nu} + \mathbf{S}^T(\mathbf{q})\mathbf{M}(\mathbf{q})\dot{\mathbf{S}}(\mathbf{q})\nu =$$
$$= \mathbf{S}^T(\mathbf{q})\mathbf{B}(\mathbf{q})\tau \tag{34.13}$$

To enačbo lahko zapišemo v obliki reduciranega modela:

$$\bar{\mathbf{M}}(\mathbf{q})\dot{\nu} + \bar{\mathbf{V}}(\mathbf{q},\nu)\nu = \bar{\mathbf{B}}(\mathbf{q})\tau \tag{34.14}$$

kjer so:

$$\bar{\mathbf{M}}(\mathbf{q}) = \mathbf{S}^T(\mathbf{q})\mathbf{M}(\mathbf{q})\mathbf{S}(\mathbf{q})$$
$$\bar{\mathbf{V}}(\mathbf{q},\nu) = \mathbf{S}^T(\mathbf{q})\mathbf{M}(\mathbf{q})\dot{\mathbf{S}}(\mathbf{q}) \tag{34.15}$$
$$\bar{\mathbf{B}}(\mathbf{q}) = \mathbf{S}^T(\mathbf{q})\mathbf{B}(\mathbf{q})$$

V našem primeru, ko zanemarimo centrifugalne in Coriolisove sile, matrika $\bar{\mathbf{V}}(\mathbf{q},\nu)$ postane ničelna matrika.

Če za popis stanja izberemo vektor položajev, zasuka in hitrosti, lahko enačbe izrazimo na naslednji način.

$$\begin{bmatrix} \dot{x} \\ \dot{y} \\ \dot{\theta} \\ \dot{v} \\ \dot{\omega} \end{bmatrix} = \begin{bmatrix} v\cos\theta \\ v\sin\theta \\ \omega \\ 0 \\ 0 \end{bmatrix} + \begin{bmatrix} 0 & 0 \\ 0 & 0 \\ 0 & 0 \\ \frac{1}{mr} & \frac{1}{mr} \\ \frac{l}{2Jr} & \frac{-l}{2Jr} \end{bmatrix} \begin{bmatrix} \tau_R \\ \tau_L \end{bmatrix} \tag{34.16}$$

Inverzni dinamski model izpeljemo iz direktnega modela z namenom, da določimo potrebne navore motorjev za doseganje želene translatorne in kotne hitrosti robota. Začnemo z enačbami reduciranega modela:

$$\bar{\mathbf{M}} \begin{bmatrix} \dot{v} \\ \dot{\omega} \end{bmatrix} = \bar{\mathbf{B}} \begin{bmatrix} \tau_R \\ \tau_L \end{bmatrix} \tag{34.17}$$

Iz tega sledi:

$$\begin{bmatrix} \tau_R \\ \tau_L \end{bmatrix} = \bar{\mathbf{B}}^{-1}\bar{\mathbf{M}} \begin{bmatrix} \dot{v} \\ \dot{\omega} \end{bmatrix} \tag{34.18}$$

Ko izračunamo inverz matrike $\bar{\mathbf{B}}$ in pomnožimo z $\bar{\mathbf{M}}$, dobimo končni izraz za inverzni dinamski model:

$$\begin{bmatrix} \tau_R \\ \tau_L \end{bmatrix} = \begin{bmatrix} \frac{\dot{v}mr}{2} + \frac{\dot{\omega}Jr}{l} \\ \frac{\dot{v}mr}{2} - \frac{\dot{\omega}Jr}{l} \end{bmatrix} \tag{34.19}$$

Na tej osnovi lahko na podlagi želene translatorne in kotne hitrosti izračunamo navora motorjev.

34.2 Model DC motorja

Dinamika DC motorja je podana z električno in mehansko dinamsko enačbo. Električni del ima naslednjo obliko.

$$L\frac{\mathrm{d}i}{\mathrm{d}t} + Ri = U - K_{emf}\dot{\varphi} \tag{34.20}$$

Pri tem je i električni tok, R in L upornost in induktivnost navitja, K_{emf} električna konstanta motorja in U napetost. Mehanski del pa je naslednji.

$$J\ddot{\varphi} + \mu\dot{\varphi} = K_t i = \tau \tag{34.21}$$

Pri tem je K_t konstanta navora, μ pa viskozno dušenje. Konstanti K_{emf} in K_t sta enaki $K_{emf} = K_t = K$ ob predpostavki, da ni električnih izgub. Električna časovna konstanta je bistveno manjša od mehanske, zato lahko induktivnost L zanemarimo $L = 0$. Odvisnost med navorom in napetostjo nato zapišemo na naslednji način.

$$\tau = K_t i = K\frac{U - K\dot{\varphi}}{R} = U\frac{K}{R} - \frac{K^2\dot{\varphi}}{R} \tag{34.22}$$

Primer Robot se premika naravnost s hitrostjo $v = 1\mathrm{m/s}$. Želimo, da začne pospeševati s pospeškom $a = 1\mathrm{m/s}^2$. Masa robota je $m = 1\mathrm{kg}$, radij koles $r = 0.1\mathrm{m}$, upornost navitja $R = 5\Omega$, elektromotorna konstanta pa $K = 0.05\mathrm{Nm/A} = 0.05\mathrm{V/rads}$. Zanima nas, s kakšno napetostjo mora krmilnik poganjati motorja.

$$\tau = \frac{amr}{2} = U\frac{K}{R} - \frac{K^2\dot{\varphi}}{R} \tag{34.23}$$

Kotno hitrost kolesa in s tem motorja izračunamo prek radija.

$$\dot{\varphi} = v/r \tag{34.24}$$

Sledi.

$$U = \frac{R}{K} \cdot \left(\frac{amr}{2} + \frac{K^2 v}{rR} \right) = 5.5\mathrm{V} \tag{34.25}$$

Zakaj se je robot zaletel? Ker ni bil dovolj motorično spreten!

Povezave
• Naprej na osnovno vodenje: stran 75.

[8] Hatab, A. A. & Dhaouadi, R. Dynamic modelling of differential-drive mobile robots using lagrange and newton-euler methodologies: A unified framework. *Advances in Robotics & Automation* **2**, 1–7 (2013).

Poglavje 35.

Osnovno vodenje

Uvod Izpeljano kinematiko mobilnega robota bomo v tem poglavju uporabili za reševanje krmilnega problema. Ob znanih ciljih, npr. znanem končnem položaju, znani končni legi, ali znani trajektoriji, moramo oblikovati krmilne zakone, ki bodo zagotavljali njihovo izpolnjevanje. Predstavljajte si, da je naš robot kot zmeden turist v Ljubljani, ki poskuša najti Prešernov trg po nočnem žuru na Metelkovi - ve, kam mora priti, vendar potrebuje nekaj pomoči pri usmerjanju.

Povezave
- Nazaj na trajektorije: stran 21.
- Nazaj na kinematiko diferencialnega pogona: stran 71.

35.1   Vodenje v položaj

Za vodenje v referenčni položaj (x_{ref}, y_{ref}) moramo krmiliti translatorno in rotacijsko hitrost robota tako, da bo dosegel referenčni položaj [9]. Za kotno hitrost lahko definiramo naslednji krmilni zakon.

$$\omega(t) = K_\omega(\theta_{ref}(t) - \theta(t)) \qquad (35.1)$$

Pri tem izračunamo kot med trenutnim zasukom robota in želenim zasukom na naslednji način.

$$\theta_{ref} = \operatorname{atan2} \frac{y_{ref} - y(t)}{x_{ref} - x(t)} \qquad (35.2)$$

Translatorno hitrost pa definiramo kot proporcionalno razdalji do referenčnega položaja.

$$v(t) = K_v \sqrt{(x_{ref} - x(t))^2 + (y_{ref} - y(t))^2} \quad (35.3)$$

Krmilne zakone lahko ob upoštevanju kinematičnega ali dinamskega modela enostavno tudi simuliramo. Kinematiko diferencialnega pogona lahko poenostavljeno zapišemo v diskretni obliki.

$$\begin{aligned}
x(t + \Delta t) &= x(t) + \cos\theta v(t)\Delta t \\
y(t + \Delta t) &= y(t) + \sin\theta v(t)\Delta t \qquad (35.4) \\
\theta(t + \Delta t) &= \theta(t) + \omega(t)\Delta t
\end{aligned}$$

Naloga Zgornji poenostavljeni diskretni kinematični model robota in krmilne zakone za vo-

denje v položaj uporabite za vizualizacijo premika robota, ki začne v legi $(1, 0, \pi/2)$ v točko $(0, 0)$. Za vizualizacijo uporabite katerokoli računalniško orodje (lasten program, Excel, Matlab, ...).

35.2   atan2

Pri določanju kota med točkama v ravnini uporabljamo funkcijo `atan2(y,x)`, ki je standardno definirana skoraj v vseh programskih jezikih. Razlog za to se skriva v lastnostih trigonometrične funkcije tan oz. njenega inverza arctan. Velja, da je $\tan\varphi = \sin\varphi/\cos\varphi$. $\tan\varphi > 0$ velja tako v prvem, kot v tretjem kvadrantu: v prvem sta tako sin kot cos pozitivna, v tretjem pa oba negativna. Zato funkcija arctan po dogovoru vrača kot iz prvega (pozitivna) oz. četrtega kvadranta (če negativna). Če želimo ohraniti popolno informacijo, moramo vrednosti $\sin\varphi$ in $\cos\varphi$ obravnavati ločeno, kar počne atan2, ki je definirana na naslednji način.

$$\operatorname{atan2}(y, x) = \begin{cases}
\arctan(\frac{y}{x}) & \text{če } x > 0, \\
\arctan(\frac{y}{x}) + \pi & \text{če } x < 0 \text{ in } y \geq 0, \\
\arctan(\frac{y}{x}) - \pi & \text{če } x < 0 \text{ in } y < 0, \\
+\frac{\pi}{2} & \text{če } x = 0 \text{ in } y > 0, \\
-\frac{\pi}{2} & \text{če } x = 0 \text{ in } y < 0, \\
\text{nedefinirano} & \text{če } x = 0 \text{ in } y = 0.
\end{cases}$$
$$(35.5)$$

Rezultat je v intervalu $(-\pi, \pi]$. Za vsoto in razliko atan2 velja naslednja enakost.

$$\begin{aligned}
&\operatorname{atan2}(y_1, x_1) \pm \operatorname{atan2}(y_2, x_2) = \\
&\operatorname{atan2}(y_1 x_2 \pm y_2 x_1, x_1 x_2 \mp y_1 y_2)
\end{aligned} \qquad (35.6)$$

Slednjo formulo pogosto uporabljamo, ko imamo znan položaj robota (x, y), točko, proti kateri je usmerjen (x_h, y_h) in točko, proti kateri ga želimo usmeriti (x_{ref}, y_{ref}). Da določimo kot, za katerega se mora robot zarotirati, v zgornjo enačbo vstavimo razlike koordinat točk.

$$\operatorname{atan2}(y_{ref} - y, x_{ref} - x) - \operatorname{atan2}(y_h - y, x_h - x) \qquad (35.7)$$

35.3 Vodenje po točkah

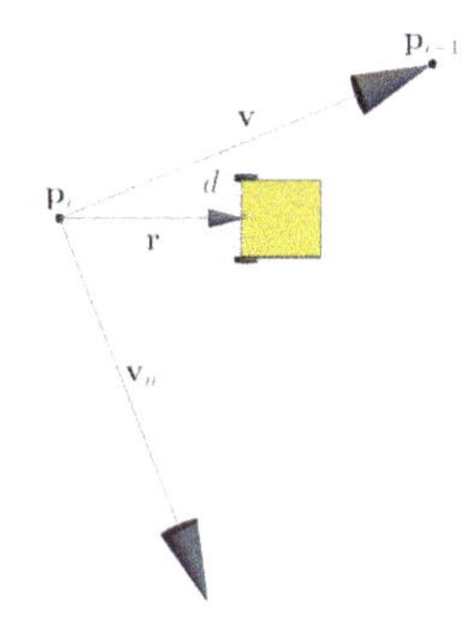

Slika 35.1 – Vodenje po točkah.

Pogosto želeno pot definiramo prek sekvence točk, odsekoma povezanih z daljicami. Ideja je, da robot sledi prvi daljici do njenega konca, nato preklopi na sledenje naslednji, in tako naprej. Zaporedne točke označimo z $\mathbf{p}_i = (x_i, y_i)^T$. Vektor, ki predstavlja smer posameznega segmenta označimo z $\mathbf{v} = \mathbf{p}_{i+1} - \mathbf{p}_i = (\Delta x, \Delta y)^T$, vektor od izhodiščne točke do robota pa z $\mathbf{r} = (x, y)^T - \mathbf{p}_i$. Robot sledi posameznemu segmentu dokler je projekcija $\mathbf{r}$ na $\mathbf{v}$ znotraj segmenta, kar lahko izrazimo z naslednjim pogojem.

$$0 \leq \frac{\mathbf{v}^T \mathbf{r}}{\mathbf{v}^T \mathbf{v}} \leq 1 \qquad (35.8)$$

Za oblikovanje smiselnega krmilnega zakona moramo upoštevati dvoje. Razdaljo robota od segmenta in trenutni zasuk robota. Pravokotno razdaljo določimo z uporabo normalnega vektorja $\mathbf{v}_n = (\Delta y, -\Delta x)^T$. Normirano razdaljo do segmenta nato zapišemo na naslednji način.

$$d_n = \frac{\mathbf{v}_n^T \mathbf{r}}{\mathbf{v}_n^T \mathbf{v}_n} \qquad (35.9)$$

Krmilni zakon definirajmo tako, da bo robot sledil segmentu, ko je na njej, in da bo peljal pravokotno glede na segment, ko je daleč od njega. Referenčno smer vožnje robota definiramo z usmerjenostjo segmenta, ki mu prištejemo še dodatno rotacijo, odvisno od razdalje do segmenta.

$$\theta_{ref} = \mathrm{atan2}(\Delta y, \Delta x) + K_{rot} d_n \qquad (35.10)$$

Krmilni zakon za kotno hitrost nato lahko zapišemo na naslednji način s proporcionalnim (P) krmilnikom.

$$\omega = K_\omega(\theta_{ref} - \theta) \qquad (35.11)$$

Translatorna hitrost pa je konstantna, ali pa jo definiramo npr. kot $v = K_v \cos(\theta_{ref} - \theta)$.

35.4 Vodenje po zvezni trajektoriji

Za znano referenčno trajektorijo lahko določimo translatorno hitrost in kotno hitrost vnaprej, čemur pravimo predkrmiljenje. Izračunamo skupno hitrost:

$$v_{ff}(t) = \sqrt{\left(\dot{x}_{ref}(t)\right)^2 + \left(\dot{y}_{ref}(t)\right)^2} \qquad (35.12)$$

Kotna hitrost pa je določena z odvodom zasuka na naslednji način.

$$\omega_{ff}(t) = \frac{\mathrm{d}}{\mathrm{d}t}\left[\arctan\left(\frac{\dot{y}(t)}{\dot{x}(t)}\right)\right] = \frac{\dot{x}(t)\ddot{y}(t) - \dot{y}(t)\ddot{x}(t)}{\dot{x}^2(t) + \dot{y}^2(t)} \qquad (35.13)$$

Da bi nato dobili krmilna vhoda $v(t)$ in $\omega(t)$, definirajmo napako.

$$\begin{bmatrix} e_x \\ e_y \\ e_\theta \end{bmatrix} = \begin{bmatrix} \cos\theta & \sin\theta & 0 \\ -\sin\theta & \cos\theta & 0 \\ 0 & 0 & 1 \end{bmatrix} (\mathbf{q}_{ref} - \mathbf{q}) \qquad (35.14)$$

Pogost krmilni signal določimo kot vsoto predkrmiljenja in dodatnih členov. Primer podaja naslednji linearni zakon [10].

$$\begin{aligned} v &= v_{ff}\cos e_\theta + K_x \cdot e_x \\ \omega &= \omega_{ff} + K_y e_y + K_\theta e_\theta \end{aligned} \qquad (35.15)$$

Ali pa naslednji nelinearni.

$$\begin{aligned} v &= v_{ff}\cos e_\theta + K_x \cdot e_x \\ \omega &= \omega_{ff} + v_{ff}\left(K_y e_y + K_\theta \sin e_\theta\right) \end{aligned} \qquad (35.16)$$

Naloga Referenčna trajektorija je krožnica, podana z $x_{ref}(t) = \cos t$ in $y_{ref}(t) = \sin t$. Izračunajte translatorno in kotno hitrost predkrmiljenja.

Zakaj robot ne mara Microsoftovih operacijskih sistemov? Ker z njimi ne DOS-eže cilja.

Povezave
• Naprej na abstrakcijo prostora, stran 77.

[9] Klančar, G., Zdešar, A., Sašo, B. & Škrjanc, I. *Wheeled Mobile Robotics: From Fundamentals Towards Autonomous Systems* (Butterworth-Heinemann, Oxford, 2017).

[10] Kanayama, Y. J., Kimura, Y., Miyazaki, F. & Noguchi, T. A stable tracking control method for an autonomous mobile robot. *Proceedings of IEEE International Conference on Robotics and Automation* **1**, 384–389 (1990).

Poglavje 36.

Abstrakcija prostora

Uvod Trajektorij običajno ne moremo ustvarjati poljubno, razen če ste Superman in lahko letite skozi stene. Za nas navadne smrtnike pa se navigacija v robotiki prevede v problem, kako ustvariti trajektorijo od točke A do točke B - globalni plan - in kako ji nato slediti, z upoštevanjem omejitev, ki jih postavlja prostor - lokalni plan.

Povezave
- Nazaj na osnovno vodenje, stran 75.

Za potrebe planiranja poti moramo razviti primerno abstrakcijo prostora in njegovih omejitev. Pri tem se najpogosteje uporabljata dva načina. Za opis prvega najlažje uporabimo analogijo s cestnim omrežjem. Za to, da pridemo iz kraja A v kraj B, se moramo dobro odločati na vsakem križišču. Problem lahko modeliramo v obliki grafa, v katerem vozlišča predstavljajo križišča, povezave med vozlišči pa vmesne ceste. Pri tem ima vsaka povezava ceno, npr. razdaljo ali čas, potreben, da jo prevozimo. Drugi način je, da prostor razdelimo na diskretne podprostore, npr. da ga razsekamo kot šahovnico, nato pa vsakem podprostoru določimo ceno prehoda. V tem primeru bi npr. stene imele zelo visoke cene prehoda, saj je prehod čez steno težaven.

Graf je matematični objekt, ki ga sestavljajo vozlišča in povezave. Slednje so definirane z urejenimi (usmerjen) ali neurejenimi (neusmerjen graf) pari vozlišč.

$$G = (V, E)$$
$$e = \{v_1, v_2\}; e \in E; v_1, v_2 \in V; v_1 \neq v_2 \qquad (36.1)$$

Cene za povezave določimo s t.i. utežmi, ki jih definiramo prek funkcije, ki vsaki povezavi priredi realno število.

$$w : E \to \mathbb{R} \qquad (36.2)$$

Na tej osnovi se problem iskanja najugodnejše poti prevede na problem iskanja najkrajše oz. najcenejše poti v grafu.

36.1 Razcep na celice

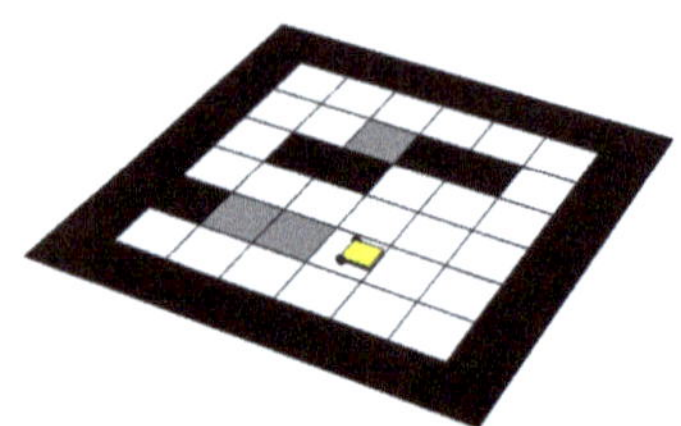

Slika 36.1 – Primer razcepa na kvadratne celice. Sivinski odtenki predstavljajo zaupanje robota v obstoj ovire.

Eden izmed preprostih načinov vzorčenja prostora je razcep na celice, za katerega obstaja več metod, npr. navpičen razcep na celice, pri katerem se z navidezno navpično črto premikamo od leve proti desni in v vsakem ogljišču potegnemo črto od ogljišča navzgor in navzdol. Kadar uporabljamo celice konstantne velikosti temu pravimo mreža zasedenosti (ang. occupancy grid).

36.2 Voronoiev diagram

Še eno možnost za predstavitev prostora z grafom predstavljajo t.i. Voronoievi diagrami, pri katerih vozlišča za diagram postavimo na sredine stranic ovir. Posamezna celica R_k je nato definirana kot območje vseh točk $x \in X$, ki je bližje nekemu vozlišču, kot vsem ostalim.

$$R_k = \{x \in X \mid d(x, P_k) \leq d(x, P_j) \text{ for all } j \neq k\} \qquad (36.3)$$

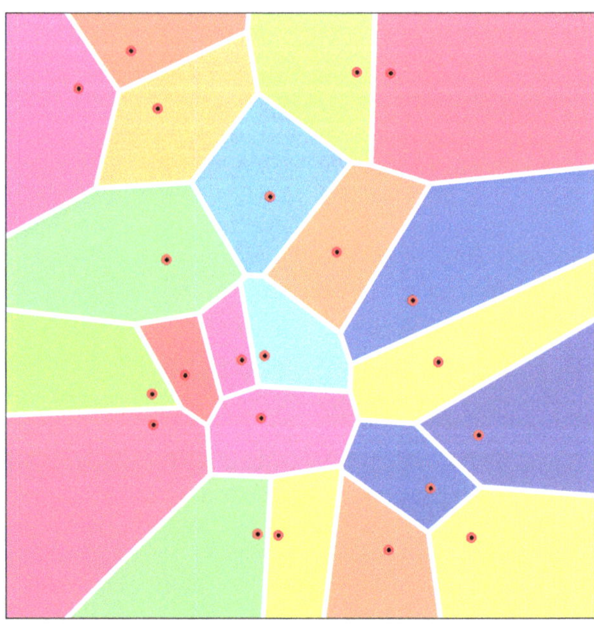

Slika 36.2 – Primer Voronoievega diagrama.

36.3 Naključna karta cest

Pri tej metodi so enostavno naključno generirane točke in nato povezane z najbljižjimi sosedi. Metoda je uporabna za velike prostore, kjer je razcep na celice računsko zahteven.

Algoritem za naključno karto cest (PRM) lahko opišemo z algoritmom 3.

Algorithm 3: Algoritem PRM.

1 Konfiguracijski prostor C, število vozlišč n, radij povezovanja r
2 $V \leftarrow \emptyset$
3 $E \leftarrow \emptyset$
4 **for** $i \leftarrow 1$ **to** n **do**
5   $v_i \leftarrow$ NaključnaKonfiguracija(C_{free})
6   $V \leftarrow V \cup \{v_i\}$
7 **end**
8 **for** $v_i \in V$ **do**
9   **for** $v_j \in V, j \neq i$ **do**
10   **if** $d(v_i, v_j) < r$ **and** $pot(v_i, v_j) \subset C_{free}$ **then**
11     $E \leftarrow E \cup \{(v_i, v_j)\}$
12   **end**
13   **end**
14 **end**
15 **return** $G = (V, E)$

Kjer je $d(v_i, v_j)$ razdalja med vozliščema in C_{free} prosti konfiguracijski prostor.

36.4 Naključna drevesa

Naključna drevesa (ang. Rapidly-exploring Random Trees, RRT) delujejo podobno kot naključna karta cest, le da upoštevajo model robota, kinematični ali dinamski. Pri tem so naključno generirana vozlišča na karti, nato pa je potegnjena pot od najbliže obstoječe poti do vozlišča z upoštevanjem modela in za določeno razdaljo. Vsake toliko je namesto naključnega dodano ciljno vozlišče, da algoritem pot išče bolj usmerjeno.

Osnovni algoritem RRT lahko opišemo z algoritmom 4.

Kjer je Δt časovni korak ali razdalja širjenja, p verjetnost izbire ciljne konfiguracije namesto naključne in ϵ toleranca za doseganje cilja.

Algorithm 4: Algoritem RRT.

1 Začetna konfiguracija x_{init}, ciljna konfiguracija x_{cilj}, število iteracij K
2 $V \leftarrow \{x_{init}\}$
3 $E \leftarrow \emptyset$
4 **for** $k \leftarrow 1$ **to** K **do**
5   **if** Nakljucno$() < p$ **then**
6    $x_{rand} \leftarrow x_{cilj}$
7   **end**
8   **else**
9    $x_{rand} \leftarrow$ NakljucnaKonfiguracija$()$
10   **end**
11   $x_{najblizji} \leftarrow \arg\min_{x \in V} d(x, x_{rand})$
12   $x_{novi} \leftarrow$ Razsiri$(x_{najblizji}, x_{rand}, \Delta t)$
13   **if** *JeVeljavna*(x_{novi}) **then**
14    $V \leftarrow V \cup \{x_{novi}\}$
15    $E \leftarrow E \cup \{(x_{najblizji}, x_{novi})\}$
16   **if** $d(x_{novi}, x_{cilj}) < \epsilon$ **then**
17   **return** $T = (V, E)$
18   **end**
19   **end**
20 **end**
21 **return** $T = (V, E)$

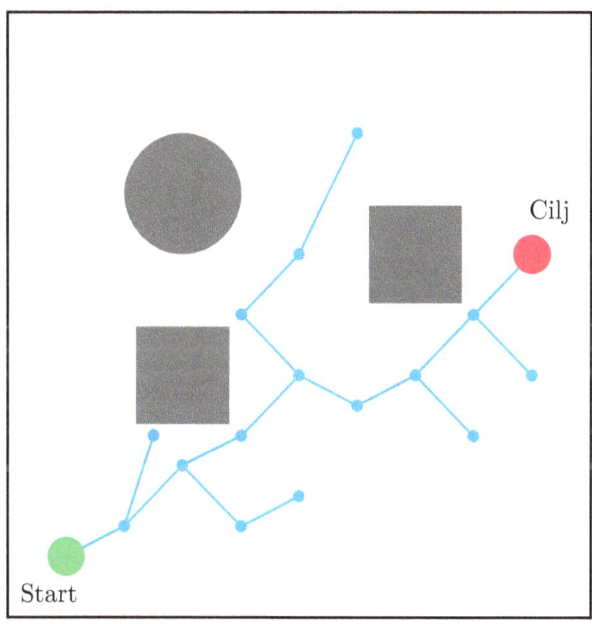

Slika 36.3 – Primer RRT algoritma.

RRT algoritem: Rapidly-exploring Random Trees, ali kot bi rekli po domače - Res Rad Tavam!

Povezave
• Naprej na algoritme iskanja poti, stran 79.

Poglavje 37.

Algoritmi iskanja poti

Uvod Ste se kdaj vprašali, kako pot išče vaša GPS naprava? Ali pa ste morda pomislili, da bi bilo lažje, če bi avto sam vedel, kako priti do cilja? No, če je tako, potem ste na pravem mestu!

Povezave
- Nazaj na abstrakcijo prostora, stran 77.

37.1 Dijkstra

Dijkstrov algoritem je prvi izmed obravnavanih mov iskanja najkrajše poti v grafu. Imenuje se tudi najkrajša pot najprej (ang. Shortest Path First - SPF) in iskanje po enakomerni ceni (ang. Uniform Cost Search), kar je poseben primer splošnejše ideje optimalnega iskanja (ang. Best First Search). Kljub temu, da obstaja več variant Dijkstrovega algoritma, bo tu predstavljena le tista, ki je najpogosteje uporabljena v robotiki: z realnimi števili za cene povezav in za iskanje najkrajše poti med dvema vozliščema. Koraki algoritma so naslednji.

1. Ustvari prazno množico neobiskanih vozlišč Q.
2. Za začetno vozlišče definiraj razdaljo g do njega enako 0 in ∞ do ostalih. Postavi začetno vozlišče za trenutno.
3. Za trenutno vozlišče izračunaj razdalje do vseh sosedov prek cene povezave. Če je cena manjša od trenutno določene, nastavi novo.
4. Označi trenutno vozlišče za obiskano in ga odstrani iz množice neobiskanih vozlišč.
5. Če je ciljno vozlišče označeno za obiskano, ustavi algoritem.
6. Sicer izberi neobiskano vozlišče z najmanjšo trenutno razdaljo in ga nastavi za trenutno. Vrni se na korak 3.

Algoritem je spodaj predstavljen še s psevdokodo. Rezultat algoritma je razdalja do ciljnega (*target*) vozlišča in seznam *pred*, iz katerega lahko razberemo, kako do ciljnega vozlišča.

Seznam Q si lahko predstavljamo kot čakalno vrsto, iz katere po prioriteti, ki jo določa najmnajša razdalja do vozlišča izbiramo naslednje vozlišče za obravnavo.

Naloga Izmislite si poljuben utežen graf in poiščite najkrajšo razdaljo med poljubnima vozliščema z Dijkstrovim algoritmom.

Algorithm 5: Dijkstrov algoritem.

```
1  G = (V, E)
2  Q ← V
3  foreach v ∈ V do
4  |   g[v] ← ∞
5  |   pred[v] ← NaN
6  end
7  g[source] ← 0
8  while Q ≠ ∅ do
9  |   u ← arg min g[v]
   |          v∈Q
10 |   Q ← Q \ {u}
11 |   if u = target then
12 |   |   return g[u], pred[]
13 |   end
14 |   foreach v ∈ neighbours(u) do
15 |   |   if g[v] > g[u] + w(u, v) then
16 |   |   |   g[v] ← g[u] + w(u, v)
17 |   |   |   pred[v] ← u
18 |   |   end
19 |   end
20 end
21 return g[], pred[]
```

37.2 A*

Pogosto uporabljen algoritem je A* (ang. A-star), ki za razliko od Dijkstrovega algoritma uporablja hevristiko, t.j. pravilo, ki ga dodatno vodi pri iskanju. V vsakem koraku je pregledano naslednje vozlišče, za katerega je minimalna vsota razdalje do vozlišča in hevristike.

$$f[v] = g[v] + h[v] \tag{37.1}$$

Hevristika h mora imeti lastnost da *podcenjuje* razdaljo do končnega vozlišča $h[x] \leq w(x, y) + h[y]$. Primer take hevristike je npr. zračna razdalja med vozliščema. Algoritem A* je ekvivalenten Dijkstrovem, kadar je $h = 0$ za vsa vozlišča. Psevdokoda je enaka, le da je namesto razdalje dist uporabljena vsota razdalje in hevristike f. Konkretno, v 9. vrstici psevdokode bi za A* uporabili $u \leftarrow \min_{v \in Q}(g[v] + h[v])$ namesto $u \leftarrow \min_{v \in Q} g[v]$ pri Dijkstri.

Naloga Ustvarite svet v obliki mreže (ang. grid world), npr. tako da na šahovnici definirate cene prehodov med kvadrati. Z uporabo A* in hevristike zračne razdalje določite najkrajšo pot med poljubnima kvadratoma.

37.3 Bellman-Ford

Bellman-Fordov algoritem je še en pomemben algoritem za iskanje najkrajše poti v uteženih grafih. Za razliko od Dijkstrovega algoritma lahko Bellman-Ford deluje tudi z negativnimi utežmi povezav, vendar je časovno manj učinkovit. Algoritem je poimenovan po svojih ustvarjalcih, Richardu Bellmanu in Lesterju Fordu Jr.

Glavni koraki algoritma so naslednji:

1. Inicializiraj razdalje do vseh vozlišč na neskončno, razen začetnega vozlišča, kjer je razdalja 0.
2. Ponovi $|V| - 1$ krat, kjer je $|V|$ število vozlišč:
   - Za vsako povezavo (u, v) v grafu:
     - Če je $g[v] > g[u] + w(u, v)$, posodobi $g[v] = g[u] + w(u, v)$
3. Preveri, ali obstajajo negativni cikli:
   - Za vsako povezavo (u, v):
     - Če je $g[v] > g[u] + w(u, v)$, potem graf vsebuje negativni cikel

Algoritem je predstavljen tudi s psevdokodo:

Algorithm 6: Bellman-Fordov algoritem.

```
1  G = (V, E)
2  foreach v ∈ V do
3  |   g[v] ← ∞
4  |   pred[v] ← NaN
5  end
6  g[source] ← 0
7  for i ← 1 to |V| − 1 do
8  |   foreach (u, v) ∈ E do
9  |   |   if g[v] > g[u] + w(u, v) then
10 |   |   |   g[v] ← g[u] + w(u, v)
11 |   |   |   pred[v] ← u
12 |   |   end
13 |   end
14 end
15 foreach (u, v) ∈ E do
16 |   if g[v] > g[u] + w(u, v) then
17 |   |   return "Graf vsebuje negativni cikel"
18 |   end
19 end
20 return g[], pred[]
```

Bellman-Fordov algoritem ima časovno zahtevnost $O(|V| * |E|)$, kjer je $|V|$ število vozlišč in $|E|$ število povezav v grafu. To ga naredi počasnejšega od Dijkstrovega algoritma, vendar je sposoben delovati z negativnimi utežmi in lahko zazna negativne cikle v grafu.

37.4 Floyd-Warshall

Floyd-Warshall je algoritem za iskanje najkrajših poti med vsemi pari vozlišč v uteženih grafih. Za razliko od Dijkstre in Bellman-Forda, ki iščeta najkrajše poti iz enega izvornega vozlišča, Floyd-Warshall najde najkrajše poti med vsemi pari vozlišč hkrati. Algoritem deluje tudi z negativnimi utežmi, dokler v grafu ni negativnih ciklov.

Glavni princip algoritma temelji na postopnem izboljševanju poti med vozlišči z upoštevanjem vmesnih vozlišč. Algoritem deluje v treh gnezdenih zankah:

1. Za vsako vozlišče k kot vmesno vozlišče:
   - Za vsak izvor i:
     - Za vsako ponor j:
       - Če je pot od i do j preko k krajša, posodobi najkrajšo pot.

Algoritem je predstavljen s psevdokodo:

Algorithm 7: Floyd-Warshallov algoritem.

```
1  G = (V, E)
2  n ← |V|
3  foreach v ∈ V do
4  |   foreach u ∈ V do
5  |   |   if (v, u) ∈ E then
6  |   |   |   dist[v][u] ← w(v, u)
7  |   |   end
8  |   |   else
9  |   |   |   dist[v][u] ← ∞
10 |   |   end
11 |   end
12 |   dist[v][v] ← 0
13 end
14 for k ← 1 to n do
15 |   for i ← 1 to n do
16 |   |   for j ← 1 to n do
17 |   |   |   if dist[i][j] > dist[i][k] + dist[k][j]
             then
18 |   |   |   |   dist[i][j] ← dist[i][k] + dist[k][j]
19 |   |   |   |   next[i][j] ← next[i][k]
20 |   |   |   end
21 |   |   end
22 |   end
23 end
24 return dist[][], next[][]
```

Floyd-Warshallov algoritem ima časovno zahtevnost $O(n^3)$, kjer je n število vozlišč v grafu. Prostorska zahtevnost je $O(n^2)$ za shranjevanje matrike razdalj.

Zakaj je A* algoritem tako dober? Ker ga vodijo zvezde ***!

Povezave
- Naprej na D* Lite, stran 81.

Poglavje 38.

D* Lite

Uvod D* Lite je kot GPS za robote, le da namesto "V 100 metrih zavijte desno" pravi "Ups, ovira! Čas za plan B... in C... in D..."

Povezave
- Nazaj na algoritme iskanja poti, stran 79.

38.1   D* Lite

D* je za razliko od Dijkstrovega in A* t.i. inkrementalni algoritem, kar pomeni, da posodablja cene prehodov med vozlišči na podlagi novopridobljenih informacij. Primeren je za uporabo na neznanem terenu, pri katerem je treba ob zaznavi nove ovire pogosto ponovno splanirati pot. Izvedba D* Lite izboljšuje osnovno D* idejo in uvaja računsko učinkovit algoritem. D* Lite temelji na tem, da se lahko cene povezav pri prehodu čez graf spremenijo. Pri prehodu čez graf se stalno spreminja začetno vozlišče. Ker se bi pri tem spreminjala razdalja vozlišč do začetnega je smiselneje reformulirati način iskanja in začeti pri ciljnem vozlišču, ter nato potovati nazaj proti začetnem. V osnovi so koraki algoritma naslednji.

1. Vsa vozlišča inicializiramo kot *nerazširjena*.
2. Iskanje najboljši najprej, dokler je začetno vozlišče *konsistentno* in *razširjeno*.
3. Premakni se na naslednje najboljše vozlišče.
4. Če se spremeni cena povezav:
   (a) Preglej, kako se spremeni hevristika.
   (b) *Posodobi* vsa vozlišča na spremenjeni povezavi.
5. Vrni se na korak 2.

Podrobnejšo razlago bomo začeli z razlago tretjega koraka: kaj pomeni premik na naslednje najboljše vozlišče. Pri tem začetno vozlišče premaknemo na naslednje, ki ima najmanjšo vsoto razdalje in cene prehoda.

$$v_{start} \leftarrow \underset{v' \in \text{neighbour}[v_{start}]}{\arg\min} g[v'] + w(v_{start}, v') \tag{38.1}$$

Za učinkovito obravnavo vozlišč pri zaznavi spremenjene cene prehoda, je uvedena še ena vrednost, ki jo spremljamo za vsako vozlišče.

$$rhs[v] = \min_{v' \in \text{neighbour}[v]} g[v'] + w(v, v') \tag{38.2}$$

rhs lahko interpretiramo kot popravljeno vrednost razdalje g. Kadar za neko vozlišče $rhs[v] \neq g[v]$, pravimo, da vozlišče ni *konsistentno*. Ko pride do nekonsistence, moramo ločiti dva primera: $g[v] > rhs[v]$ in $g[v] < rhs[v]$. *Posodobitev* vozlišča pomeni, da ponovno preračunamo rhs in vozlišče dodamo na vrsto Q za ponovno obravnavo, če ni konsistentno. Vrednosti na Q so naslednje.

$$\langle \min(g[v], rhs[v]) + h(v, v_{start}), \min(g[v], rhs[v]) \rangle \tag{38.3}$$

Vozlišče *razširimo* tako, da ga vzamemo iz Q in spremenimo g. Iz Q jemljeno po zgornji prioriteti. V primeru, da je $g[v] > rhs[v]$, nastavimo $g[v] = rhs[v]$ in posodobimo vse sosede v. Zahtevnejša je obravnava v nasprotnem primeru, ko je $g[v] < rhs[v]$. Takrat nastavimo $g[v] = \infty$ in posodobimo tako vse sosede v, kot tudi v. S tem v ostane v Q.

Zgornji pristop pa zaenkrat še ne obravnava dogajanja na vrsti Q pri premiku začetnega vozlišča. To lahko rešimo s tem, da vrednostim na Q dodamo ceno vseh dosedanjih prehodov. V ta namen definirajmo vrednost k_m (ang. key modifier), ki jo ob vsakem prehodu začetnega vozlišča povečamo za ceno prehoda.

$$k_m = k_m + h(v_{last}, v_{start}) \tag{38.4}$$

Pri tem je v_{last} prejšnje začetno vozlišče, pred premikom. Vrednosti na Q nato dobijo naslednjo obliko.

$$\begin{aligned} < \min(g[v], rhs[v]) + h(v, v_{start}) + \\ + k_m, \min(g[v], rhs[v]) > \end{aligned} \tag{38.5}$$

Sedaj lahko natančneje zapišemo korake D* Lite algoritma.

1. Vozlišča inicializiramo z $g[v] = \infty$, $rhs[v \neq v_{target}] = \infty$, $rhs[v_{target}] = 0$, $k_m = 0$ in $v_{last} = v_{start}$. Ciljno vozlišče damo v vrsto Q. k_m nastavimo na 0.
2. Iskanje najboljši najprej, dokler je začetno vozlišče konsistentno in razširjeno.
   (a) Kriterij za izbiro vozlišča v Q je $< \min(g[v], rhs[v]) + h(v, v_{start}) + k_m, \min(g[v], rhs[v]) >$.
   (b) Ko vozlišče vzamemo iz Q posodobimo g vozlišča in rhs sosedov. Nekonsistentne sosede damo na Q.
      i. V primeru, da je $g[v] > rhs[v]$, nastavimo $g[v] = rhs[v]$ in posodobimo vse sosede v.
      ii. V primeru, ko je $g[v] < rhs[v]$, nastavimo $g[v] = \infty$ in posodobimo tako

vse sosede v, kot tudi v. S tem v ostane v Q.

   iii. rhs posodobimo z $rhs[v] = \min\limits_{v' \in \text{neighbour}[v]} g[v'] + w(v, v')$

3. Premakni se tako, da je $v_{start} = \arg\min\limits_{v' \in \text{neighbour}[v_{start}]} w(v_{start}, v') + g[v']$. Povečaj $k_m = k_m + h(v_{last}, v_{start})$.

4. Če se spremeni cena povezav:

   (a) Posodobi hevristiko.

   (b) Posodobi rhs in vrednosti v Q za sosednja vozlišča spremenjenih povezav.

5. Vrni se na korak 2.

38.2 Primer

Oglejmo si primer delovanja D* Lite algoritma na preprostem grafu. Imamo graf s petimi vozlišči A, B, C, D in E. Robot se nahaja v vozlišču A in želi priti do cilja v vozlišču E.

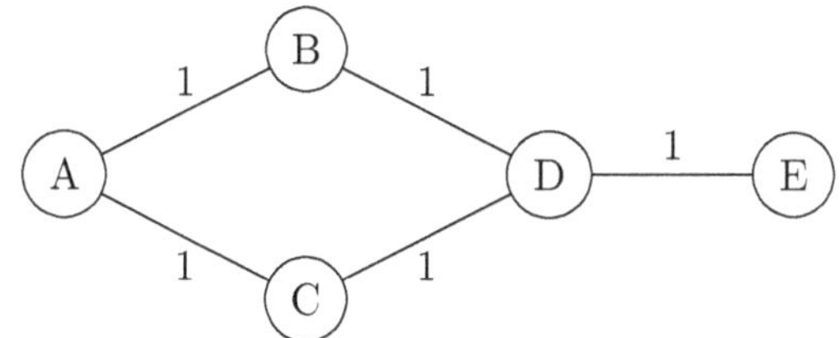

Slika 38.1 – Začetni graf

Koraki algoritma:

1. Inicializacija:

   - g(E) = 0, rhs(E) = 0
   - g(A) = g(B) = g(C) = g(D) = ∞
   - rhs(A) = rhs(B) = rhs(C) = rhs(D) = ∞
   - k_m = 0

2. Izračun poti:

   - Algoritem začne v E in se širi nazaj proti A.
   - Posodobi vrednosti g in rhs za D, B in C.
   - Končna pot: A $\rightarrow$ B $\rightarrow$ D $\rightarrow$ E

3. Robot se premakne iz A v B.

4. Med premikom robot odkrije, da je pot med B in D blokirana (cena povezave se poveča na ∞).

5. Ponovno načrtovanje:

   - Algoritem posodobi vrednosti g in rhs za B in njegove sosede.
   - Nova optimalna pot: B $\rightarrow$ A $\rightarrow$ C $\rightarrow$ D $\rightarrow$ E

6. Robot nadaljuje po novi poti.

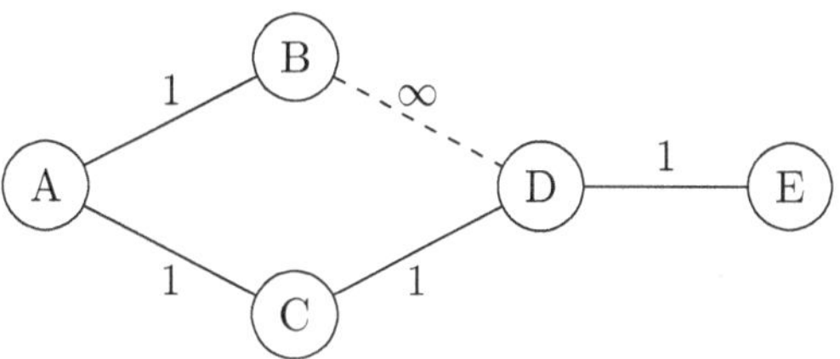

Slika 38.2 – Graf po odkritju ovire

Naloga Za primer grafa s petimi vozlišči $\{v_1, v_2, v_3, v_4, v_5\}$, povezavami $\{\{v_1, v_2\}, \{v_2, v_3\}, \{v_2, v_4\}, \{v_3, v_4\}, \{v_3, v_5\}, \{v_4, v_5\}\}$ in cenami povezav enakimi 1 razen za povezavo $w(v_4, v_5) = 10$, uporabi D* Lite za izračun optimalne poti. Pri premiku robota iz v_1 na v_2 robot opazi, da je vozlišče v_3 nedosegljivo in postavi ceno vseh povezav do njega na ∞. Kako bo po D* Lite potekalo ponovno planiranje poti? Za hevristiko uporabite število skokov med dvema vozliščema.

38.3 Globalno in lokalno planiranje

Naj na tem mestu samo omenimo, da je v robotiki planiranje poti pogosto ločeno na globalno, s katerim je ustvarjena pot ali trajektorija med točkama A in B, ter lokalno, pri katerem je cilj robota voditi proti trajektoriji v omejenem časovnem oknu in se hkrati izogibati zaznanim oviram. Pri tem sta pogosto uporabljena algoritma dinamičnih oken (ang. Dinamic Window Approach, DWA), ki uporablja načrtovanje trajektorij v prostoru hitrosti, in analize trajektorij (ang. Trajectory Rollout), ki načrtuje neposredno v prostoru hitrosti.

Naloga Poiščite in preglejte članka *The Dynamic Window Approach to Collision Avoidance* avtorjev Fox, Burgard in Thrun [11], ter *Planning and Control in Unstructured Terrain* avtorjev Gerkey in Konolige [12].

Zakaj je D* tako priljubljen? Ker nikoli ne zai-D*!

Povezave

- Naprej na Markovsko lokalizacijo, stran 83.

[11] Fox, D., Burgard, W. & Thrun, S. The dynamic window approach to collision avoidance. *IEEE Robotics & Automation Magazine* **4**, 23–33 (1997).

[12] Gerkey, B. P. & Konolige, K. Planning and control in unstructured terrain. In *ICRA 2008 Workshop on Path Planning on Costmaps* (2008).

Poglavje 39.

Markovska lokalizacija

Uvod Markovska lokalizacija je kot GPS za robote, samo da namesto satelitov uporablja verjetnost.

Povezave
- Nazaj na D* Lite, stran 79.

39.1 Bayesov izrek

Koncept Markovske lokalizacije temelji na Bayesovem izreku. Če v nekem stanju s opravimo meritev z, v katero zaupamo s $p(z|x)$, lahko izboljšamo našo oceno stanja $p(x|z)$, čemur pravimo prepričanje (ang. *belief - bel*) [13].

$$p(x|z) = bel(x) = \frac{p(z|x)p(x)}{p(z)} \qquad (39.1)$$

Oz. v krajši obliki.

$$p(x|z) = \mu p(z|x)p(x) \qquad (39.2)$$

Pri tem je $\mu = \frac{1}{p(z)} = \frac{1}{\int p(z|x)p(x)dx}$ normirni koeficient.

Primer Do cilja obstajata dve možni poti. Robot s 75% verjetnostjo izbere prvo, s 25% pa drugo. Na prvi poti je 5% verjetnost, da opazi oviro, na drugi pa 10%. Robot naleti na oviro. Kakšna je verjetnost, da se je to zgodilo na prvi poti?
Če označimo prvo pot z A_1 in dogodek zaznave ovire z B, lahko zapišemo naslednje.

$$
\begin{aligned}
p(A_1|B) &= \frac{p(B|A_1)p(A_1)}{p(B)} = \\
&= \frac{0.05 \cdot 0.75}{0.05 \cdot 0.75 + 0.10 \cdot 0.25} = 0.6
\end{aligned}
\qquad (39.3)
$$

Primer Robot ima kamero za zaznavanje stanja vrat $X \in (odprta, zaprta)$. Verjetnost, da so vrata odprta je 0.70. Meritev senzorja $Z \in (odprta, zaprta)$ je negotova in jo popišemo z naslednjimi pogojnimi verjetnostmi.

$$
\begin{aligned}
p(Z = odprta|X = odprta) &= 0.80 \\
p(Z = zaprta|X = zaprta) &= 0.90
\end{aligned}
\qquad (39.4)
$$

Kakšna je verjetnost, da so vrata odprta, če senzor zazna, da so odprta? Če uporabimo naslednje oznake.

$$
\begin{aligned}
p(x) &= p(X = odprta) = 0.70 \\
p(\bar{x}) &= p(X = zaprta) = 0.30 \\
p(z|x) &= p(Z = odprta|X = odprta) = 0.80 \\
p(\bar{z}|\bar{x}) &= p(Z = zaprta|X = zaprta) = 0.90
\end{aligned}
\qquad (39.5)
$$

Zanima nas naslednje.

$$p(x|z) = \frac{p(z|x)p(x)}{p(z)} \qquad (39.6)$$

Verjetnost, da senzor zazna odprta vrata je naslednja polna verjetnost.

$$
\begin{aligned}
p(z) &= p(z|x)p(x) + p(z|\bar{x})p(\bar{x}) = \\
&= 0.8 \cdot 0.7 + 0.1 \cdot 0.3 = 0.59
\end{aligned}
\qquad (39.7)
$$

Iskana pogojna verjetnost je naslednja.

$$p(x|z) = \frac{0.8 \cdot 0.7}{0.59} = 0.949 \qquad (39.8)$$

Naloga Glede na zgornji rezultat, kakšna je verjetnost, da zaznamo odprta vrata, pa se potem v njih zaletimo, ko poskusimo skozi?

39.2 Splošni Bayesov filter

Bayesov filter je rekurzivni algoritem za ocenjevanje stanja sistema na podlagi meritev in akcij. Temelji na Bayesovem izreku in Markovski predpostavki, da je trenutno stanje odvisno samo od prejšnjega stanja in trenutne akcije.

Splošni Bayesov filter lahko zapišemo v naslednji obliki:

Algorithm 8: Bayesov filter.

---
1 Input: $bel(x_{k-1}), u_{k-1}, z_k$
2 **foreach** x_k **do**
3    $\overline{bel}(x_k) = \int p(x_k|x_{k-1}, u_{k-1})bel(x_{k-1})dx_{k-1}$
4    $bel(x_k) = \mu p(z_k|x_k)\overline{bel}(x_k)$
5 **end**
6 **return** $bel(x_k)$

Pri tem je:

- $bel(x_{k-1})$ prejšnje prepričanje o stanju sistema
- u_{k-1} akcija, izvedena v prejšnjem koraku
- z_k trenutna meritev
- $\overline{bel}(x_k)$ napoved stanja (a priori ocena)

- $bel(x_k)$ posodobljeno prepričanje o stanju (a posteriori ocena)
- μ normirna konstanta

Bayesov filter sestavljata dva koraka. V napovednem koraku ocenimo novo stanje na podlagi prejšnjega stanja in izvedene akcije:

$$\overline{bel}(x_k) = \int p(x_k|x_{k-1}, u_{k-1})bel(x_{k-1})dx_{k-1} \tag{39.9}$$

Pri tem je $p(x_k|x_{k-1}, u_{k-1})$ model gibanja, ki opisuje verjetnost prehoda v novo stanje glede na prejšnje stanje in izvedeno akcijo.

V popravnem korakunato posodobimo napoved stanja z novo meritvijo:

$$bel(x_k) = \mu p(z_k|x_k)\overline{bel}(x_k) \tag{39.10}$$

Pri tem je $p(z_k|x_k)$ model meritve, ki opisuje verjetnost meritve glede na trenutno stanje. Normirna konstanta μ zagotavlja, da je vsota vseh verjetnosti enaka 1:

$$\mu = \frac{1}{\int p(z_k|x_k)\overline{bel}(x_k)dx_k} \tag{39.11}$$

Ta splošni filter lahko uporabimo tako za opazovanje kot za kombinacijo opazovanja in akcije. V primeru, da nimamo informacij o akcijah, lahko model gibanja poenostavimo v $p(x_k|x_{k-1})$.

Naloga Podan je model senzorja ($z_k = odprta\_vrata, \bar{z}_k = zaprta\_vrata$).

$$\begin{aligned} p(z_k|x_k) &= 0.8 \\ p(\bar{z}_k|x_k) &= 0.2 \\ p(z_k|\bar{x}_k) &= 0.1 \\ p(\bar{z}_k|\bar{x}_k) &= 0.9 \end{aligned} \tag{39.12}$$

Podan je model akcije ($u_k = odpri\_vrata, \bar{u}_k = pusti\_vrata$).

$$\begin{aligned} p(x_k|\bar{x}_{k-1}, u_{k-1}) &= 0.8 \\ p(\bar{x}_k|\bar{x}_{k-1}, u_{k-1}) &= 0.2 \\ p(x_k|x_{k-1}, u_{k-1}) &= 1.0 \\ p(\bar{x}_k|x_{k-1}, u_{k-1}) &= 0.0 \\ p(x_k|\bar{x}_{k-1}, \bar{u}_{k-1}) &= 0.0 \\ p(\bar{x}_k|\bar{x}_{k-1}, \bar{u}_{k-1}) &= 1.0 \\ p(x_k|x_{k-1}, \bar{u}_{k-1}) &= 1.0 \\ p(\bar{x}_k|x_{k-1}, \bar{u}_{k-1}) &= 0.0 \end{aligned} \tag{39.13}$$

Začetno prepričanje je naslednje, saj ne vemo, ali so vrata odprta ali zaprta.

$$bel(x_0) = 0.5 \tag{39.14}$$

Določite zaupanje ($bel(x_k)$) za naslednjo sekvenco opravljenih akcij in zaznanih meritev.

$$\begin{array}{c|c|c} k & U_{k-1} & Z_k \\ \hline 1 & \bar{u}_0 & \bar{z}_1 \\ 2 & u_1 & z_2 \\ 3 & u_2 & z_3 \end{array} \tag{39.15}$$

Za $k = 1$ velja naslednje.

$$\begin{aligned} \overline{bel}(x_1) &= p(x_1|x_0, \bar{u}_0)bel(x_0)+ \\ &+ p(x_1|\bar{x}_0, \bar{u}_0)bel(\bar{x}_0) = \\ &= 1 \cdot 0.5 + 0 \cdot 0.5 = 0.5 \\ \mu &= \frac{1}{p(\bar{z}_1|x_1)\overline{bel}(x_1) + p(\bar{z}_1|\bar{x}_1)\overline{bel}(\bar{x}_1)} = \\ &= \frac{1}{0.2 \cdot 0.5 + 0.9 \cdot 0.5} = 1.82 \\ bel(x_1) &= \mu p(\bar{z}_1|x_1)\overline{bel}(x_1) = \mu \cdot 0.2 \cdot 0.5 = 0.182 \end{aligned} \tag{39.16}$$

Vrednosti po korakih so potem naslednje.

$$\begin{aligned} bel(x_1) &= 0.182 \\ bel(x_2) &= 0.9761 \\ bel(x_3) &= 0.9994 \end{aligned} \tag{39.17}$$

39.3 Markovska lokalizacija

Markovska lokalizacija je uporaba Bayesovega filtra za lokalizacijo robota v znanem okolju. Pri tem uporabimo karto prostora m kot dodatni vhodni podatek. Model meritve tako postane $p(z_k|x_k, m)$, model gibanja pa $p(x_k|x_{k-1}, u_{k-1}, m)$.

Markovska lokalizacija je primerna za statična, nespremenljiva okolja. Ena od njenih implementacij je lokalizacija na mreži (ang. *grid localisation*), pri kateri spremenljivke stanja zavzemajo le diskretne vrednosti in tvorijo celice. Pri tem pristopu se napoved in model meritve izvajata, kot da se robot nahaja v središču vsake celice.

Markovova lokalizacija: ker tudi roboti včasih potrebujejo GPS - Genialno Probabilistično Sledenje!

Povezave
- Naprej na EKF lokalizacijo, stran 85.

[13] Thrun, S., Burgard, W. & Fox, D. *Probabilistic robotics* (MIT press, Cambridge, MA, 2005).

Poglavje 40.

EKF lokalizacija

Uvod Predstavljajte si zmedenega robot, ki tava naokoli in sprašuje: "Ali sem v kuhinji ali v dnevni sobi? In zakaj, za vse svete matrike, je ta Eifflov stolp v moji kopalnici?" Ne skrbite, dragi bralci, EKF lokalizacija je tukaj, da reši dan!

Povezave
- Nazaj na Markovsko lokalizacijo, stran 83.

40.1 Lokalizacija z EKF

Pri lokalizaciji z razširjenim Kalmanovim filtrom (EKF) je karta predstavljena z značilkami. V vsakem trenutku lahko robot zaznava vektor razdalj in zasukov glede na te značilke: $z_k = \{z_k^1, z_k^2, \dots\}$. Najprej bomo obravnavo začeli z algoritmom, ki predpostavlja, da so vse značilke unikatne (npr. Eifflov stolp v Parizu je nezamenljiv za katerokoli drugo stavbo). Ponovimo najprej algoritem razširjenega Kalmanovega filtra (EKF) in ga nato razširimo tako, da bo primeren za lokalizacijo.

Algorithm 9: Razširjeni Kalmanov filter.

---
1 Input: $\hat{\mathbf{q}}_{k-1}, \mathbf{P}_{k-1}, \mathbf{u}_k, \mathbf{z}_k$
2 $\hat{\mathbf{q}}_k = \mathbf{f}(\hat{\mathbf{q}}_{k-1}, \mathbf{u}_k)$
3 $\mathbf{P}_k = \mathbf{F}_k \mathbf{P}_{k-1} \mathbf{F}_k^T + \mathbf{Q}_k$
4 $\mathbf{K}' = \mathbf{P}_k \mathbf{H}_k^T (\mathbf{H}_k \mathbf{P}_k \mathbf{H}_k^T + \mathbf{R}_k)^{-1}$
5 $\hat{\mathbf{q}}_k' = \hat{\mathbf{q}}_k + \mathbf{K}'(\mathbf{z}_k - \mathbf{h}(\hat{\mathbf{q}}_k))$
6 $\mathbf{P}_k' = \mathbf{P}_k - \mathbf{K}' \mathbf{H}_k \mathbf{P}_k$
7 return $\hat{\mathbf{q}}_k', \mathbf{P}_k'$

EKF lahko izkoristimo za lokalizacijo tako, da vsako meritev značilke obravnavamo na naslednji način.

$$z_k^i = \begin{bmatrix} r_k^i \\ \phi_k^i \\ s_k^i \end{bmatrix} = \begin{bmatrix} \sqrt{(m_{j,x} - x)^2 + (m_{j,y} - y)^2} \\ \mathrm{atan2}(m_{j,y} - y, m_{j,x} - x) - \theta \\ m_{j,s} \end{bmatrix} + \begin{bmatrix} \mathcal{N}(0, \sigma_r) \\ \mathcal{N}(0, \sigma_\phi) \\ \mathcal{N}(0, \sigma_s) \end{bmatrix} \tag{40.1}$$

Pri tem so $(m_{j,x} m_{j,y})^T$ koordinate značike, opažene v koraku k in $m_{j,s}$ njen *pravi podpis*. r_k^i in ϕ_k^i sta razdalja in smer proti značilki, s_k^i pa je podpis, ki ga zazna robot. Z besedo *podpis* označujemo unikatni identifikator značilke. Ob predpostavki, da vsako značilko pravilno zaznamo, lahko zaenkrat ta del

ignoriramo. Vse meritve so zašumljene z normalno porazdelitvijo. Z drugimi besedami, model meritve za značilke je srednja matrika, ki na osnovi ocenjenega stanja $\hat{\mathbf{q}}_k$, identitite značilke j in karte m določi razdalje, zasuke in pravilnost identifikacije. Z odvajanjem srednje matrike oz. pripadajočih enačb po koordinatah stanja, dobimo merilno matriko za značilke.

$$\mathbf{H}_t^i = \begin{bmatrix} \frac{\partial r_k^i}{\partial \hat{x}} & \frac{\partial r_k^i}{\partial \hat{y}} & \frac{\partial r_k^i}{\partial \hat{\theta}} \\ \frac{\partial \phi_k^i}{\partial \hat{x}} & \frac{\partial \phi_k^i}{\partial \hat{y}} & \frac{\partial \phi_k^i}{\partial \hat{\theta}} \\ \frac{\partial s_k^i}{\partial \hat{x}} & \frac{\partial s_k^i}{\partial \hat{y}} & \frac{\partial s_k^i}{\partial \hat{\theta}} \end{bmatrix} \tag{40.2}$$

Pri tem so $\hat{x}$, $\hat{y}$ in $\hat{\theta}$ ocenjeni parametri stanja $\hat{\mathbf{q}}$. Rezultirajoča matrika je naslednja.

$$\mathbf{H}_t^i = \begin{bmatrix} \frac{m_{j,x} - \hat{x}}{\sqrt{d_k}} & \frac{m_{j,y} - \hat{y}}{\sqrt{d_k}} & 0 \\ \frac{\hat{y} - m_{j,y}}{d_k} & \frac{m_{j,x} - \hat{x}}{d_k} & -1 \\ 0 & 0 & 0 \end{bmatrix} \tag{40.3}$$

Pri tem je $d_k = (m_{j,x} - \hat{x})^2 + (m_{j,y} - \hat{y})^2$.

Nadaljevanje tega osnovnega pristopa k EKF lokalizaciji je upoštevanje tega, da nismo nujno čisto prepričani, da je zaznana značilka pravilno identificirana. V tem primeru poiščemo najverjetnejšo korespondenco med znanimi in zaznanimi značilkami.

40.2 Kartiranje z EKF

Z razširjenim Kalmanovim filtrom lahko pristopimo tudi h kartiranju. Pri tem bomo privzeli, da je lokacija robota znana in ocenjevali vektor stanja, ki ga sestavljajo značilke karte.

$$\hat{\mathbf{q}} = (x_1, y_1, x_2, y_2, \dots, x_M, y_M)^T \tag{40.4}$$

Ideja je, da je na začetku, ko ne poznamo nobene značilke karte, stanje prazno oz. $M = 0$, nato pa ga inkrementiramo vsakič, ko zaznamo novo. Napovedni korak je enostaven, saj se značilke ne premikajo.

$$\begin{aligned} \hat{\mathbf{q}}_k &= \hat{\mathbf{q}}_{k-1} \\ \hat{\mathbf{P}}_k &= \hat{\mathbf{P}}_{k-1} \end{aligned} \tag{40.5}$$

Nato uvedemo obratni model senzorja g, ki je obrat h in vrne koordinate značilke na karti v odvisnosti od znane lege robota in meritve senzorja.

$$\mathbf{g}(\mathbf{q}, \mathbf{z}) = \begin{bmatrix} x + r_z \cos(\theta + \theta_z) \\ y + r_z \sin(\theta + \theta_z) \end{bmatrix} \tag{40.6}$$

Vsakič, ko zaznamo značilko, vektor stanja razširimo s koordinatami značilke.

$$\mathbf{q}_k^* = \mathbf{y}(\mathbf{q}_k, \mathbf{z}_k) = \begin{bmatrix} \mathbf{q}_k \\ \mathbf{g}(\mathbf{q}_k, \mathbf{z}_k) \end{bmatrix} \qquad (40.7)$$

Prav tako pa moramo razširiti tudi kovariančno matriko, kar naredimo na naslednji način.

$$\hat{\mathbf{P}}_k^* = \mathbf{Y} \begin{bmatrix} \hat{\mathbf{P}}_k & 0 \\ 0 & \mathbf{R}_k \end{bmatrix} \mathbf{Y}^T$$

$$\mathbf{Y} = \frac{\partial \mathbf{y}}{\partial \mathbf{z}} = \begin{bmatrix} \mathbf{I}_{n \times n} & & 0_{n \times 2} \\ \mathbf{G}_q & 0_{2 \times n-3} & \mathbf{G}_z \end{bmatrix}$$

$$\mathbf{G}_q = \frac{\partial \mathbf{g}}{\partial \mathbf{q}} = \begin{bmatrix} 0 & 0 & 0 \\ 0 & 0 & 0 \end{bmatrix}$$

$$\mathbf{G}_z = \frac{\partial \mathbf{g}}{\partial \mathbf{z}} = \begin{bmatrix} \cos(\theta + \theta_z) & -r_z \sin(\theta + \theta_z) \\ \sin(\theta + \theta_z) & r_z \cos(\theta + \theta_z) \end{bmatrix}$$

$$(40.8)$$

Pri tem je n dimenzija $\hat{\mathbf{P}}$ pred razširitvijo. Razširiti pa moramo tudi model meritve.

$$\mathbf{H}^i = \frac{\partial \mathbf{h}}{\partial \mathbf{q}} = \begin{bmatrix} \frac{x_i - x}{r} & \frac{y_i - y}{r} \\ -\frac{x_i - x}{r^2} & \frac{y_i - y}{r^2} \end{bmatrix} \qquad (40.9)$$

40.3 Hkratno kartiranje in lokalizacija z EKF

Nadaljnja razširitev uporabe EKF je uporaba za hkratno lokalizacijo in kartiranje. Pri tem je vektor stanja sestavljen iz lege robota in položaja značilk.

$$\hat{\mathbf{q}} = (x, y, \theta, x_1, y_1, x_2, y_2, \dots, x_M, y_M) \qquad (40.10)$$

Ker stanje vsebuje tudi lego robota, $\mathbf{G}_q$ ni več ničelna matrika, temveč naslednja.

$$\mathbf{G}_q = \frac{\partial \mathbf{g}}{\partial \mathbf{q}} = \begin{bmatrix} 1 & 0 & -r_z \sin(\theta + \theta_z) \\ 0 & 1 & r_z \cos(\theta + \theta_z) \end{bmatrix} \qquad (40.11)$$

EKF lokalizacija je v praksi izjemno uporabna pri različnih aplikacijah, kjer je potrebna natančna določitev položaja robota. Na primer, v avtonomnih vozilih se EKF uporablja za spremljanje lokacije vozila glede na zemljevide in značilnosti okolja, kot so cestne oznake in prometni znaki. Prav tako v mobilni robotiki, kjer roboti delujejo v notranjih prostorih, EKF pomaga pri navigaciji skozi kompleksne prostore, ob upoštevanju dinamičnih sprememb v okolju. Poleg tega se EKF pogosto uporablja v dronih, kjer mora robot stabilno leteti in spremljati svojo pozicijo glede na terenske značilnosti ali GPS koordinate.

40.4 Monte Carlo lokalizacija

Naslednji algoritem za lokalizacijo temelji na t.i. filtru delcev, Monte Carlo pristopu, pri katerem je prepričanje ($bel(\mathbf{q}_k)$) predstavljeno z množico delcev $\mathcal{Q}_k = \{\mathbf{q}_k^{[1]}, \mathbf{q}_k^{[2]}, \dots, \mathbf{q}_k^{[N]}\}$. Osnovni algoritem je nato naslednji.

Algorithm 10: Filter delcev.

1 Vhod: $\hat{\mathbf{q}}_{k-1}, \mathbf{u}_{k-1}, \mathbf{z}_k$

2 Inicializacija: naključno postavi N delcev $\mathbf{q}_{k-1}^{[i]}$ po prostoru stanj $\mathbf{Q}$.

3 Napoved: za vsak delec izvedi premik z modelom premika in znanim vhodom, kateremu dodaj naključno vrednost šuma. Dobimo $\hat{\mathbf{q}}_k^{[i]}$.

4 Popravek: za vsak delec $\hat{\mathbf{q}}_k^{[i]}$ oceni vrednost meritve $\hat{\mathbf{z}}_k^{[i]}$, ki bi jo robot izmeril, če bi stanje ustrezalo stanju delca. Oceni *pomembnost delcev* glede na dejansko izmerjene meritve.

5 Določi nov nabor delcev glede na pomembnost.

6 **return** povprecje$\hat{\mathbf{q}}_k^{[i]}$

Pomembnost pogosto ocenimo glede na razliko dejanske vrednosti in ocenjene delca $\mathbf{z}_k - \hat{\mathbf{z}}_k^{[i]}$ s pomočjo Gaussove porazdelitve na naslednji način.

$$E_k^{[i]} = \det(2\pi\mathbf{R})^{-\frac{1}{2}} e^{-\frac{1}{2}(\mathbf{z}_k - \hat{\mathbf{z}}_k^{[i]})^T \mathbf{R}^{-1}(\mathbf{z}_k - \hat{\mathbf{z}}_k^{[i]})}$$

$$(40.12)$$

Pri tem je $\mathbf{R}$ kovariančna matrika meritve, uteži delcev pa na koncu tudi normaliziramo.

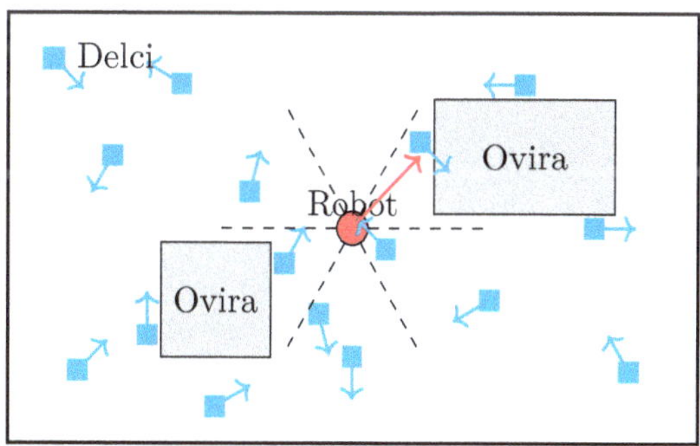

Slika 40.1 – Ilustracija filtra delcev.

Naš robot se je tako izgubil, da je EKF postal njegov BFF (Best Filter Forever).

Povezave
• Naprej na kartiranje, stran 87.

Poglavje 41.

Kartiranje

Uvod Predstavljajte si robota, ki se sprehaja po svetu s svinčnikom v roki, obupano poskušajoč narisati zemljevid svojega okolja. "Je ta kot zaseden? Morda? Verjetno? Ojoj, spet sem se zaletel v steno!" V tem poglavju bomo raziskali, kako roboti ustvarjajo te "umetnine", imenovane mreže zasedenosti.

Povezave
- Nazaj na EKF lokalizacijo, stran 85.

41.1 Kartiranje mreže zasedenosti

V splošnem želimo pri kartiranju ustvariti karto m na podlagi meritev z in opravljene poti x v času.

$$p(m|z_{1:k}, x_{1:k}) \tag{41.1}$$

Krmilni signali u bodo pri obravnavi izpuščeni, saj lahko razumemo, da so že vključeni v znano pot $x_{1:k}$. Da bi problem zapisa karte poenostavili, pogosto uporabimo razcep na celice enake velikosti, s čimer dobimo mrežo. Karta je nato sestavljena iz celic, katerih vrednost je npr. 1 - zasedena, ali 0 - prosta.

$$m = \sum_i m_i \tag{41.2}$$

Problem kartiranja je dimenzionalnost: število celic gre hitro lahko v deset-tisoče, s čimer je možnih kart 2^{10000}. Računati verjetnost zasedenosti za tako karto je računsko prezahtevno. Z razcepom na celice je celoten problem razbit na množico pod-problemov.

$$p(m_i|z_{1:k}, x_{1:k}) \tag{41.3}$$

Zaradi razcepa problema je sedaj le-ta preveden na ocenjevanje verjetnosti zasedenosti posamezne celice. Za to lahko uporabimo binarny Bayesov filter, za katerega velja naslednje, saj je celica lahko le zasedena ali prosta.

$$el_k(x) = p(x|z_{1:k}) \tag{41.4}$$

Pri tem je ocena stanja celice $bel_k(\bar{x}) = 1 - bel_k(x)$ neodvisna od časa, saj privzemamo statičen prostor - x se ne spreminja, spreminja se le naše prepričanje.

Take probleme pogosto rešujemo z *logaritemskim razmernikom*, ki je logaritem razmerja verjetnosti zasedene in prazne celice.

$$\frac{p(x)}{p(\bar{x})} = \frac{p(x)}{1 - p(x)}$$
$$l(x) := \ln \frac{p(x)}{1 - p(x)} \tag{41.5}$$

Binarni Bayesov filter z logaritemskim razmernikom je nato naslednji.

Algorithm 11: Bayesov filter za logaritemski razmernik.

---

1 Input: l_{k-1}, z_k

2 $l_k = l_{k-1} + \ln \frac{p(x|z_k)}{1-p(x|z_k)} - \ln \frac{p(x)}{1-p(x)}$

3 **return** l_k

Prednost logaritemskega razmernika je, da je njegova zaloga vrednosti med $-\infty$ in ∞, zaradi česar ni težav z *rezanjem* vrednosti okoli 0 in 1. Ta filter uporablja obratni model senzorja $p(x|z_k)$, kar je pogosto smiselno, kadar je prostor meritev mnogo bogatejši od prostora stanj. Če npr. uporabljamo kamero za prepoznavanje stanja odprtosti vrat, je veliko enostavneje analizirati sliko in ugotoviti stanje, kot pa npr. za stanje odprtosti ustvariti vse možne slike oz. njihovo porazdelitev. Iz definicije logaritemskega razmernika lahko enostavno nazaj izračunamo prepričanje.

$$bel_k(x) = 1 - \frac{1}{1 + \exp(l_k)} \tag{41.6}$$

Začetni razmernik lahko ocenimo na naslednji način.

$$l_0(x) = \ln \frac{p(x)}{1 - p(x)} \tag{41.7}$$

Naloga Pokažite, da lahko iz Bayesovega filtra za opazovanje izpeljemo Bayesov filter za logaritemski razmernik.
Namigi: začnemo z $p(x|z_{1:k}) = \frac{p(z_k|x)p(x|z_{1:k-1})}{p(z_k|z_{1:k-1})}$. Apliciramo Bayesov obrazec na pogojno verjetost $p(z_k|x)$, izrazimo $(p(\bar{x}|z_{1:k}))$ in razmernik, ter ga logaritmiramo.

Če se vrnemo na problem kartiranja zasedenosti celic, se logaritemski razmernik pretvori v naslednji izraz za i-to celico.

$$l_{t,i} = \ln \frac{p(\mathbf{m}_i|z_{1:k}, x_{1:k})}{1 - p(\mathbf{m}_i|z_{1:k}, x_{1:k})} \tag{41.8}$$

Iz razmernika pa lahko izrazimo verjetnost zasedenosti na naslednji način.

$$p(\mathbf{m}_i | z_{1:k}, x_{1:k}) = 1 - \frac{1}{1 + \exp(l_{t,i})} \qquad (41.9)$$

Poglejmo si algoritem za kartiranje mreže zasedenosti, t.j., algoritem, s katerim lahko zgradimo karto, sestavljeno iz celic enake velikosti.

Algorithm 12: Kartiranje mreže zasedenosti.

1 Input: $\{l_{k-1,i}\}, x_k, z_k$
2 **foreach** $\mathbf{m}_i$ **do**
3   **if** $\mathbf{m}_i$ zaznan_z z_k **then**
4        $l_{k,i} = l_{k-1,i} +$
       posodobitev_senzorja$(\mathbf{m}_i, x_k, z_k) - l_0$
5   **else**
6        $l_{k,i} = l_{k-1,i}$
7   **end**
8 **end**
9 **return** $l_{k,i}$

Pri tem je l_0 konstanta, ki govori o začetnem prepričanju o zasedenosti celice.

$$l_{0,i} = \ln \frac{p(\mathbf{m}_i = 1)}{p(\mathbf{m}_i = 0)} = \ln \frac{p(\mathbf{m}_i)}{1 - p(\mathbf{m}_i)} \qquad (41.10)$$

Algoritem vsakič z modelom senzorja posodobi vse celice v vidnem polju. Rezultat mora biti v obliki logaritemskega razmernika. To najlažje ilustriramo s primerom.

Primer Na robotu je linijski daljinomer, ki meri naravnost naprej. Na razdalji r izmerimo oviro. Najprej moramo ugotoviti lokacijo te celice, kar naredimo s pomočjo homogene transformacije koordinat iz robotovega koordinatnega sistema $(r, 0, 1)^T$ v globalni koordinatni sistem, saj poznamo lego robotovega koordinatnega sistema $(x, y, \theta)^T$. Nezasedene celice, med robotom in oviro, najdemo npr. s pomočjo Bresenhamovega algoritma.
Nato za zasedene z in nezasedene $\bar{z}$ celice zapišemo logaritemski razmernik, npr. z naslednjimi negotovostmi senzorjev.

$$\ln \frac{p(z|m_i)}{p(z|\bar{m}_i)} = \ln \frac{0.8}{0.1} = 2.079$$
$$\ln \frac{p(\bar{z}|m_i)}{p(\bar{z}|\bar{m}_i)} = \ln \frac{0.2}{0.9} = -1.504 \qquad (41.11)$$

Ta razmernik vsakič prištevamo do sedaj znanemu stanju celice.

41.2 Hkratna lokalizacija in kartiranje

SLAM (ang. Simultaneous Localization and Mapping) je eden ključnih konceptov v mobilni robotiki, ki omogoča robotom, da hkrati gradijo karto neznanega okolja in se v njem locirajo. SLAM rešuje navidezno "problem kokoši in jajca" v robotski navigaciji:

- Za natančno kartiranje robot potrebuje natančno informacijo o svoji lokaciji.
- Za natančno lokalizacijo robot potrebuje natančno karto okolja.
- SLAM rešuje ta problem s sočasnim izvajanjem obeh procesov in stalnim posodabljanjem tako ocene položaja robota kot karte okolja.

Ključni izzivi SLAMa so naslednji:

- Negotovost senzorjev: Meritve senzorjev so vedno podvržene šumu in napakam.
- Akumulacija napak: Napake v oceni položaja se sčasoma kopičijo.
- Prepoznavanje že obiskanih lokacij (ang. loop closure): Ključno za zmanjšanje akumulirane napake.
- Računska zahtevnost: Obdelava velike količine podatkov v realnem času.

Med najbolj priljubljenimi SLAM algoritmi so FastSLAM, GraphSLAM in ORB-SLAM, ki vsak na svoj način pristopajo k reševanju problema sočasne lokalizacije in kartiranja. FastSLAM uporablja kombinacijo metode Monte Carlo lokalizacije (filtra delcev) za oceno položaja robota in množice Kalmanovih filtrov za oceno položaja orientacijskih točk v okolju, kar omogoča učinkovito obdelavo velikega števila orientacijskih točk. GraphSLAM problem SLAM predstavi kot graf, kjer vozlišča predstavljajo položaje robota in orientacijske točke, povezave pa omejitve med njimi, nato pa rešitev najde z optimizacijo tega grafa. Ta pristop je posebej učinkovit pri reševanju problema "zaključevanja zank" (loop closure). ORB-SLAM pa je sodoben vizualni SLAM sistem, ki uporablja ORB (Oriented FAST and Rotated BRIEF) značilke za robustno prepoznavanje in sledenje orientacijskih točk v okolju, kar mu omogoča delovanje v realnem času tudi na običajnih procesorjih.

Zakaj robot na zabavi ni ustvaril mreže zasedenosti? Ker je bil zaseden z mreženjem!

Povezave
- Naprej na večagentno načrtovanje poti: stran 89.

Poglavje 42.

Večagentno načrtovanje poti

Uvod V večrobotskih sistemih se morajo posamezni roboti medsebojno usklajevati. O tem, kako pomembno je usklajevanje v takih sistemih, se zlahka prepričate vsako jutro in popoldne na ljubljanski obvoznici. Nič ni hujšega od prometnega zamaška, sploh pa če ga roboti ne znajo rešiti sami. Na pomoč bomo priskočili s t.i. večagentnimi pristopi k načrtovanju poti.

Povezave
- Nazaj na kartiranje: stran 87.

Poglejmo si nekaj pomembnih in učinkovitih algoritmov za planiranje poti množic robotov.

42.1 SIPP

Planiranje z varnostnimi intervali (ang. Safe Interval Path Planning, SIPP) je učinkovit večagentni algoritem za planiranje v dinamičnih okoljih s statičnimi in dinamičnimi ovirami [14]. Osnovna ideja je, da je za vsako vozlišče grafa določen tudi časovni interval, ko je to vozlišče prosto, oz. prehodno. Pri algoritmu sta uporabljeni predpostavki, da se robot lahko ustavi na mestu in da sta njegova pospešek in pojemek neskončna. Cilj algoritma pa je minimizacija časa prevožene poti.

Za razliko od klasičnega časovnega planiranja, SIPP stanje predstavlja kot:

$$s = (v, I)$$
$$I = [t_z, t_k] \tag{42.1}$$

kjer je v vozlišče, I pa interval, v katerem je prosto med začetnim časom t_z in končnim časom t_k.

Za vsako vozlišče v vzdržujemo časovnico $T(v)$, ki vsebuje zaporedje varnih intervalov:

$$T(v) = \{I_1, I_2, ..., I_n\} \tag{42.2}$$

Generiranje naslednikov trenutnega stanja (v, I) poteka z uporabo množice možnih dejanj $D(v)$, npr. pomikov. Za vsako dejanje $d \in D(v)$ izračunamo čas izvajanja:

$$t_d = t_{\text{čakanje}} + t_{\text{premik}} \tag{42.3}$$

Pri tem je t_{premik} konstanten čas premika med sosednjima vozliščema, $t_{\text{čakanje}}$ pa je minimalni potrebni čas čakanja pred začetkom premika:

$$t_{\text{čakanje}} = \max(0, t_z^{\text{naslednji}} - (t_{\text{trenutni}} + t_{\text{premik}})) \tag{42.4}$$

Za ocenjevalno funkcijo $f(s)$ uporabljamo vsoto dejanske cene poti $g(s)$ in hevristične ocene preostale poti $h(s)$:

$$f(s) = g(s) + h(s) = t_{\text{trenutni}} + h_{\text{evklidska}}(v, v_{\text{cilj}}) \tag{42.5}$$

Pri tem je pomembno poudariti, da $g(s)$ privzeto vključuje tako čas premikanja, kot čakanja.

Za razliko od A* SIPP vozlišča vključujejo časovno informacijo, kar nadalje spremeni tudi določanje naslednjih vozlišč pri samem procesu iskanja. Nasledniki morajo namreč biti povezani z vozliščem samim, hkrati pa moramo zagotoviti, da je prehod iz trenutnega vozlišča v naslednje možen znotraj varnih intervalov.

To najlažje ilustriramo na enostavnem primeru. Robot se nahaja na vozlišču $(x = 1, y = 1)$ z varnim intervalom $[0, 10]$, eden izmed možnih naslednjikov pa je vozlišče $(x = 2, y = 1)$ z varnim intervalom $[5, 15]$. Čas prehoda med vozliščema je 2 časovni enoti. Če smo v trenutnem vozlišču pri času $t = 3$, je drugo vozlišče avtomatsko veljaven naslednjik, ker bi vanj ob takojšnjem premiku prispeli ob času $t = 5$. V SIPP algoritmu je čakanje modelirano implicitno, prek varnih intervalov. Če bi se v isti situaciji znašli ob času $t = 0$, bi morali najprej počakati to $t = 3$. Algoritem privzeto preverja, kakšna kombinacija čakanja in premika rezultira v najzgodnejšem možnem prihodu v naslednje vozlišče glede na njegove varne intervale.

Primer Oglejmo si primer na diskretni mreži, kjer želimo načrtovati pot robota od začetne pozicije R do cilja C ob prisotnosti statičnih ovir X. V okolju sta dve dinamični oviri: D_1, ki se giblje horizontalno, in D_2, ki se giblje vertikalno. Predpostavimo, da je celica zasedena, ko je na njej prisotna dinamična ovira in dodatno tudi v časovnem koraku po tem. Začetna konfiguracija prostora je naslednja:

$$t = 0 : \begin{bmatrix} 0 & X & 0 & C \\ 0 & X & 0 & 0 \\ D_1 & 0 & 0 & 0 \\ R & 0 & D_2 & 0 \end{bmatrix} \tag{42.6}$$

Robot se lahko premika po eno celico na časovni korak, s čimer ima v prvem dve možnosti: premik gor in premik desno. Za vsako izmed njih izračunamo $f(s)$, ki ga sestavlja čas od začetka, upoštevajoč čas čakanja, in evklidska razdalja do cilja.

Varen interval za zgornjo celico je ob predpostavki, da se dinamična ovira odbija od sten:

$$T(2,0) = \{[2,5], [7,10], \dots\} \qquad (42.7)$$

S tem je funkcija izbire za to celico enaka:

$$f(s) = g(s)+h(s) = 2+\sqrt{3^2 + 2^2} = 5.61 \quad (42.8)$$

Za premik desno pa je $g(s) = 1$, $h(s)$ pa enak. Po premiku desno so možni premiki levo, gor in desno. Za premik gor je funkcija izbire:

$$f(s) = 3 + \sqrt{2^2 + 2^2} = 5.82 \qquad (42.9)$$

Za premik desno pa:

$$f(s) = 2 + \sqrt{1^2 + 3^2} = 5.16 \qquad (42.10)$$

Robot se spet premakne desno, postopek pa nato ponavljamo do ciljnega vozlišča.

42.2 CBS

CBS (ang. Conflict-Based Search) je decentraliziran večagentni algoritem za planiranje poti, ki problem razdeli na dva nivoja. Na zgornjem nivoju algoritem išče in rešuje konflikte med agenti, na spodnjem nivoju pa za vsakega agenta posebej išče optimalno pot z upoštevanjem omejitev [15].

Za razliko od SIPP, kjer varni intervali določajo časovne okvire za gibanje, CBS deluje na principu iskanja in reševanja konfliktov. Stanje na zgornjem nivoju je predstavljeno kot:

$$s = (P, C) \qquad (42.11)$$

kjer je P množica poti vseh agentov, C pa množica omejitev, ki jih morajo agenti upoštevati.

Algoritem deluje v naslednjih korakih. Za vsakega agenta najprej poiščemo optimalno pot brez upoštevanja drugih agentov. Preverimo, ali obstajajo konflikti med potmi. Če najdemo konflikt, ustvarimo dve novi vozlišči, vsako z dodatno omejitvijo za enega od agentov v konfliktu. Za agenta z novo omejitvijo ponovno načrtujemo pot. Postopek ponavljamo, dokler ne najdemo rešitve brez konfliktov.

Konflikt med agentoma a_i in a_j lahko zapišemo kot:

$$c = (a_i, a_j, v, t) \qquad (42.12)$$

kjer sta v vozlišče ali povezava in t čas, ko pride do konflikta.

CBS zagotavlja optimalno rešitev, vendar je lahko časovna zahtevnost v najslabšem primeru eksponentna glede na število konfliktov. Prednost algoritma je v tem, da lahko za iskanje individualnih poti na spodnjem nivoju uporabimo katerikoli algoritem za iskanje najkrajše poti, najpogosteje A*, lahko pa tudi SIPP.

Primer Oglejmo si primer na diskretni mreži z dvema robotoma R_1 in R_2, ki morata doseči cilja C_1 in C_2. Začetna konfiguracija prostora je:

$$t = 0 : \begin{bmatrix} R_1 & 0 & X & C_1 \\ 0 & X & 0 & 0 \\ 0 & 0 & 0 & 0 \\ C_2 & 0 & X & R_2 \end{bmatrix} \qquad (42.13)$$

Planirani poti sta za robota naslednji:

$$\begin{aligned} R_1 : & (0,0) - (1,0) - (2,0) - (2,1) - (2,2) - (3,2) \\ & (3,1) - (3-0) \\ R_2 : & (3,3) - (3,2) - (2,2) - (2,1) - (2,0) - (3,0) \end{aligned}$$
$$(42.14)$$

V časovnem trenutku $t = 3$ se oba znajdeta na lokaciji $(2,1)$. Zaradi konflikta CBS ustvari dve novi vozlišči, s čimer bosta preiskani obe rešitvi, da počaka prvi in da počaka drugi robot. Omejitvi sta tipa, da več robotov ne sme biti v istem vozlišču, obstajajo pa tudi drugi tipi omejitev, npr. da več robotov ne more biti na isti povezavi med vozlišči. Za dani primer, enostavno, da R_1 ne sme biti v vozlišču $(2,1)$ ob času $t = 3$, enako za R_2. Algoritem nato preišče obe alternativi po naraščajočem vrstem redu vsote dolžin poti vseh robotov.

Kaj je rekel robot, ko se je zaletel v drugega? PoSIPPam se s pepelom. Naprej na programiranje in umetno inteligenco: stran 97.

Povezave
• Naprej na simulator tekmovanja: stran 91.

[14] Phillips, M. & Likhachev, M. Sipp: Safe interval path planning for dynamic environments. In *2011 IEEE international conference on robotics and automation*, 5628–5635 (IEEE, 2011).

[15] Sharon, G., Stern, R., Felner, A. & Sturtevant, N. R. Conflict-based search for optimal multi-agent pathfinding. *Artificial intelligence* **219**, 40–66 (2015).

Poglavje 43.

Simulator tekmovanja

Uvod Ste kdaj želeli tekmovati z roboti, pa niste imeli robota? Nič hudega, na pomoč bo priskočilo simulacijsko okolje, v katerem lahko škodo naredite le svojim možganskim celicam.

Povezave
- Nazaj na večagentno načrtovanje poti: stran 89.

V poglavju bo predstavljen odprtokoden simulator tekmovanja s štirikolesnimi mobilnimi roboti, ki ga je avtor knjige razvil 2020 med pandemijo. Tekmovanje Renesas MCU Rally, ki je do pandemije vsako leto potekalo v živo, je namreč iskalo alternativo. S predstavljenim simulatorjem smo nato uspešno izvedli več tekmovanj, tako med evropskimi univerzami, kot tudi med našimi študenti.

Cilj tekmovanja je razviti robota in ga sprogramirati, da sledi črti. Da pa ni vse tako enostavno, je črta mestoma prekinjena, robot pa mora tam menjati pas na slepo. Prisotni sta še dve glavni oviri, 90-stopinjski zavoji in mostovi, kjer mora robot voziti po klančinah.

Simulator tekmovanja je napisan za splošen odprtokodni robotski simulator WeBots, z namenom kar se da vernega posnemanja realnega tekmovanja, tako v smislu oblike robota, fizike, kot tudi pripadajočega programja za mikrokrmilnik.

Celotna koda je na voljo na https://github.com/lampa-research/renesas_mcu_rally.

43.1 Postavitev okolja

Po instalaciji okolja WeBots in prenosu kode simulatorja odpremo `empty_world.wbt` is mape `worlds`. Za vzpostavitev simulacije moramo nato dodati elemente, kot so robot, proga in vrata za štopanje časa, ter prevesti pripadajoče programe.

S klikom na ikono + dodamo elemente. Za začetek izberemo `PROTO nodes (Current project)` in progo pod `tracks $\rightarrow$ MCUTrackTest`. Na isti način dodamo še `MCUTimingGate` in `MCUCar`.

Naslednji korak je prevajanje pripadajočih programov, kat naredimo tako, da odpremo datoteko z drugo ikono okna za urejanje teksta, nato pa odpremo in s klikom na ikono zobnika prevedemo `controllers/race/race.cpp`, `controllers/safety_car_controller/safety_car.cpp`

in `controllers/my_controller/my_controller.c`. Nato lahko zaženemo testno simulacijo.

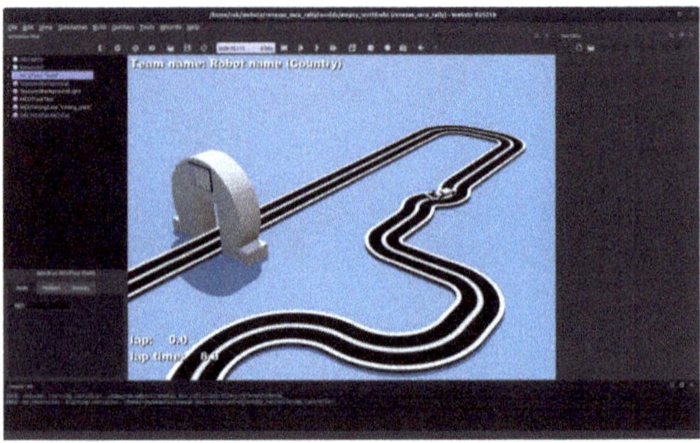

Slika 43.1 – Simulacija je pripravljena.

43.2 Programiranje lastnega krmilnika

Lasten krmilni program za robota ustvarimo prek menija `Wizards $\rightarrow$ New Robot Controller`. Izberemo jezik C in ga poimenujemo. WeBots pri tem ustvari novo podmapo v mapi `controllers` in dve datoteki: `my_controller.c` in `Makefile`. Najprej uredimo `Makefile` pod "do not modify" oznako:

```
###--------------------------------------------

C_SOURCES = my_controller.c
↪  ../../libraries/renesas/renesas_api.c
↪  ../../libraries/renesas/renesas_api_webots.c
INCLUDE = -I"include"
↪  -I"../../libraries/renesas/include"

### Do not modify: this includes Webots global
↪   Makefile.include
null :=
space := $(null) $(null)
WEBOTS_HOME_PATH=$(subst $(space),\ ,$(strip $(subst
↪  \,/,$(WEBOTS_HOME))))
include $(WEBOTS_HOME_PATH)/resources/Makefile.include
```

Dodamo `C_SOURCES`, pri čemer preimenujemo `my_controller.c` glede na ime svojega krmilnega programa.

43.3 Programski vmesnik

Na voljo so naslednje funkcije:

- `void init()`: inicializira krmilnik.

- `void update()`: prebere vrednosti senzorjev, kličemo v vsakem koraku izvedbe krmilnika.

- `void handle(int angle)`: zasuk sprednjega motorja za rotacijo koles, v stopinjah $[-90, 90]$.

- `void motor(int br, int bl, int fr, int fl)`: nastavi napetost na motorju $[-100, 100]$, pri čemer br označuje zadnji desni, bl zadnji levi, fr sprednji desni in fl sprednji levi motor.

- `unsigned short *line_sensor()`: vrne vrednosti senzorjev za črto.

- `double *encoders()`: vrne hitrosti motorjev v rad/s v obliki {br, bl, fr, fl}.

- `double *imu()`: vrne podatke inercialne merilne enote v obliki {nagib, naklon, odklon}.

- `double time()`: vrne čas od zagona krmilnika v sekundah.

43.4 Primer sledenja črti

Enostaven program za sledenje črti je naslednji:

```c
#include "renesas_api.h"

int main(int argc, char **argv)
{
  wb_robot_init();
  init();

  while (wb_robot_step(TIME_STEP) != -1)
  {
    update();
    unsigned short *sensor = line_sensor();
    float line = 0, sum = 0, weighted_sum = 0;
    for (int i = 0; i < 8; i++)
    {
      weighted_sum += sensor[i] * i;
      sum += sensor[i];
    }
    line = weighted_sum / sum - 3.5;
    motor(40, 40, 40, 40);
    handle(1000 * line);
  }
  wb_robot_cleanup();
  return 0;
}
```

Program predpostavlja 8 senzorjev in izračuna uteženo vsoto, ki predstavlja lokacijo črte pod senzorji. Nato jo pomnoži s 1000 in priredi zasuku koles.

43.5 Nastavitve robota

Tudi sam robot ima več nastavitev:

- wheel track: razdalja med levimi in desnimi kolesi
- wheel base: razdalja med sprednjimi in zadnjimi kolesi
- sensor base: razdalja med osrednjim delom robota in senzorji
- gear ratio: prestavno razmerje motorja
- tyre type: tip gum, mehke imajo več oprijema, a se hitreje obrabijo
- tyre width: širina gum
- tyre radius: radij gum
- number of sensors: število senzorjev
- distance between the sensors: razdalja med posameznimi senzorji
- colors: barve robota

- car shape: 3D oblike, ki jih lahko dodamo robotu
- controller: krmilnik robota

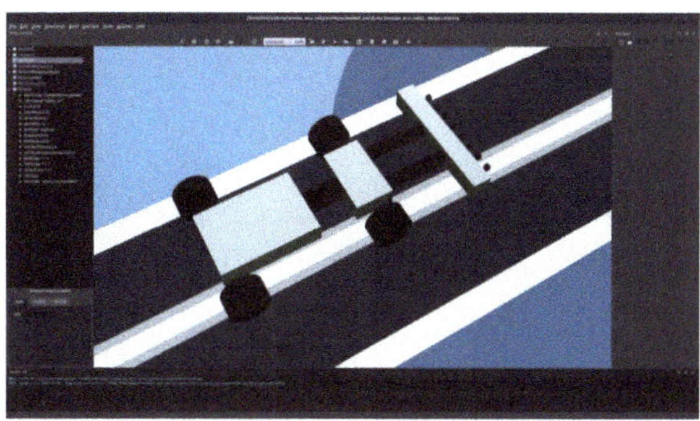

Slika 43.2 – Osnovne nastavitve robota.

Slika 43.3 – Predelane nastavitve robota.

43.6 Lastne proge

Simulator omogoča tudi postavljanje lastnih prog, saj so osnovni elementi na voljo prek PROTO datotek v mapi `track_parts`.

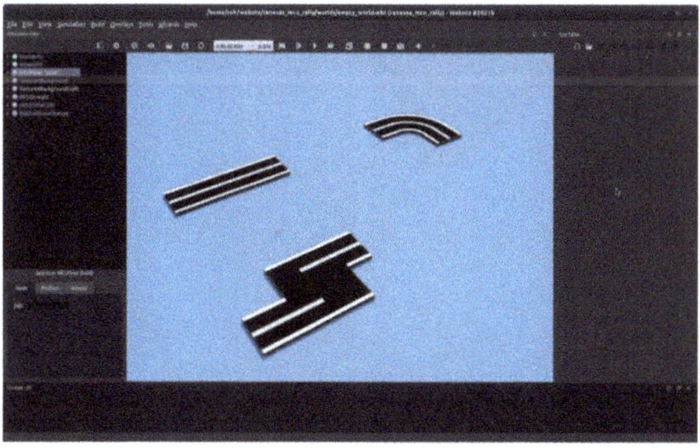

Slika 43.4 – Elementi za gradnjo lastnih prog.

Kaj je rekel robot, ko je zapeljal s črte? Nič. Ker ne more govoriti.

Povezave
- Naprej na primer programa: stran 93.

Poglavje 44.

Primer programa

Uvod Poglejmo še primer osnovnega programa.

Povezave
- Nazaj na simulator tekmovanja: stran 91.

Program predstavlja krmilno logiko za sledilca črte. Uporablja avtomat (ang. state machine) z devetimi stanji:

1. FOLLOW - osnovno sledenje črti
2. CORNER_IN - vhod v oster ovinek
3. CORNER_OUT - izhod iz ostrega ovinka
4. RIGHT_CHANGE_DETECTED - zaznana desna sprememba pasu
5. RIGHT_TURN - desni zavoj
6. LEFT_CHANGE_DETECTED - zaznana leva sprememba pasu
7. LEFT_TURN - levi zavoj
8. RAMP_UP - vožnja po klančini navzgor
9. RAMP_DOWN - vožnja po klančini navzdol

Program uporablja senzorje črte in IMU za zaznavanje položaja ter prilagaja hitrost in smer motorjev glede na trenutno stanje. Različne konstante (FAST, MEDIUM, SLOW, BRAKE) določajo hitrosti motorjev, medtem ko STRICT in LOOSE določata občutljivost sledenja črti.

```c
#include "renesas_api.h"

#define UPRAMP 60.0
#define FAST 30.0
#define MEDIUM 20.0
#define SLOW 10.0
#define BRAKE -40.0

#define STRICT 2000.0
#define LOOSE 20.0

enum states_t
{
  FOLLOW,
  CORNER_IN,
  CORNER_OUT,
  RIGHT_CHANGE_DETECTED,
  RIGHT_TURN,
  LEFT_CHANGE_DETECTED,
  LEFT_TURN,
  RAMP_UP,
  RAMP_DOWN
} state = FOLLOW;

double last_time = 0.0;
int left_change_pending = 0;
int right_change_pending = 0;
int detected_state = FOLLOW;

int main(int argc, char **argv)
{
  wb_robot_init(); // this call is required for WeBots
  ↪   initialisation
  init();          // initialises the renesas MCU
  ↪   controller
```

```c
  while (wb_robot_step(TIME_STEP) != -1)
  {
    update();
    unsigned short *sensor = line_sensor();
    double *angles = imu();
    float line = 0, sum = 0, weighted_sum = 0;
    bool double_line = 0;
    bool left_change = 0;
    bool right_change = 0;
    for (int i = 0; i < 8; i++)
    {
      weighted_sum += sensor[i] * i;
      sum += sensor[i];
      if (sensor[i] < 500)
      {
        double_line++;
        if (i < 4)
        {
          left_change++;
        }
        else
        {
          right_change++;
        }
      }
    }
    line = weighted_sum / sum - 3.5;

    switch (state)
    {
    case FOLLOW:
      motor(FAST, FAST, FAST, FAST);
      handle(STRICT * line);
      if (angles[1] > 0.1)
      {
        last_time = time();
        state = RAMP_UP;
        printf("RAMP UP\n");
      }
      else if (angles[1] < -0.1)
      {
        last_time = time();
        state = RAMP_DOWN;
        printf("RAMP DOWN\n");
      }
      else if (double_line > 6)
      {
        if (detected_state == CORNER_IN)
        {
          last_time = time();
          state = CORNER_IN;
          printf("CORNER IN\n");
        }
        detected_state = CORNER_IN;
      }
      else if (time() - last_time > 0.2 && right_change
      ↪   > 3)
      {
        if (detected_state == RIGHT_CHANGE_DETECTED)
        {
          last_time = time();
          state = RIGHT_CHANGE_DETECTED;
          printf("RIGHT_CHANGE_DETECTED\n");
        }
        detected_state = RIGHT_CHANGE_DETECTED;
      }
      else if (time() - last_time > 0.2 && left_change >
      ↪   3)
      {
        if (detected_state == LEFT_CHANGE_DETECTED)
        {
          last_time = time();
          state = LEFT_CHANGE_DETECTED;
          printf("LEFT_CHANGE_DETECTED\n");
        }
        detected_state = LEFT_CHANGE_DETECTED;
      }
      break;
    case CORNER_IN:
      if (time() - last_time < 0.1)
      {
        motor(BRAKE, BRAKE, BRAKE, BRAKE);
      }
      else
      {
        motor(SLOW, SLOW, SLOW, SLOW);
      }
```

```c
    handle(LOOSE * line);
    if (time() - last_time > 0.2 && (left_change > 3
↪     || right_change > 3))
    {
      last_time = time();
      state = CORNER_OUT;
      printf("CORNER OUT\n");
    }
    break;
  case CORNER_OUT:
    motor(MEDIUM, MEDIUM, MEDIUM, MEDIUM);
    handle(STRICT * line);
    if (time() - last_time > 0.70)
    {
      last_time = time();
      state = FOLLOW;
      printf("FOLLOW\n");
    }
    break;
  case RIGHT_CHANGE_DETECTED:
    motor(MEDIUM, MEDIUM, MEDIUM, MEDIUM);
    handle(LOOSE * line);
    if (double_line == 0)
    {
      last_time = time();
      state = RIGHT_TURN;
      printf("RIGHT_TURN\n");
    }
    if (time() - last_time > 2.5)
    {
      last_time = time();
      state = FOLLOW;
      printf("FOLLOW\n");
    }
    break;
  case RIGHT_TURN:
    motor(MEDIUM, MEDIUM, MEDIUM, MEDIUM);
    if (time() - last_time < 0.45)
      handle(-40);
    else if (time() - last_time < 0.6)
      handle(20);
    else if (double_line > 1)
    {
      last_time = time();
      state = FOLLOW;
      printf("FOLLOW\n");
    }
    break;
  case LEFT_CHANGE_DETECTED:
    motor(MEDIUM, MEDIUM, MEDIUM, MEDIUM);
    handle(LOOSE * line);
    if (double_line == 0)
    {
      last_time = time();
      state = LEFT_TURN;
      printf("LEFT TURN\n");
    }
    if (time() - last_time > 2.5)
    {
      last_time = time();
      state = FOLLOW;
      printf("FOLLOW\n");
    }
    break;
  case LEFT_TURN:
    motor(MEDIUM, MEDIUM, MEDIUM, MEDIUM);
    if (time() - last_time < 0.45)
      handle(40);
    else if (time() - last_time < 0.6)
      handle(-20);
    else if (double_line > 1)
    {
      last_time = time();
      state = FOLLOW;
      printf("FOLLOW\n");
    }
    break;
  case RAMP_UP:
    motor(UPRAMP, UPRAMP, UPRAMP, UPRAMP);
    handle(STRICT * line);
    if (angles[1] < 0.05)
    {
      last_time = time();
      state = FOLLOW;
↪     printf("FOLLOW\n");
    }
```

```c
      break;
    case RAMP_DOWN:
      motor(SLOW, SLOW, SLOW, SLOW);
      handle(STRICT * line);
      if (angles[1] > -0.05)
      {
        last_time = time();
        state = FOLLOW;
        printf("FOLLOW\n");
      }
      break;
    }
  };

  wb_robot_cleanup(); // this call is required for
↪   WeBots cleanup

  return 0;
}
```

Program je implementiran v C-ju in vsebuje nekaj pomembnih tehničnih značilnosti:

1. Stanje sistema je predstavljeno z enumeracijo `states_t`, kar omogoča pregledno preklapljanje med stanji v `switch` stavku.
2. Zaznavanje črte temelji na uteženi vsoti (`weighted_sum`) osmih senzorjev, kjer se izračuna relativni odmik od središčne pozicije. Formula `line = weighted_sum / sum - 3.5` normalizira pozicijo na območje približno [-3.5, 3.5].
3. Pomembni implementacijski detajli:
   - Dvojna časovna varovalka: `detected_state` in `time() - last_time > 0.2` preprečujeta lažne zaznave.
   - Ločeno štetje levih in desnih zaznav črte (`left_change`, `right_change`).
   - Uporaba negativnih hitrosti (`BRAKE`) za aktivno zaviranje.
4. Kritične točke za optimizacijo:
   - Časovne konstante (0.1s, 0.2s, 0.45s, 0.6s) so določene eksperimentalno.
   - Pragovi za zaznavanje (500 za senzorje, 0.1 za IMU) bi lahko bili prilagodljivi.
   - Vrednosti `STRICT` (2000.0) in `LOOSE` (20.0) močno vplivajo na stabilnost sledenja.
5. Program bi lahko izboljšali z:
   - Implementacijo PID regulatorja namesto preprostega proporcionalnega krmiljenja.
   - Uvedbo histereze pri preklopih stanj.
   - Dinamičnim prilagajanjem parametrov glede na hitrost.

Kaj reče robot, ko gre po klancu navzgor? To bo pa IMU-čno!

Povezave
- Naprej na programiranje in umetno inteligenco: stran 97.

Programiranje

Poglavje 45.

Primeri programov za osnove

Uvod No, pa smo tam, kjer ni muh. V tem razdelku bomo izbrane primere iz robotike ilustrirali s programi. Programi pa nimajo muh (čeprav so včasih muhasti) ampah hrošče.

Povezave
- Nazaj na lastne vektorje in lastne vrednosti, stran 7.
- Nazaj na obrat in psevdoobrat matrike, stran 9.
- Nazaj na trajektorije, stran 21.

Pričnimo z ilustracijo primerov iz razdelka o osnovah.

45.1   Lastni vektorji z NumPy

NumPy je, razen standardnih, največkrat uporabljena knjižnica v jeziku Python. Uporabimo jo lahko za matematične operacije, kot je manipulacija matrik, kot tudi za numerično optimizacijo.

Primer bo prikazal, kako izračunamo lastne vrednosti in lastne vektorje matrike in kako preverimo veljavnost rezultata. Vključimo knjižnico in definirajmo matriko A kot dvodimenzionalen seznam.

```python
import numpy as np
A = np.array([[1, 0.2],
              [0.2, 1]])
```

Lastne vrednosti in vektorje izračunamo z uporabo `np.linalg.eig` funkcije.

```python
lastne_vrednosti, lastni_vektorji = np.linalg.eig(A)
print(f"Lastne vrednosti:\n{lastne_vrednosti}")
print(f"Lastni vektorji:\n{lastni_vektorji}")
```

Izpis je naslednji:

```
Lastne vrednosti:
[1.2 0.8]
Lastni vektorji:
[[ 0.70710678 -0.70710678]
 [ 0.70710678  0.70710678]]
```

Izpis uporablja Pythonove f-besede, ki omogočajo enostavno vključevanje spremenljivk v zavitih oklepajih. Hkrati je uporabljen znak za novo vrstico n. Lastni vektorji so zapisani v stolpcih. Da bi preverili veljavnost, lahko primerjamo $Av = \lambda v$.

```python
for i in range(2):
    lambda_vred = lastne_vrednosti[i]
    v = lastni_vektorji[:, i]
    Av = np.dot(A, v)
    lambda_v = lambda_vred * v
    print(f"\nZa lambda = {lambda_vred:.4f}:")
    print(f"Av = {Av}")
    print(f"lambda v = {lambda_v}")
    print(f"Av = lambda v: {np.allclose(Av, lambda_v)}")
```

Pri tem uporabimo `np.allclose`, ki vrne `True`, kadar sta dva seznama po elementih enaka znotraj dane tolerance. Izpis je naslednji.

```
Za lambda = 1.2000:
Av = [0.84852814 0.84852814]
lambda v = [0.84852814 0.84852814]
Av = lambda v: True

Za lambda = 0.8000:
Av = [-0.56568542  0.56568542]
lambda v = [-0.56568542  0.56568542]
Av = lambda v: True
```

45.2   Obrati matrik s SymPy

Za simbolično matematiko je v Pythonu največkrat uporabljena knjižnica SymPy. Poglejmo si, kako s SymPy izračunamo obrat in psevdoobrat matrike.

Vključimo knjižnico in definirajmo matriki:

```python
import sympy as sp
from sympy import Matrix, pprint
A = Matrix([[1, 0, 2],
            [-1, 3, 1],
            [0, 2, 1]])

B = Matrix([[1, 0, 2],
            [-1, 3, 1]])
```

Za obrat uporabimo metodo `.inv`, za psevdoobrat pa `.pinv`.

```python
A_inv = A.inv()
print("\nObrat A:")
pprint(A_inv)
print("\nPreverimo (A * A_inv):")
pprint(A * A_inv)

B_pinv = B.pinv()
print("\nPsevdoobrat B:")
pprint(B_pinv)
print("\nPreverimo (B * B_pinv):")
pprint(B * B_pinv)
```

Izpis je naslednji:

```
Obrat A:
|-1/3  -4/3   2 |
|              |
|-1/3  -1/3   1 |
|              |
|2/3    2/3   -1|

Preverimo (A * A_inv):
|1  0  0|
|       |
|0  1  0|
|       |
|0  0  1|

Psevdoobrat B:
| 2/9   -1/9|
```

```
|          |
|-1/18  5/18|
|          |
|7/18   1/18|

Preverimo (B * B_pinv):
|1  0|
|    |
|0  1|
```

45.3 SVD s C++ in Eigen

Večina programske kode robotov je napisana v jeziku C++, ki je dobro podprt s knjižnicami in omogoča izjemno učinkovito izvajanje programov. V tem primeru si bomo pogledali singularno dekompozicijo (SVD) s pomočjo knjižnice Eigen.

Najprej vključimo knjižnico.

```cpp
#include <iostream>
#include "Eigen/Dense"
```

V main pa nato definiramo matriko **A**.

```cpp
Eigen::Matrix2d A;
A << 4, 0,
     3, 5;
```

Za SVD uporabimo funkcijo `sdv`, ki vrne tudi matriki **U** in **V**.

```cpp
Eigen::JacobiSVD<Eigen::Matrix2d> svd(A,
  Eigen::ComputeFullU | Eigen::ComputeFullV);
Eigen::Matrix2d U = svd.matrixU();
Eigen::Vector2d singularValues = svd.singularValues();
Eigen::Matrix2d V = svd.matrixV();
std::cout << "U:\n" << U << "\n\n";
std::cout << "Singularne vrednosti:\n" << singularValues
  << "\n\n";
std::cout << "V:\n" << V << "\n\n";
```

Izpis je naslednji:

```
U:
 0.447214 -0.894427
 0.894427  0.447214

Singularne vrednosti:
 6.32456
 3.16228

V:
 0.707107 -0.707107
 0.707107  0.707107
```

Prikažimo še matriko **S**.

```cpp
Eigen::Matrix2d S = Eigen::Matrix2d::Zero();
S(0,0) = singularValues(0);
S(1,1) = singularValues(1);
std::cout << "S matrika:\n" << S << "\n\n";
```

Z izpisom:

```
S matrika:
6.32456       0
      0 3.16228
```

Za zaključek prverimo, če je dekompozicija pravilna.

```cpp
Eigen::Matrix2d reconstructed = U * S * V.transpose();
std::cout << "Rekonstruirana matrika:\n" <<
  reconstructed << "\n\n";
if (A.isApprox(reconstructed)) {
    std::cout << "SVD dekompozicija je pravilna!\n";
} else {
    std::cout << "SVD dekompozicija ima napake.\n";
}
```

Z izpisom:

```
SVD dekompozicija je pravilna!
```

45.4 Trajektorije z NumPy

V poglavju o trajektorijah smo vpeljali polinome 5. reda, ki omogočajo zvezne pospeške in celo njihove odvode. Poglejmo, kako izračunati koeficiente polinoma.

```python
import numpy as np
import matplotlib.pyplot as plt

A = np.array(
    (
        (0, 0, 0, 0, 0, 1),
        (0, 0, 0, 0, 1, 0),
        (0, 0, 0, 2, 0, 0),
        (1, 1, 1, 1, 1, 1),
        (5, 4, 3, 2, 1, 0),
        (20, 12, 6, 2, 0, 0),
    )
)

b = np.array((0, 0, 0, 1, 0, 0))

koeficienti = np.linalg.solve(A, b)
polinom = np.polynomial.Polynomial(np.flip(koeficienti))
print(polinom)
```

Izpiše se polinom.

```
0.0 + 0.0·x + -0.0·x^2 + 10.0·x^3 - 15.0·x^4 + 6.0·x^4
```

Izrišimo še graf.

```python
t = np.linspace(0, 1, 100)
hitrost = polinom.deriv()
pospesek = hitrost.deriv()
plt.plot(t, polinom(t), label="x")
plt.plot(t, hitrost(t), label="\\dot{x}")
plt.plot(t, pospesek(t), label="\\ddot{x}")
plt.xlabel("$t$ $[s]$")
plt.ylabel("$x$ $[m]$, $\\dot{x}$ $[m/s]$, $\\ddot{x}$
  $[m/s^2]$")
plt.legend()
plt.show()
```

Pet hroščev v kodi šlo je na potep, daleč čez devet gora, rešili smo enega, sedemindvajset hroščev je doma.

Povezave

• Naprej na primer vijačne teorija, stran 99.

Poglavje 46.

Kinematični preračuni

Uvod Še eno poglavje in še ena Python knjižnica, tokrat SciPy, s katero bomo preračunali eksponentne matrike vijačne teorije. Nato pa spet SymPy in NumPy za inverzno kinematiko. Počasi nas bo zaradi vseh možnosti res zvilo...

Povezave
- Nazaj na vijačno teorijo: stran 41.
- Nazaj na primere za osnove: stran 97.
- Naprej na krmiljenje členkastih robotov z roboticstoolbox: stran 101.

46.1   Vijačna teorija

Poglejmo si primer preračuna direktne kinematike z vijačno teorijo za enostavnega ravninskega 2R robota. Vključimo knjižnice.

```python
import numpy as np
import matplotlib.pyplot as plt
from scipy.linalg import expm
```

Definirajmo naprej nekaj funkcij. S prvo bomo definirali poševno simetrično matriko vektorskega produkta.

```python
def cross_product_matrix(w):
    return np.array([
        [0, -w[2], w[1]],
        [w[2], 0, -w[0]],
        [-w[1], w[0], 0]
    ])
```

Z drugo pa nato skonstruirali vijačno matriko za eksponent. Le-ta je sestavljena na naslednji način:

$$\begin{bmatrix} \mathbf{S}(\omega)_{3\times3} & v_{3\times1} \\ 0_{1\times3} & 0 \end{bmatrix} \tag{46.1}$$

za kar lahko ustvarimo funkcijo, ki sprejme vijak $\mathsf{S} = (\mathbf{s}, \mathbf{v})$:

```python
def twist_to_matrix(twist):
    omega, v = twist[:3], twist[3:]
    S = np.zeros((4, 4))
    S[:3, :3] = cross_product_matrix(omega)
    S[:3, 3] = v
    return S
```

Definirajmo parametre robota in njegovo začetno konfiguracijo oz. lego vrha robota v začetni konfiguraciji, v matrični obliki.

```python
a1 = 1.0  # Dolžina prvega segmenta
a2 = 0.5  # Dolžina drugega segmenta

g = np.array([
    [1, 0, 0, a1 + a2],
    [0, 1, 0, 0],
    [0, 0, 1, 0],
    [0, 0, 0, 1]
])
```

Nato po vrsti definirajmo začetne zvine $\mathsf{T} = (\omega, \mathbf{p} \times \omega)$v globalnem koordinatnem sistemu.

```python
omega1 = np.array([0, 0, 1])   # Rotacijska os za sklep 1
p1 = np.array([0, 0, 0])   # Pozicija sklepa 1
v1 = np.cross(p1, omega1)
xi1 = np.concatenate([omega1, v1])

omega2 = np.array([0, 0, 1])   # Rotacijska os za sklep 2
p2 = np.array([a1, 0, 0])   # Pozicija sklepa 2
v2 = np.cross(p2, omega2)
xi2 = np.concatenate([omega2, v2])
```

Izpišimo zvina:

```python
print("Vijačni vektor za sklep 1:")
print(xi1)
print("\nVijačni vektor za sklep 2:")
print(xi2)
```

Z izpisom:

```
Vijačni vektor za sklep 1:
[0 0 1 0 0 0]

Vijačni vektor za sklep 2:
[ 0.  0.  1.  0. -1.  0.]
```

Izračunajmo direktno kinematiko za primer, ko sta $\theta_1 = \pi/4$ in $\theta_2 = \pi/3$.

```python
theta1 = np.pi/4   # 45 stopinj
theta2 = np.pi/3   # 60 stopinj

result = expm(twist_to_matrix(xi1) * theta1) @ \
    expm(twist_to_matrix(xi2) * theta2) @ g
```

Izpišimo rezultirajočo matriko:

```python
print("\nTransformacijska matrika za th1 = pi/4, th2 =
    pi/3:")
print(result)
```

Z izpisom:

```
Transformacijska matrika za th1 = pi/4, th2 = pi/3:
[[-0.25881905 -0.96592583  0.          0.57769726]
 [ 0.96592583 -0.25881905  0.          1.19006969]
 [ 0.          0.          1.          0.        ]
 [ 0.          0.          0.          1.        ]]
```

Matrika opisuje lego vrha pri danih zasukih.

46.2   Numerična inverzna kinematika

V tem primeru poglejmo, kako uporabiti izpeljano metodo inverzne kinematike z Newton-Raphsonovo metodo. Vključimo knjižnice:

```python
import numpy as np
import sympy as sp
```

Definirajmo dolžini segmentov in uporabimo SymPy za simbolno definicijo spremenljivk in izračun direktne kinematike. Izračunamo tudi Jakobijevo matriko in pretvorimo simbolne izraze v numerične funkcije.

```python
a1 = 1.0
a2 = 0.5

theta1, theta2 = sp.symbols('theta1 theta2')
x = a1 * sp.cos(theta1) + a2 * sp.cos(theta1 + theta2)
y = a1 * sp.sin(theta1) + a2 * sp.sin(theta1 + theta2)

J = sp.Matrix([x, y]).jacobian(sp.Matrix([theta1,
↪    theta2]))

f_x = sp.lambdify((theta1, theta2), x, 'numpy')
f_y = sp.lambdify((theta1, theta2), y, 'numpy')
f_J = sp.lambdify((theta1, theta2), J, 'numpy')
```

Definirajmo funkcijo za direktno kinematiko:

```python
def dk(theta1, theta2):
    return np.array([f_x(theta1, theta2), f_y(theta1,
↪    theta2)])
```

Ta funkcija izračuna pozicijo končne točke robota glede na dane zasuke sklepov. Naslednja funkcija implementira inverzno kinematiko z uporabo Newton-Raphsonove metode:

```python
def ik(target_x, target_y, initial_guess,
↪    max_iterations=100, tolerance=1e-6):
    theta = initial_guess
    for _ in range(max_iterations):
        current_position = dk(theta[0], theta[1])
        error = np.array([target_x, target_y]) -
↪        current_position

        if np.linalg.norm(error) < tolerance:
            return theta

        J = f_J(theta[0], theta[1])
        J_inv = np.linalg.inv(J)
        delta_theta = J_inv @ error
        theta += delta_theta
        theta = np.mod(theta + np.pi, 2 * np.pi) - np.pi
    raise Exception("Inverzna kinematika ni
↪    konvergirala.")
```

V vsaki iteraciji izračunamo trenutno pozicijo, napako glede na ciljno pozicijo, in uporabimo Jakobijevo matriko za izračun spremembe kotov. Proces se ponavlja, dokler ne doseže želene tolerance ali maksimalnega števila iteracij.

Sedaj lahko uporabimo te funkcije za reševanje konkretnega primera:

```python
print("Simbolna Jakobijeva matrika:")
sp.pprint(J)

target_x, target_y = 1.2, 0.5
initial_guess = np.array([0.1, 0.1])

try:
    solution = ik(target_x, target_y, initial_guess)
```

```python
    print(f"Rešitev: theta1 =
↪    {np.degrees(solution[0]):.2f}, theta2 =
↪    {np.degrees(solution[1]):.2f}")

    final_position = dk(solution[0], solution[1])
    print(f"Končna pozicija: x =
↪    {final_position[0]:.4f}, y =
↪    {final_position[1]:.4f}")
except Exception as e:
    print(f"Napaka: {str(e)}")
```

Izpis je naslednji:

```
Simbolna Jakobijeva matrika:
|-1.0 sin(th1) - 0.5 sin(th1 + th2)  -0.5 sin(th1 +
↪    th2)|
|
↪    |
|1.0 cos(th1) + 0.5 cos(th1 + th2)   0.5 cos(th1 + th2)
↪    |
Rešitev: theta1 = 42.83, theta2 = -63.90
Končna pozicija: x = 1.2000, y = 0.5000
```

Končna rešitev je prikazana na sliki 46.1.

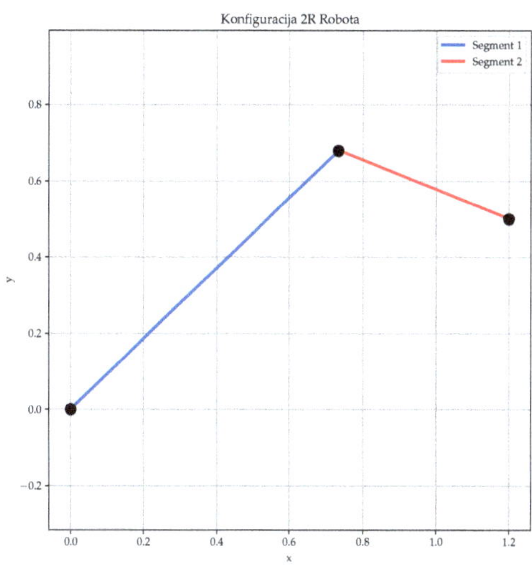

Slika 46.1 – Končna konfiguracija robota.

Zakaj je vijak neroden v socialnih situacijah? Ker je preveč zategnjen!

Povezave
• Naprej na simulacijo členkastih robotov, stran 101.

Poglavje 47.

Simulacija členkastih robotov z roboticstoolbox

Uvod Pripravite se na potovanje v svet simulacij, kjer so edine poškodbe, ki jih lahko dobite, tiste od prekomerne uporabe tipkovnice! Brez smeha, karpalni sindrom ni šala.

Povezave
- Nazaj na hitrostno in PD krmiljenje, stran 57.
- Nazaj na primer programa za vijačno teorijo, stran 99.

V tem poglavju se bomo podali v čudoviti svet simulacije členkastih robotov z uporabo knjižnice `roboticstoolbox`. Naučili se bomo, kako izvajati kinematične in dinamične simulacije, krmiliti robote in jih vizualizirati v 3D okolju.

47.1 Kinematična simulacija hitrostnega krmiljenja

Najprej vključimo knjižnice `roboticstoolbox`, `numpy`, `swift` in `math`. Roboticstoolbox namreč uporablja Swift za 3D vizualizacijo v brskalniku.

```python
import roboticstoolbox as rtb
import numpy as np
import swift
import math
```

Ustvarimo Swift okolje in vanj dodajmo 7-osnega sodelovalnega robota Franka Emika Panda:

```python
env = swift.Swift()
env.launch(realtime=True)
robot = rtb.models.Panda()
robot.q = robot.qr
env.add(robot)
```

Definirajmo ciljno trajektorijo, ki bo spreminjala le pomik v x osi in zasuk okoli x-a, *alpha*:

```python
def x_ref(x0, t):
    return x0 + 0.2 * math.sin(t)

def alpha_ref(alpha0, t):
    return alpha0 + 3.14 * math.sin(t)
```

Preden začnemo s kinematično simulacijo, določimo parametre njenega izvajanja. Nato pa v vsakem trenutku določimo napako, jo pomnožimo s konstanto (1.0 v danem primeru), jo pomnožimo s psevdoinverzom Jakobijana (gre za reduntantnega

robota), ter priredimo hitrosti robotovih sklepov.

```python
t_sim = 20
dt = 0.01
time = np.linspace(0, t_sim, int(t_sim/dt)) # [0.00,
↪  0.01, 0.02, 0.03, ...]
for t in time:
    [x, y, z] = robot.fkine(robot.q).t # trenutna
    ↪  lokacija vrha
    [alpha, beta, gamma] = robot.fkine(robot.q).eul() #
    ↪  trenutni zasuk
    xd = [1.0 * (x_ref(x0, t) - x), 0, 0, 1.0 *
    ↪  (alpha_ref(alpha0, t) - alpha), 0, 0] # kv *
    ↪  napaka
    J = robot.jacob0(robot.q)
    robot.qd = np.linalg.pinv(J) @ xd
    env.step(dt)
```

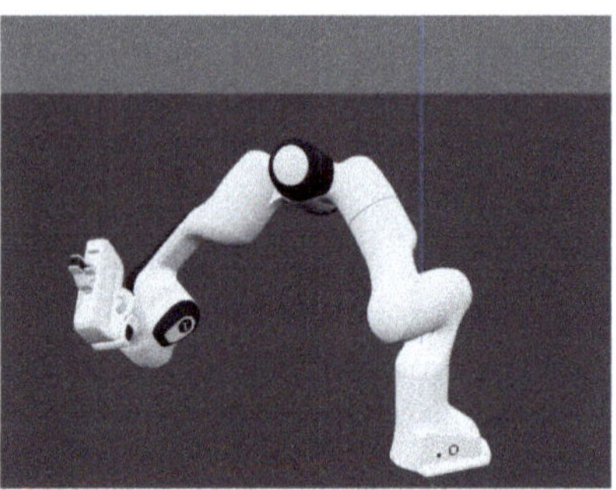

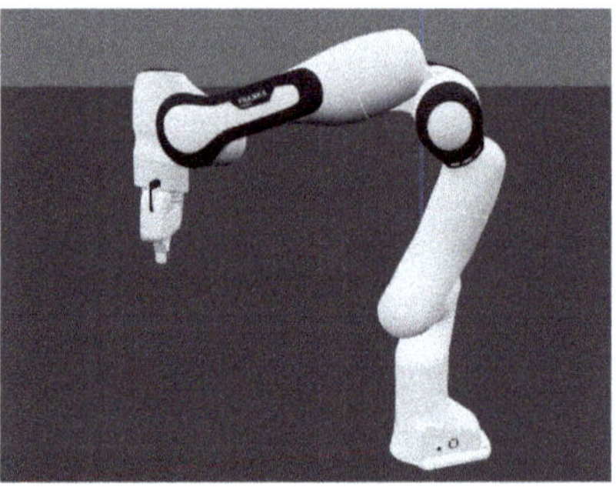

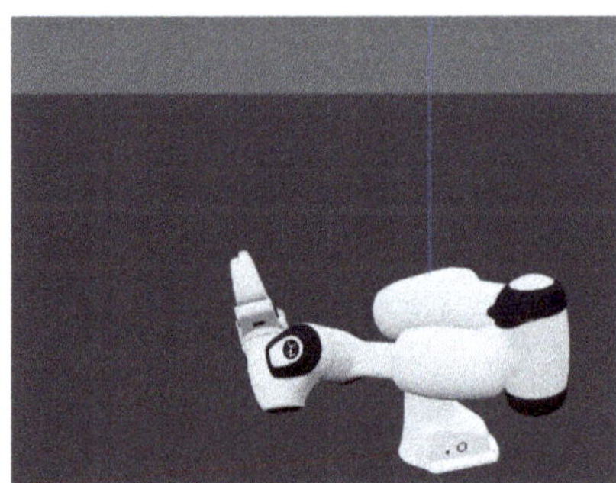

Slika 47.1 – Robot se zvezno premika med prikazanima skrajnima legama.

47.2 Dinamska simulacija PD krmiljenja v prostoru sklepov

Vključimo knjižnice in inicializirajmo simulator. Roboticstoolbox omogoča simulacijo dinamike robotov, definiranih z Denavit-Hartenbergovimi parametri, vizualizacijo v 3D pa z navadnimi modeli, zato bomo preračune delali na objektu tipa `DHRobot` in jih vizualizirali z objektom tipa `Robot`.

```python
import roboticstoolbox as rbt
import swift
import numpy as np
import spatialmath as sm
import math
import matplotlib.pyplot as plt

robot = rbt.models.Panda()
robot_dh = rbt.models.DH.Panda()
robot.q = robot.qr
robot_dh.q = robot_dh.qr

env = swift.Swift()
env.launch(realtime=True)
env.add(robot)
```

Definirajmo trajektorijo.

```python
def x_ref(x0, t):
    return x0 + 0.2 * math.sin(t)
```

Zapomnimo si začetno stanje robota in določimo parametre simulacije.

```python
# začetni translacija (vektor) in rotacija (3x3 matrika
↪   SO3)
T = robot_dh.fkine(robot_dh.q)
[x0, y0, z0] = T.t
rot0 = sm.SO3(T.R)
# začetni x_ref, q_ref
xx_ref = sm.SE3(x0, y0, z0) @ sm.SE3(rot0)
q_ref_prev = robot_dh.ikine_LM(xx_ref, robot_dh.q).q

dt = 0.01
t_sim = 5
time = np.linspace(0, t_sim, int(t_sim/dt)) # [0.00,
↪   0.01, 0.02, ...]

# za izris
x_ref_plot = []
x_act_plot = []
```

V simulacijski zanki najprej poglejmo trenutno stanje robota in izračunajmo napaki položaja in hitrosti.

```python
for t in time:
    # x_ref, q_ref, qd_ref v vsakem trenutku
    xx_ref = sm.SE3(x_ref(x0, t), y0, z0) @ sm.SE3(rot0)
    q_ref = robot_dh.ikine_LM(xx_ref, robot_dh.q).q
    qd_ref = (q_ref - q_ref_prev) / dt
    q_ref_prev = q_ref

    # napaki položaja in hitrosti
    q_err = q_ref - robot_dh.q
    qd_err = qd_ref - robot_dh.qd
```

Definirajmo krmilni navor po PD krmilni shemi, uporabimo $K_p = 1000$ in $K_d = 100$.

```python
    # krmilni navor
    tau = 1000 * q_err + 100 * qd_err
    tau = robot_dh.inertia(robot_dh.q) @ tau
    tau += robot_dh.gravload(robot_dh.q)
```

Uporabimo `accel` funkcijo za izračun pospeškov ob danih navorih, jih zintegrirajmo v pomike in prikažimo s Swiftom.

```python
    qdd = robot_dh.accel(q=robot_dh.q, qd=robot_dh.qd,
    ↪   torque=tau)
    # "integracija"
    robot_dh.qd += qdd * dt
    robot_dh.q += robot_dh.qd * dt
    # sinhronizacija z vizualizacijo
    robot.qd = robot_dh.qd
    robot.q = robot_dh.q
    # za vizualizacijo
    x_ref_plot.append(x_ref(x0, t))
    x_act_plot.append(robot_dh.fkine(robot_dh.q).t[0])

    env.step(dt)
```

Na koncu izrišimo referenčne in dejanske pomike.

```python
plt.plot(time, x_ref_plot, label='$x_{ref}$')
plt.plot(time, x_act_plot, label='$x_{act}$')
plt.xlabel('$t$ [s]', fontsize=12)
plt.ylabel('$x$ [m]', fontsize=12)
plt.legend(fontsize=10)
plt.grid(True, linestyle=':', alpha=0.7)
plt.show()
```

Rezultata sta vizualizacija gibanja robota in graf.

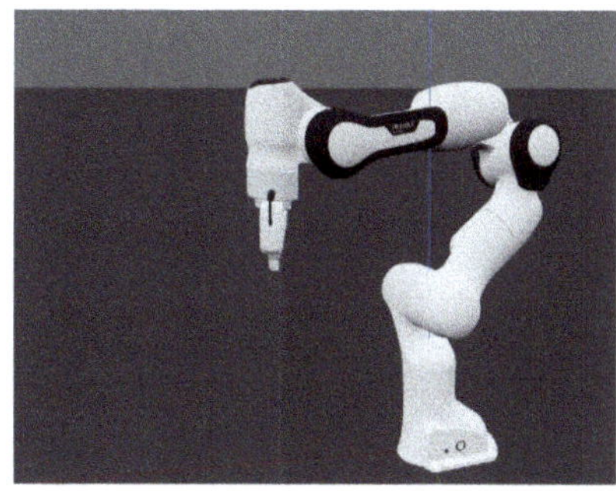

Slika 47.2 – Vizualizacija robota med simulacijo.

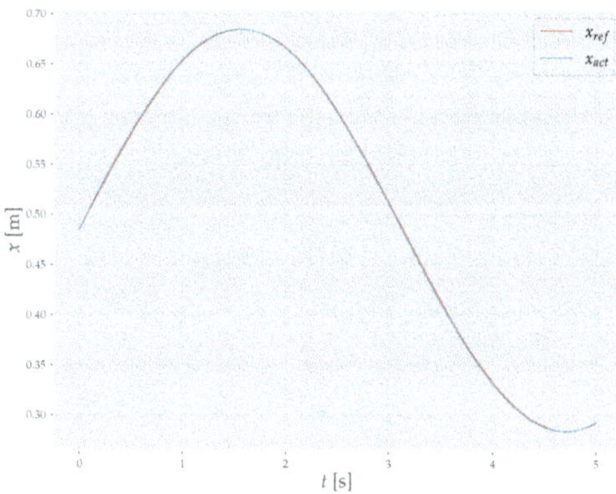

Slika 47.3 – Razlika med referenčno in doseženo trajektorijo.

Kakšen je robot, ki vedno naredi napako v simulaciji? Sim-patičen!

Povezave
• Naprej na simulacijo mobilnih robotov, stran 103.

Poglavje 48.

Simulacija mobilnih robotov

Uvod V simulaciji lahko naši digitalni prijatelji brezskrbno tavajo po virtualnih pokrajinah brez strahu pred praskami ali trki! Pretijo pa zato druge nevarnosti, kot so neskončne zanke in deljenje z ničlo.

Povezave
- Nazaj na osnovno vodenje mobilnih robotov, stran 75.
- Nazaj na simulacijo členkastih robotov, stran 101.

V tem poglavju bomo raziskali dve ključni področji simulacije mobilnih robotov: vodenje v točko in vodenje po trajektoriji.

48.1 Vodenje v točko

Vključimo knjižnice ter izberimo, da je robotova začetna lega $(x, y, \theta) = (0, 0, 0)$ in ciljna točka $p = (1, 1)$.

```python
import numpy as np
import matplotlib.pyplot as plt
import math
[x, y, theta] = [0, 0, 0]
[x_ref, y_ref] = [1, 1]
```

Določimo korak simulacije $Deltat = 0.01$ s, število korakov $N + 500$ in parametre krmilnika $K_\omega = 1.5$ ter $K_v = 0.5$.

```python
dt = 0.01
num_steps = 500
kw = 1.5
kv = 0.5
path = np.zeros((num_steps + 1, 2))
path[0] = [x, y]
```

V vsakem koraku simulacije izračunamo referenčne hitrosti po izbranem krmilnem zakonu.

```python
for i in range(1, num_steps + 1):
    theta_ref = math.atan2(y_ref - y, x_ref - x)
    omega_ref = kw * ((theta_ref - theta + math.pi) % (2
    ↪ * math.pi) - math.pi)
    v_ref = kv * math.sqrt((x_ref - x) ** 2 + (y_ref -
    ↪ y) ** 2)
```

Nato pa jih omejimo in uporabimo kinematični model za določanje naslednje lege.

```python
omega_ref = np.clip(omega_ref, -math.pi, math.pi)
v_ref = np.clip(v_ref, -1, 1)
x = x + v_ref * math.cos(theta) * dt
y = y + v_ref * math.sin(theta) * dt
```

```python
    theta = theta + omega_ref * dt
    path[i] = [x, y]
```

Na koncu še izrišimo pot robota.

```python
plt.scatter(path[:, 0], path[:, 1])
plt.scatter(x_ref, y_ref, color="Red")
plt.xlabel('$x$ [m]', fontsize=12)
plt.ylabel('$y$ [m]', fontsize=12)
plt.grid(True, linestyle=':', alpha=0.7)
plt.axis('equal')
plt.show()
```

Rezultat je graf poti robota.

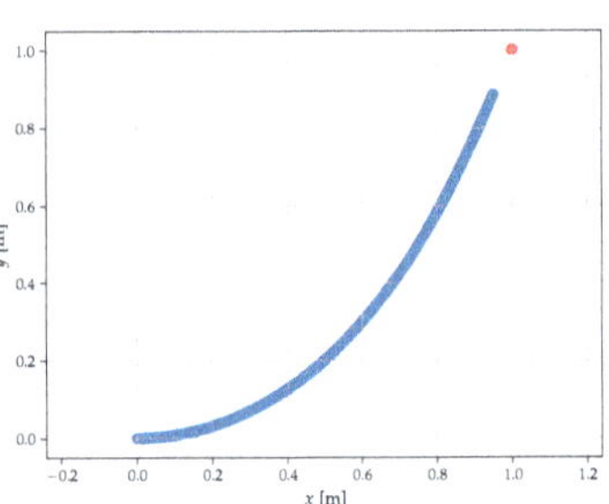

(a) $K_\omega = 1.5, K_v = 0.5$

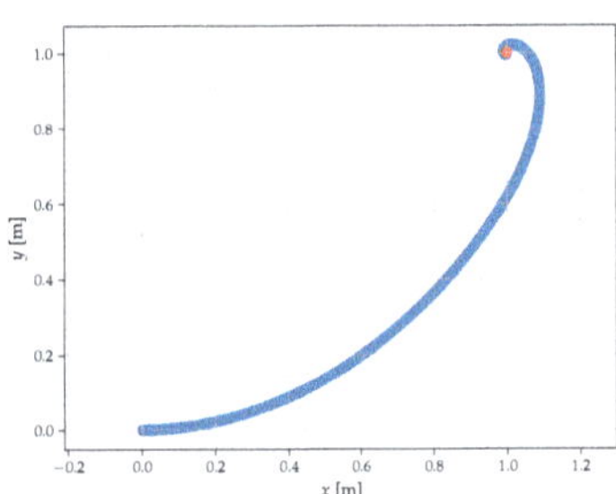

(b) $K_\omega = 1.5, K_v = 2.0$

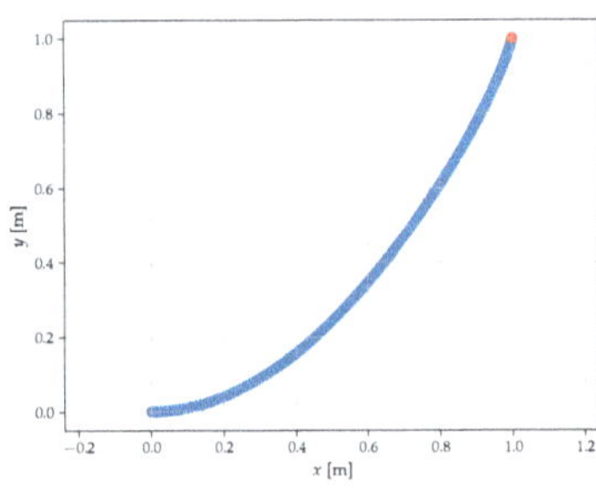

(c) $K_\omega = 3.0, K_v = 2.0$

Slika 48.1 – Pri premajhnem K_v, slika 48.1a robot ne doseže želene lege, pri premajhnem K_ω pa lahko točko zgreši oz. okoli nje zaokroži, kot prikazano na sliki 48.1b. V danem primeru z agresivnimi parametri dosežemo primerno trajektorijo, prikazano na sliki 48.1c.

48.2 Vodenje po trajektoriji

Za vodenje po trajektoriji bomo uporabili isti princip, le da bomo za definicijo referenčne trajektorije uporabili knjižnico **sympy**, ki omogoča simbolno odvajanje funkcij. Vključimo knjižnice.

```python
import numpy as np
import matplotlib.pyplot as plt
import sympy as sp
```

Nato določimo trajektorijo x_{ref} in y_{ref}, s SymPy izračunamo njene odvode ter jih pripravimo v obliki funkcij.

```python
t = sp.Symbol('t')
x_ref = sp.sin(t) + 0.2 * t**2
y_ref = sp.cos(t)
xd_ref = sp.diff(x_ref, t)
yd_ref = sp.diff(y_ref, t)
xdd_ref = sp.diff(xd_ref, t)
ydd_ref = sp.diff(yd_ref, t)

x_ref_func = sp.lambdify(t, x_ref, 'numpy')
y_ref_func = sp.lambdify(t, y_ref, 'numpy')
xd_ref_func = sp.lambdify(t, xd_ref, 'numpy')
yd_ref_func = sp.lambdify(t, yd_ref, 'numpy')
xdd_ref_func = sp.lambdify(t, xdd_ref, 'numpy')
ydd_ref_func = sp.lambdify(t, ydd_ref, 'numpy')
```

Določimo začetno stanje robota $q = (x, y, \theta)$ parametra simulacije Δt in t_{sim} ter parametre krmilnika K_x, K_y in K_ω. Na koncu pa pripravimo še podatkovne strukture za pomnjenje stanja robota med simulacijo.

```python
[x, y, theta] = [0, 0, 0]

dt = 0.01
t_sim = 4.0
num_steps = int(t_sim / dt)

kx = 1.0
ky = 5.0
kw = 3.0

path = np.zeros((num_steps + 1, 2))
trajectory = np.zeros((num_steps + 1, 2))
path[0] = [x, y]
trajectory[0] = [x_ref_func(0), y_ref_func(0)]
```

V vsakem koraku simulacije najprej izračunajmo hitrosti predkrmiljenja v_{ff} in ω_{ff}.

```python
for i, t in enumerate(np.linspace(0, t_sim, num_steps)):
    vff = np.sqrt(xd_ref_func(t)**2 + yd_ref_func(t)**2)
    wff = (xd_ref_func(t) * ydd_ref_func(t) -
    ↪    xdd_ref_func(t) * yd_ref_func(t)) /
    ↪    (xd_ref_func(t)**2 + yd_ref_func(t)**2)
```

Nato napake lege robota glede na trajektorijo v translatorni e_x in prečni smeri e_y ter napako zasuka e_θ.

```python
    ex = np.cos(theta) * (x_ref_func(t) - x) +
    ↪    np.sin(theta) * (y_ref_func(t) - y)
    ey = -np.sin(theta) * (x_ref_func(t) - x) +
    ↪    np.cos(theta) * (y_ref_func(t) - y)
    theta_ref = np.arctan2(yd_ref_func(t),
    ↪    xd_ref_func(t))
    etheta = (theta_ref - theta + np.pi) % (2 * np.pi) -
    ↪    np.pi
```

Za konec simulacijske zanke izračunamo referenčni hitrosti v_{ref} in ω_{ref}, izvedemo kinematično simulacijo premika, ter si zapomnimo podatke za izris.

```python
    v_ref = vff * np.cos(etheta) + kx * ex
    omega_ref = wff + ky * ey + kw * etheta

    x = x + v_ref * np.cos(theta) * dt
    y = y + v_ref * np.sin(theta) * dt
    theta = theta + omega_ref * dt

    path[i+1] = [x, y]
    trajectory[i+1] = [x_ref_func(t), y_ref_func(t)]
```

Za konec pa vse skupaj že izrišemo.

```python
plt.scatter(path[:, 0], path[:, 1], label='Pot robota')
plt.scatter(trajectory[:, 0], trajectory[:, 1],
↪    color="Red", label='Referenčna trajektorija')
plt.legend()
plt.xlabel('X')
plt.ylabel('Y')
plt.axis('equal')
plt.grid(True)
plt.show()
```

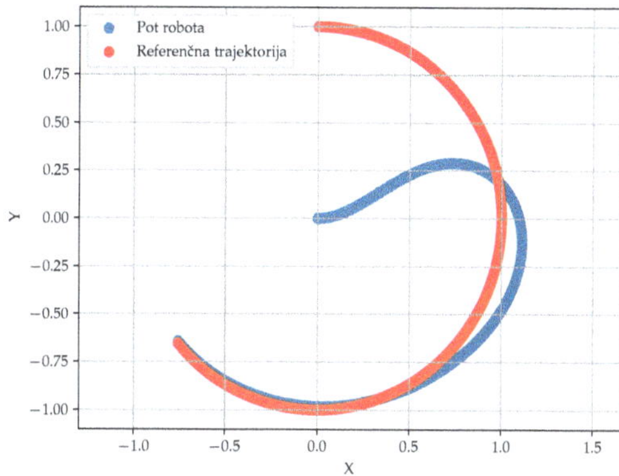

Slika 48.2 – Referenčna in dosežena trajektorija za $x_{ref} = \sin(t)$ in $y_{ref} = \cos(t)$.

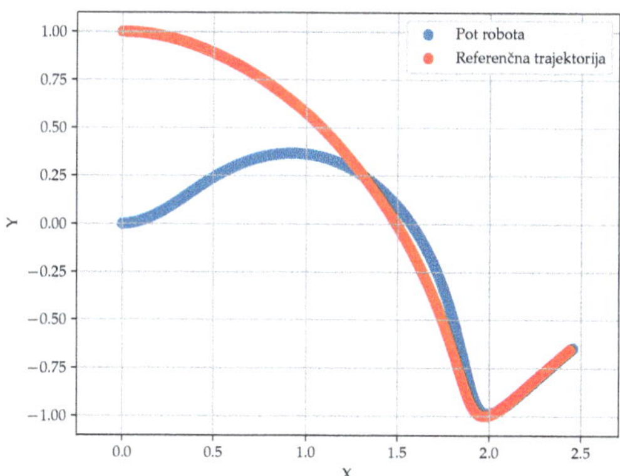

Slika 48.3 – Referenčna in dosežena trajektorija za $x_{ref} = \sin(t) + 0.2 \cdot t^2$ in $y_{ref} = \cos(t)$.

Kaj reče mobilni robot, ko starta pot po trajektoriji? Veni, vidi, pičiii!

Povezave
• Naprej na umetno inteligenco: stran 105.

Poglavje 49.

Umetna inteligenca

Uvod Pogosto se pojavlja vprašanje, kaj sploh je inteligenca oz. ali lahko to lastnost pripišete vašemu štirinožnem prijatelju ali pa vašemu šefu. V kontekstu umetne inteligence (UI) stvari na žalost ostajajo zapletene, ampak jih poskušajmo vseeno, na inteligenten način, osvetliti. Bo pa to poglavje vključevalo več "filozofije", a se vsaj potrudimo, da lekcije v nadaljevanju ilustriramo s konkretnimi primeri.

Povezave
- Nazaj na simulacijo mobilnih robotov: stran 103.

49.1 Elementi inteligence in koncept agenta

Probleme računalniškega reševanja zahtevnih problemov lahko razdelimo na šest področij: *iskanje, prepoznavanje vzorcev, učenje, planiranje, indukcijo* in *generiranja novega*. Pojdimo po vrsti.

Iskanje je temeljna metoda reševanja problemov, pri kateri računalnik sistematično preizkuša možne rešitve. Zaradi obsežnosti iskalnega prostora pri večini zanimivih problemov so ključne hevristične metode, ki usmerjajo in omejujejo iskanje. Primer kompleksnosti iskalnega prostora je igra šaha, kjer celotno drevo iskanja obsega neverjetnih 10^{120} vej, kar presega zmogljivosti tudi najnaprednejših računalnikov.

Prepoznavanje vzorcev omogoča računalniku učinkovito kategorizacijo situacij in uporabo ustreznih metod. Od preprostih primerjav s prototipi do naprednih analiz lastnosti, ta sposobnost je ključna pri nalogah, kot je prepoznavanje objektov na slikah.

Učenje je proces, ki računalniku omogoča izboljšanje delovanja na podlagi izkušenj. Metode segajo od osnovnega spodbujevalnega učenja do kompleksnih algoritmov za oblikovanje pravil in modelov iz podatkov, pogosto z uporabo simulacijskih metod.

Planiranje vključuje razčlenitev problema na manjše enote in iskanje optimalnega zaporedja korakov za dosego cilja. Ta sposobnost zahteva abstraktno razmišljanje in predvidevanje posledic dejanj.

Indukcija je proces sklepanja iz posameznih primerov na splošna pravila, kar je ključno za učenje in posploševanje izkušenj.

Generiranje novega predstavlja najnovejšo kategorijo sistemov UI, ki na podlagi naučenega ustvarjajo izvirne vsebine v različnih oblikah, od besedila do zvoka in slik.

Medtem ko so se ta področja UI sprva raziskovala ločeno, se je v 90-ih letih prejšnjega stoletja pojavil koncept agenta kot združujoči element, ki je prinesel nov, celovit pristop k razvoju umetne inteligence.

Agent je avtonomna entiteta, ki zaznava svoje okolje preko senzorjev in nanj vpliva s svojimi dejanji prek aktuatorjev. Pomembno pri tem je, da je agent ločen od okolja, v katerem deluje.

Ta abstrakcija omogoča poenoteno obravnavo vseh naštetih elementov inteligence. Če agent kategorizira senzorske vhode, prepoznava vzorce. Če agent s časom izboljšuje svoje delovanje, se uči. Če agentovo okolje vsebuje druge agente, govorimo o večagentnem sistemu. Prav tako pa lahko tudi robota obravnavamo kot agenta, s senzorji, kot so kamere in aktuatorji, kot so motorji, ki ženejo kolesa.

49.2 Grenka lekcija

Richard Sutton je 2019 zapisal *grenko lekcijo* [16], ki temelji na opažanjih uspehov UI v obdobju 70-tih let od njenih pričetkov: *Metode, ki uspešno uporabljajo računsko moč, so najučinkovitejše.* Kljub temu, da se to morda zdi trivialno, pa temelji na globljih resnicah in je podprto z množico primerov, še pomembneje pa je, da ima globoke implikacije za UI na splošno in za njeno prihodnost.

Računska moč ima lastnost, da se njena dostopnost s časom izboljšuje *eksponentno*, čemur pravimo Moore-ov zakon. Gordon Moore je namreč že 1965 opazil ta eksponentni trend. V osnovi je predvidel, da se bo število tranzistorjev na tipičnem integriranem vezju podvojilo vsaki dve leti. Sodobne formulacije tega opažanja se nanašajo na sorodne trende, ki imajo prav tako eksponenten značaj: računska moč na Watt, kapaciteta shranjevanja podatkov na dolar, mrežna pasovna širina na uporabnika, itn.

Kljub temu, da imajo eksponentni trendi meje, ki jih določajo naravni zakoni, pa ima ne glede na to tovrstno lastnost tehnologija v splošnem. Izboljšanje grafičnih kartic omogoča boljše algoritme, s katerimi je izboljšana nova generacija grafičnih kartic. Eksponentna rast je posledica tovrstnih procesov, ki na nek način poganjajo oz. pospešujejo same sebe.

Že leta 1997 je Deep Blue premagal šahovskega prvaka Garyja Kasparova, pri čemer je bila glavna prednost pred sicer bolj sofisticiranimi algoritmi iz preteklosti prav računska moč. Nadalje je AlphaZero, UI, ki je bila v celoti naučena prek igranja s samo sabo, leta 2017 premagala najmočneješe šahovske programe, ki so jih kadarkoli napisali ljudje. 2016 je AlphaGo, predhodnik splošnejšega AlphaZero, premagal človeka v igri Go, ki ima še bistveno večji problemski prostor od šaha. AlphaGo je bil še vedno naučen tudi na bazi človeških iger. AlphaGo Zero, ki je bil v celoti naučen s samoigro, ga je nato leta 2017 premagal 100 proti 0.

Podobno je na področju prepoznavanja vzorcev v slikah. DanNet je bil leta 2011 prva povsem naučena UI, ki je zmagala tekmovanje v tej disciplini. Klasični programi, ki uporabljajo človeško pamet za prepoznavanja vzorcev, od takrat naprej niso več konkurenčni.

Od naštetih metod se zdi, da se tri odlično skalirajo z računsko močjo: iskanje, učenje in generiranje novega. Slednje zato, ker temelji na učenju. Še ena lekcija pa je, da je morda bolje agentom pustiti, da odkrivajo rešitve sami, tako kot to počnemo ljudje.

49.3   Sladilo

Vseeno pa ni vse tako grenko. Za sodobne sisteme umetne inteligence namreč veljajo zakoni *skaliranja*. Razčlenimo.

Sodobni sistemi umetne inteligence so fundamentalno drugačni od klasičnih programov. Sestavljajo jih tri glavne komponente.

Podatki   oz. podatkovne množice, na katerih učimo. Podatki lahko neposredno opisujejo realen svet, npr. slike psov in mačk, ali pa so ustvarjeni umetno, npr. s simulacijo. Obvladovanje podatkovne množice je skorajda disciplina samo zase, saj pogosto želimo reprezentativne in uravnotežene podatke.

Modeli   oz. metode in algoritmi, ki jih apliciramo na podatkovno množico. Izbiro in velikost modela določa problem, npr. za klasifikacijo bomo uporabili klasično večslojno polno povezano nevronsko mrežo, za procesiranje slik konvolucijske sloje, za napovedovanje časovnih vrst pa rekurenčne. Tehnike modeliranja v grobem ločimo na nenadzorovano, nadzorovano in spodbujevalno učenje.

Računska moč   , ki modelom omogoča procesiranje podatkov, tako v smislu njihovega modeliranja oz. učenja, kot v smislu njihove uporabe oz. inference.

To, drastično drugačno razumevanje programiranje je Andrej Karpathy poimenoval Programiranje 2.0 [17]. Zanj je značilno, da ustvarjalec programa piše manj kode in več truda namenja obladovanju podatkovne množice ter izboljševanju modela.

Vse tri komponente pa imajo lastnost, ki posladka grenko lekcijo: *skalabilnost*. Program bo v splošnem deloval bolje, če bo podatkov več, če bo model večji, in če bo aplicirana večja računska moč!

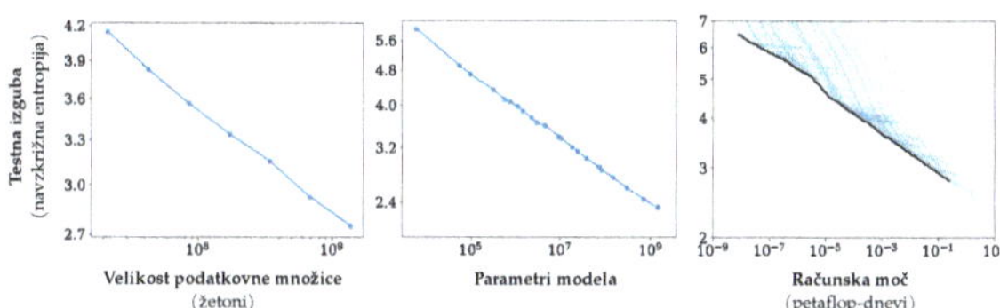

Slika 49.1 – Skaliranje sposobnosti s skaliranjem komponent [18].

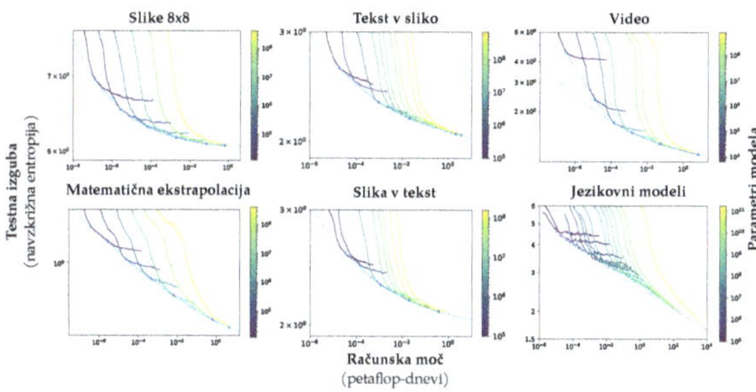

Slika 49.2 – Skaliranje sposobnosti pri različnih problemih [19].

V zadnjem času pa se je pri velikih jezikovnih modelih pojavila še ena komponenta skalabilnosti: čas inference. Dlje, kot z internim monologom razmišljajo (ang. Chain of Thought), bolje se odrežejo. Meje skalabilnosti te komponente pa v tem trenutku še niso znane.

Deep Blue je bil tako dober v šahu, da je dal nov pomen besedi mat v avtoMATiki!

Povezave
• Naprej na nevronske mreže: stran 107.

[16] Sutton, R. The bitter lesson. *Incomplete Ideas (blog)* **13**, 38 (2019). URL http://www.incompleteideas.net/IncIdeas/BitterLesson.html.

[17] Karpathy, A. Software 2.0. *Medium (blog)* (2017). URL https://karpathy.medium.com/software-2-0-a64152b37c35.

[18] Kaplan, J. *et al.* Scaling laws for neural language models. *arXiv preprint arXiv:2001.08361* (2020).

[19] Henighan, T. *et al.* Scaling laws for autoregressive generative modeling. *arXiv preprint arXiv:2010.14701* (2020).

Poglavje 50.

Nevronske mreže

Uvod Ste se kdaj vprašali, kako delajo vaši možgani? Če ste prišli do sem je odgovor vsekakor, da zelo zelo dobro. Nevronske mreže koncept delovanja možganov posnemajo, včasih celo tako uspešno, da lahko rešijo vašo domačo nalogo.

Povezave
- Nazaj na umetno inteligenco: stran 105.

Nevronske mreže so pomemben del sodobnega strojnega učenja in umetne inteligence. Temeljijo na konceptu bioloških nevronov in so sposobne učenja kompleksnih vzorcev iz podatkov. V tem poglavju bomo obravnavali osnovne koncepte nevronskih mrež, vključno s perceptronom, aktivacijskimi funkcijami, vzvratnim razširjanjem in funkcijami izgube.

50.1 Perceptron

Perceptron je najpreprostejša oblika umetnega nevrona. Iznašla sta ga Warren McCullock in Walter Pitts, za prvo implementacijo pa je poskrbel Frank Rosenblatt leta 1957. Perceptron je preprost računski model, sestavljen iz vhodov, uteži, odmika in aktivacijske funkcije. Matematično ga lahko opišemo z enačbo:

$$y = f(\sum_{i=1}^{n} w_i x_i + b) \qquad (50.1)$$

kjer je y izhod, f aktivacijska funkcija, w_i uteži, x_i vhodi in b odmik. Perceptron torej sešteje vse vhode, pomnožene z utežmi, jim prišteje odmik, njgov izhod pa nato določi aktivacijska funkcija.

V prvih iteracijah je bila aktivacijska funkcija Heavisideova koračna funkcija, katere izhod je 0, kadar je vsota vhodov in odmika manjša od 0 in 1, kadar je večja ali enaka. Danes za aktivacijo uporabljamo še kopico drugih funkcij.

50.2 Aktivacijske funkcije

Aktivacijske funkcije so ključni element nevronskih mrež, ki omogočajo modeliranje nelinearnih odnosov. Poglejmo si nekatere pogosto uporabljene primere.

Sigmoidna funkcija vedno vrne pozitivne vrednosti:

$$f(x) = \frac{1}{1 + e^{-x}} \qquad (50.2)$$

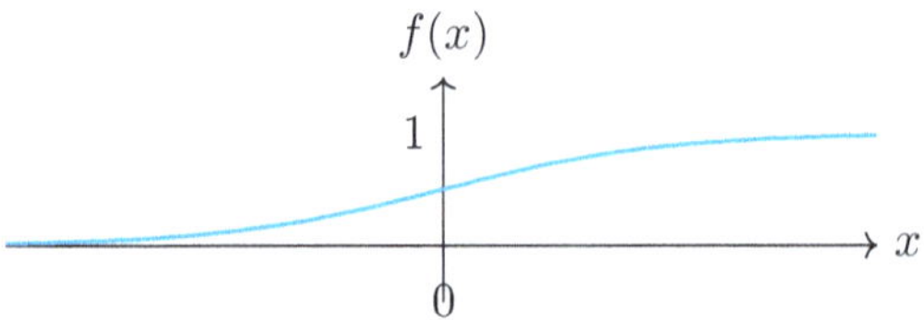

Slika 50.1 – Sigmoidna funkcija.

ReLU (ang. Rectified Linear Unit) vse negativne vrednosti vhoda postavi na 0:

$$f(x) = \max(0, x) \qquad (50.3)$$

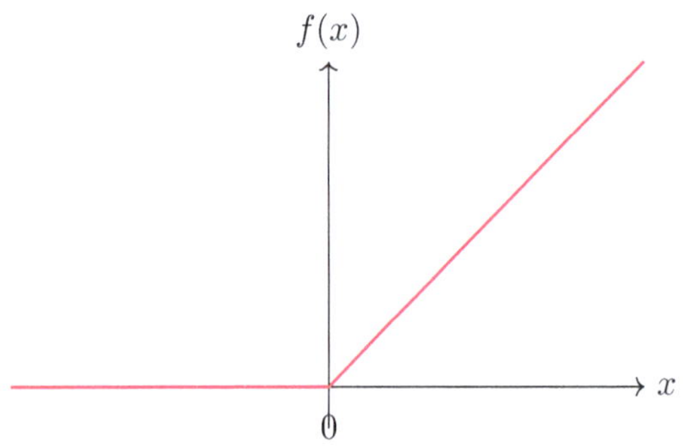

Slika 50.2 – ReLU funkcija.

Hiperbolični tangens pa vrača tako negativne, kot pozitivne vrednosti:

$$f(x) = \frac{e^x - e^{-x}}{e^x + e^{-x}} \qquad (50.4)$$

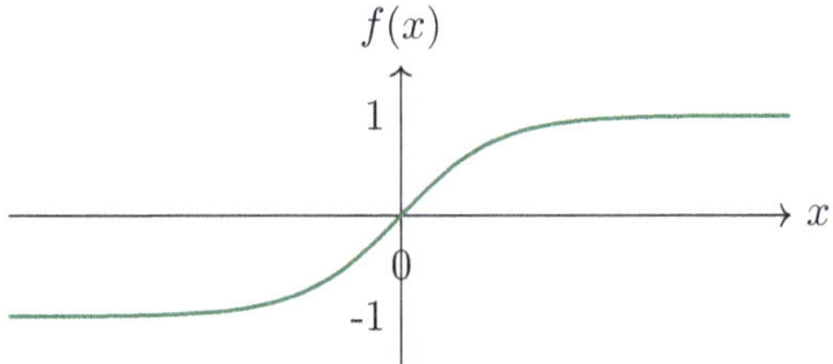

Slika 50.3 – Tanh funkcija.

50.3 Vzvratno razširjanje

Nevronsko mrežo nato sestavlja kopica medsebojno povezanih nevronov. Izhodi enih so prek uteži pripeljani kot vhodi drugih. Učenje nevronske mreže je nato proces, ki nastavlja uteži in odmik tako, da zmanjšuje napako izhoda celotne mreže. Osnovni algoritem za to je t.i. vzvratno razširjanje (ang. backpropagation), ki temelji na gradientnem spusti in verižnem pravilu za izračun parcialnih odvodov. Pri tem so osnovni koraki (1) izračun napovedi (naprej), (2) izračun napake, (3) izračun gradientov (nazaj) in (4) posodobitev uteži.

Gradient napake glede na utež w_{ij} lahko izrazimo kot:

$$\frac{\partial E}{\partial w_{ij}} = \frac{\partial E}{\partial y_j} \cdot \frac{\partial y_j}{\partial z_j} \cdot \frac{\partial z_j}{\partial w_{ij}} \qquad (50.5)$$

kjer je E napaka, y_j izhod nevrona j in z_j vhod v aktivacijsko funkcijo nevrona j.

Čeprav lahko gradiente računamo ročno, je to v praksi zelo zamudno in dovzetno za napake. Zato sodobna ogrodja za strojno učenje, kot sta PyTorch in TensorFlow, uporabljajo avtomatsko odvajanje ali *autograd*. To je tehnika, ki deluje tako, da med izvajanjem naprej (ang. forward pass) gradi računski graf, ki beleži vse operacije. Ko pride do vzvratnega razširjanja, lahko ta graf uporabi za avtomatski izračun vseh potrebnih odvodov z uporabo verižnega pravila. Matematično gledano, avtomatsko odvajanje temelji na razčlenitvi kompleksnih funkcij na zaporedje osnovnih operacij.

Primer Poglejmo si avtomatsko odvajanje na primeru.

$$f(x) = \sin(x^2 + 3x) \qquad (50.6)$$

Razčlenimo jo lahko na elementarne korake:

$$\begin{aligned} v_1 &= x^2 \\ v_2 &= 3x \\ v_3 &= v_1 + v_2 \\ f(x) &= \sin(v_3) \end{aligned} \qquad (50.7)$$

Pri vzvratnem prehodu nato uporabljamo verižno pravilo za izračun odvodov:

$$\begin{aligned} \frac{\partial f}{\partial v_3} &= \cos(v_3) \\ \frac{\partial v_3}{\partial v_1} &= 1 \\ \frac{\partial v_3}{\partial v_2} &= 1 \\ \frac{\partial v_1}{\partial x} &= 2x \\ \frac{\partial v_2}{\partial x} &= 3 \end{aligned} \qquad (50.8)$$

Končni odvod dobimo z verižnim pravilom:

$$\frac{\partial f}{\partial x} = \cos(v_3) \cdot (2x + 3) \qquad (50.9)$$

Ta proces se v avtomatskem odvajanju izvede samodejno za vse parametre v mreži.

50.4 Funkcije izgube

Funkcije izgube merijo razliko med napovedmi modela in dejanskimi vrednostmi. Pogosta funkcija izgube je srednja kvadratna napaka (MSE), ki je vsota kvadratov razlik med dejanskimi izhodi y_i in želenimi $\hat{y}_i$.

$$MSE = \frac{1}{n} \sum_{i=1}^{n} (y_i - \hat{y}_i)^2 \qquad (50.10)$$

Poleg te sta največkrat uporabljeni še binarna križna entropija (BCE) in kategorična križna entropija (CCE).

$$BCE = -\frac{1}{n} \sum_{i=1}^{n} [y_i \log(\hat{y}_i) + (1 - y_i) \log(1 - \hat{y}_i)] \qquad (50.11)$$

$$CCE = -\sum_{i=1}^{n} y_i \log(\hat{y}_i) \qquad (50.12)$$

Za večrazredno klasifikacijo se pogosto uporablja še softmax izguba, ki kombinira softmax aktivacijsko funkcijo s križno entropijo. Softmax funkcija pretvori surove izhode nevronske mreže v verjetnostno porazdelitev čez vse razrede:

$$\text{softmax}(x_i) = \frac{e^{x_i}}{\sum_{j=1}^{n} e^{x_j}} \qquad (50.13)$$

Ta izguba je posebej uporabna, ko želimo klasificirati vhod v enega izmed več medsebojno izključujočih se razredov, saj zagotavlja, da je vsota verjetnosti čez vse razrede enaka 1.

Nevronske mreže so torej učljivi računski stroji. Naloga učenja je zmanjševati vrednost funkcije izgube z uporabo vzvratnega razširjanja po dani arhitekturi povezav med nevroni. Najenostavnejša arhitektura, večslojni perceptron, sloje nevronov mesebojno polno poveže.

Zakaj je nevronska mreža padla na izpitu? Ker je bila *živčna*!

Povezave
• Naprej na konvolucijske nevronske mreže: stran 109.

Poglavje 51.

Konvolucijske nevronske mreže

Uvod Ste kdaj opazovali svojega psa, kako prepozna priboljšek? Ne potrebuje superračunalnika ali doktorata iz računalniškega vida, dovolj je samo en pogled. Konvolucijske nevronske mreže delujejo podobno, le da namesto možganov uporabljajo matemarične operacije.

Povezave
- Nazaj na nevronske mreže: stran 107.

Večslojni perceptron ni nujno najučinkovitejša arhitektura za vse vrste nalog. Pri obdelavi slik, na primer, je smiselno upoštevati naravo podatkov, t.j., da so slikovne točke na sliki povezane tako horizontalno, kot vertikalno. Zato so s časoma nastale specifične arhitekture, ki so učinkovitejše pri specifičnih aplikacijah.

51.1   Konvolucijska plast

Konvolucijska plast je osnovni gradnik konvolucijskih nevronskih mrež. Temelji na matematični operaciji konvolucije, ki jo označimo z operatorjem $*$. V kontekstu konvolucijskih nevronskih mrež običajno delamo z večdimenzionalnimi podatki (npr. slikami). Za dvodimenzionalno konvolucijo velja:

$$(I * K)[i,j] = \sum_m \sum_n I[i+m, j+n] K[m,n] \quad (51.1)$$

kjer je I vhodna matrika (npr. slika) in K konvolucijsko jedro oziroma filter.

Konvolucijska plast je sestavljena iz množice učljivih filtrov (jeder), ki se med učenjem prilagajajo podatkom. Vsak filter je majhna matrika uteži (običajno velikosti 3×3 ali 5×5), ki se premika po vhodni matriki in računa skalarni produkt z delom vhodne matrike, ki ga trenutno prekriva. Rezultat je nova matrika - značilka (ang. feature map).

Matematično lahko izhod konvolucijske plasti y zapišemo kot:

$$y_{ij}^k = \sigma \left(\sum_{m=0}^{M-1} \sum_{n=0}^{N-1} w_{mn}^k x_{i+m, j+n} + b^k \right) \quad (51.2)$$

V tej enačbi w_{mn}^k predstavlja utež k-tega filtra na poziciji (m,n), $x_{i+m, j+n}$ je vhodna vrednost na poziciji $(i+m, j+n)$, b^k je odmik k-tega filtra, σ je aktivacijska funkcija, M in N pa sta dimenziji filtra.

Konvolucijska plast ima več pomembnih parametrov. Prvi parameter je velikost filtra, ki določa receptivno polje nevrona. Drugi parameter je število filtrov, ki določa število različnih značilk, ki jih plast lahko zazna. Tretji parameter je korak (ang. stride), ki določa za koliko slikovnih točk se filter premakne v vsaki iteraciji. Četrti parameter je obrobljenje (ang. padding), ki določa, kako obravnavamo robove vhodne matrike.

Konvolucijske plasti imajo pomembno lastnost deljenja uteži (ang. weight sharing), kar pomeni, da se isti filter uporablja na vseh pozicijah vhodne matrike. To močno zmanjša število parametrov v primerjavi s polno povezanimi plastmi in uvede translacijsko invariantnost - značilka bo zaznana ne glede na to, kje v sliki se pojavi.

51.2   Tenzorji

Tenzorji so posplošitev matrik na več dimenzij. V kontekstu konvolucijskih nevronskih mrež predstavljajo osnovne podatkovne strukture, s katerimi operiramo. V polno povezani plasti so vhodni podatki običajno organizirani kot tenzor oblike (N, d), kjer je N število primerov v paketu (ang. batch size) in d dimenzija vhodnega vektorja. Utežna matrika ima obliko (d, h), kjer je h število nevronov v plasti. Izhod take plasti je tenzor oblike (N, h).

Pri konvolucijskih plasteh so podatki tipično organizirani kot štiridimenzionalni tenzorji oblike (N, C, H, W), kjer je N velikost paketa, C število kanalov, H višina in W širina. Na primer, barvna slika ima 3 kanale (RGB), črno-bela slika pa 1 kanal. Konvolucijski filtri so organizirani kot tenzorji oblike (F, C, K_h, K_w), kjer je F število filtrov, C število vhodnih kanalov, K_h in K_w pa višina in širina filtra.

Za primer vzemimo klasifikacijo slik velikosti 32×32 slikovnih točk. Vhodni tenzor za paket 64 barvnih slik bi imel obliko $(64, 3, 32, 32)$. Če uporabimo konvolucijsko plast s 16 filtri velikosti 3×3, bo tenzor filtrov imel obliko $(16, 3, 3, 3)$, izhodni tenzor pa obliko $(64, 16, 30, 30)$ (dimenzije se zmanjšajo zaradi konvolucije brez obrobljenja).

Pomembno je poudariti, da so operacije med tenzorji definirane po komponentah. Tako je na primer konvolucija med vhodnim tenzorjem in tenzorjem filtrov izvedena za vsak filter posebej, rezultati pa so združeni v izhodni tenzor. Podobno so aktivacijske funkcije aplicirane na vsak element tenzorja posebej.

51.3 Združevalna plast

Združevalna plast (ang. pooling layer) je pomemben element konvolucijskih nevronskih mrež, ki zmanjšuje prostorske dimenzije značilk in s tem zmanjšuje računsko zahtevnost ter število parametrov mreže. Hkrati uvaja določeno mero invariantnosti na manjše premike in rotacije v vhodnih podatkih.

Najpogosteje uporabljamo maksimalno združevanje (ang. max pooling), kjer iz določenega območja izberemo maksimalno vrednost. Za območje velikosti $k \times k$ lahko operacijo maksimalnega združevanja zapišemo kot:

$$y_{ij} = \max_{0 \le m,n < k} x_{i \cdot s + m, j \cdot s + n} \qquad (51.3)$$

kjer je s korak združevanja (ang. stride), x vhodni tenzor in y izhodni tenzor.

Združevalna plast običajno deluje neodvisno na vsakem kanalu vhodnega tenzorja. Če imamo vhodni tenzor oblike (N, C, H, W) in uporabljamo združevalno okno velikosti $k \times k$ s korakom k, bo izhodni tenzor imel obliko $(N, C, H/k, W/k)$.

Za razliko od konvolucijske plasti združevalna plast nima učljivih parametrov. Pri vzvratnem razširjanju napake (ang. backpropagation) se pri maksimalnem združevanju gradient prenese le preko elementa, ki je bil izbran kot maksimum.

51.4 Dekonvolucijska plast

Dekonvolucijska plast, znana tudi kot transponirana konvolucija, je plast, ki izvaja operacijo, ki je v nekem smislu nasprotna konvoluciji. Medtem ko konvolucija zmanjšuje prostorske dimenzije, dekonvolucija te dimenzije povečuje. To je posebej uporabno pri generativnih modelih, segmentaciji slik in pri arhitekturah kodirnik-dekodirnik.

Matematično lahko dekonvolucijo razumemo kot konvolucijo, kjer smo zamenjali vlogo vhodnih in izhodnih podatkov. Za dvodimenzionalni primer lahko izhod dekonvolucijske plasti y zapišemo kot:

$$y_{ij}^k = \sigma \left(\sum_{m=0}^{M-1} \sum_{n=0}^{N-1} w_{mn}^k x_{i-m,j-n} + b^k \right) \qquad (51.4)$$

kjer je glavna razlika v indeksiranju: namesto $i + m, j + n$ uporabljamo $i - m, j - n$. To pomeni, da se filter "razširi" čez vhodni prostor, namesto da bi ga "stisnil".

Povezavo med vhodno in izhodno dimenzijo pri dekonvoluciji lahko zapišemo kot:

$$H_{out} = (H_{in} - 1) \times s - 2p + k \qquad (51.5)$$

kjer je s korak (ang. stride), p obrobljenje (ang. padding) in k velikost filtra. Podobna enačba velja za širino.

51.5 Regularizacija

Regularizacija je tehnika, ki pomaga preprečiti prekomerno prilagajanje učnim podatkom. Pri konvolucijskih nevronskih mrežah uporabljamo več specifičnih metod regularizacije. Prva pomembna metoda je izpuščanje (ang. dropout), kjer med učenjem naključno izključimo določen delež nevronov. Matematično lahko to zapišemo kot:

$$y = m \odot \left(\frac{1}{1-p} x \right) \qquad (51.6)$$

kjer je x vhodni vektor, m binarna maska z verjetnostjo p za vrednost 0, $\odot$ predstavlja množenje po elementih in y izhodni vektor. Faktor $\frac{1}{1-p}$ zagotavlja, da je pričakovana vrednost izhoda enaka kot brez izpuščanja.

Druga pogosta metoda je L2 regularizacija, ki kaznuje velike uteži z dodajanjem regularizacijskega člena v cenilno funkcijo:

$$L_{reg} = L + \lambda \sum_{w \in W} \|w\|_2^2 \qquad (51.7)$$

kjer je L osnovna cenilna funkcija, W množica vseh uteži v mreži in λ regularizacijski parameter.

Pomembna tehnika regularizacije pri konvolucijskih mrežah je tudi normalizacija paketov (ang. batch normalization). Ta normalizira aktivacije znotraj mini-paketa:

$$\hat{x}_i = \frac{x_i - \mu_B}{\sqrt{\sigma_B^2 + \epsilon}} \quad y_i = \gamma \hat{x}_i + \beta \qquad (51.8)$$

kjer sta μ_B in σ_B^2 povprečje in varianca mini-paketa, ϵ je majhna konstanta za numerično stabilnost, γ in β pa učljiva parametra za skaliranje in premik.

> Zakaj konvolucijske plasti druge niso marale? Ker je bila *zatežena*.

Povezave
• Naprej na rekurenčne nevronske mreže: stran 111.

Poglavje 52.

Rekurenčne nevronske mreže

Uvod V tem poglavju bomo spoznali, kako lahko nevronske mreže opremimo s spominom, zaradi katerega postanejo kot tista tečna teta na družinskem srečanju - nikoli ne pozabijo ničesar, kar ste kdaj rekli.

Povezave
- Nazaj na konvolucijske nevronske mreže: stran 109.

52.1 Rekurenčne nevronske mreže in spomin

Osnovna ideja rekurenčnih nevronskih mrež je, da lahko informacije krožijo v mreži. V vsakem časovnem koraku t mreža prejme nov vhod x_t in posodobi svoje skrito stanje h_t glede na trenutni vhod in prejšnje skrito stanje. Matematično lahko to zapišemo kot:

$$h_t = \sigma(W_h h_{t-1} + W_x x_t + b) \qquad (52.1)$$

kjer je W_h matrika uteži za prejšnje skrito stanje, W_x matrika uteži za trenutni vhod, b vektor odmikov in σ aktivacijska funkcija. Izhod mreže y_t lahko izračunamo kot:

$$y_t = g(W_y h_t + b_y) \qquad (52.2)$$

kjer je W_y izhodna matrika uteži, b_y izhodni vektor odmikov in g izhodna aktivacijska funkcija.

Problem osnovnih rekurenčnih mrež je, da težko ohranjajo informacije skozi daljša časovna obdobja zaradi pojava izginjajočih in eksplodirajočih gradientov. To težavo rešujejo naprednejše arhitekture, kot sta LSTM in GRU.

52.2 LSTM

LSTM (ang. Long Short-Term Memory) je arhitektura, ki uvaja koncept spominske celice in mehanizme vrat za nadzor pretoka informacij. LSTM enota ima tri vrata: vhodna vrata i_t, izhodna vrata o_t in vrata za pozabljanje f_t. Matematično lahko LSTM opišemo z naslednjimi enačbami:

$$
\begin{aligned}
f_t &= \sigma(W_f[h_{t-1}, x_t] + b_f) \\
i_t &= \sigma(W_i[h_{t-1}, x_t] + b_i) \\
\tilde{c}_t &= \tanh(W_c[h_{t-1}, x_t] + b_c) \\
c_t &= f_t \odot c_{t-1} + i_t \odot \tilde{c}_t \\
o_t &= \sigma(W_o[h_{t-1}, x_t] + b_o) \\
h_t &= o_t \odot \tanh(c_t)
\end{aligned}
\qquad (52.3)
$$

kjer $\odot$ predstavlja množenje po elementih, c_t stanje spominske celice in $\tilde{c}_t$ kandidata za novo stanje celice. Vhodna vrata i_t določajo, koliko nove informacije se bo dodalo v spominsko celico, vrata za pozabljanje f_t določajo, koliko stare informacije se bo zadržalo, izhodna vrata o_t pa določajo, koliko informacije iz spominske celice se bo posredovalo v skrito stanje.

52.3 GRU

GRU (Gated Recurrent Unit) je poenostavljena različica LSTM, ki združuje vrata za pozalbljanje in vhodna vrata v ena sama posodobitvena vrata z_t ter združi stanje celice in skrito stanje. Matematično lahko GRU opišemo kot:

$$
\begin{aligned}
z_t &= \sigma(W_z[h_{t-1}, x_t] + b_z) \\
r_t &= \sigma(W_r[h_{t-1}, x_t] + b_r) \\
\tilde{h}_t &= \tanh(W_h[r_t \odot h_{t-1}, x_t] + b_h) \\
h_t &= (1 - z_t) \odot h_{t-1} + z_t \odot \tilde{h}_t
\end{aligned}
\qquad (52.4)
$$

kjer so r_t resetirna vrata, z_t posodobitvena vrata in $\tilde{h}_t$ kandidat za novo skrito stanje.

52.4 Učenje rekurenčnih nevronskih mrež

Učenje rekurenčnih nevronskih mrež poteka z algoritmom vzvratnega razširjanja skozi čas (BPTT - Backpropagation Through Time). Gradient napake se razširja nazaj skozi vse časovne korake. Funkcijo izgube lahko zapišemo kot:

$$L = \sum_{t=1}^{T} L_t(y_t, \hat{y}_t) \qquad (52.5)$$

kjer je L_t napaka v času t, y_t dejanska vrednost in $\hat{y}_t$ napovedana vrednost.

Za preprečevanje problema izginjajočih in eksplodirajočih gradientov se uporabljajo različne tehnike, kot npr. *clip*.

52.5 Primerjava LSTM in GRU

Poglejmo si, kako na sintetično generirani časovni vrsti natreniramo LSTM in GRU arhitekturi ter kako uspešne so njune napovedi. Za naključno generirano časovno vrsto, ki jo bomo napovedovali, izberimo $x = \sin t + \cos 10(t + 0.1) + \mathrm{rand}(0.1)$. Vključimo knjižnico PyTorch:

```python
import torch
import torch.nn as nn
```

Model nevronske mreže v PyTorch ustvarimo tako, da dedujemo od razreda **nn.Module** in prepišemo konstruktor **__init__** ter metodo **forward**, ki definira, kako podatki potujejo skozi model oz. arhitekturo nevronske mreže. V konstruktorju določimo parametre mreže in arhitekturo. V obeh primerih poleg LSTM in GRU modelov na koncu pripnemo še linearno plast, katere naloga bo preslikati skrite predstavitve dimenzije **[batch_size, hidden_size]** v končni napovedni prostor dimenzije **[batch_size, output_size]**. Pri prepisu funkcije funkcije **forward** inicializiramo skrito stanje h_0 in v primeru LSTM še stanje celice c_0. Nato propagiramo vhod skozi plasti. LSTM in GRU modela sta naslednja:

```python
class LSTMModel(nn.Module):
    def __init__(self, input_size, hidden_size,
        num_layers, output_size):
        super(LSTMModel, self).__init__()
        self.hidden_size = hidden_size
        self.num_layers = num_layers
        self.lstm = nn.LSTM(input_size, hidden_size,
            num_layers, batch_first=True)
        self.fc = nn.Linear(hidden_size, output_size)
    def forward(self, x):
        h0 = torch.zeros(self.num_layers, x.size(0),
            self.hidden_size).to(x.device)
        c0 = torch.zeros(self.num_layers, x.size(0),
            self.hidden_size).to(x.device)
        out, _ = self.lstm(x, (h0, c0))
        out = self.fc(out[:, -1, :])
        return out
```

```python
class GRUModel(nn.Module):
    def __init__(self, input_size, hidden_size,
        num_layers, output_size):
        super(GRUModel, self).__init__()
        self.hidden_size = hidden_size
        self.num_layers = num_layers
        self.gru = nn.GRU(input_size, hidden_size,
            num_layers, batch_first=True)
        self.fc = nn.Linear(hidden_size, output_size)
    def forward(self, x):
        h0 = torch.zeros(self.num_layers, x.size(0),
            self.hidden_size).to(x.device)
        out, _ = self.gru(x, h0)
        out = self.fc(out[:, -1, :])
        return out
```

Pri treniranju modelov nato modele inicializiramo, določimo izgubno funkcijo (npr. MSE) in optimizator (npr. Adam), ter korakoma vzvratno razšijamo napako po mreži.

```python
def train_and_compare():
    sequence_length = 50
    input_size = 1
    hidden_size = 32
    num_layers = 2
    output_size = 1
    num_epochs = 200
    t = torch.linspace(0, 20, 1000)
    x = torch.sin(t) + torch.cos(10 * (t + 0.1)) +
        torch.randn(t.size()) * 0.1

    sequences = []
    targets = []
    for i in range(len(x) - sequence_length):
        sequences.append(x[i:i+sequence_length])
        targets.append(x[i+sequence_length])
    sequences = torch.stack(sequences).unsqueeze(-1)
    targets = torch.stack(targets)

    lstm_model = LSTMModel(input_size, hidden_size,
        num_layers, output_size)
    # ... od tu naprej vse enako ponovimo tudi za GRU

    criterion = nn.MSELoss()
    lstm_optimizer =
        torch.optim.Adam(lstm_model.parameters())
    lstm_losses = []
    for epoch in range(num_epochs):
        # Treniranje LSTM
        lstm_model.train()
        lstm_optimizer.zero_grad()
        lstm_outputs = lstm_model(sequences)
        lstm_loss = criterion(lstm_outputs.squeeze(),
            targets)
        lstm_loss.backward()
        lstm_optimizer.step()
        lstm_losses.append(lstm_loss.item())
    lstm_model.eval()

    with torch.no_grad():
        test_seq_length = 200
        test_sequences = sequences[-test_seq_length:]
        test_targets = targets[-test_seq_length:]
        lstm_predictions =
            lstm_model(test_sequences).squeeze()
```

Končni rezultat kaže, da je treniranje GRU v tem primeru hitrejše, da pa je LSTM po treningu uspešnejši pri napovedovanju.

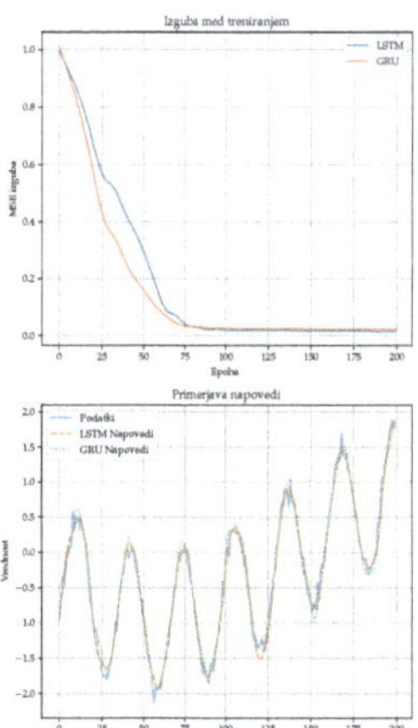

Slika 52.1 – Primerjava LSTM in GRU modelov.

Kaj reče rekurenčna nevronska mreža pri psihiatru? Težava je, da ne morem pozabiti preteklosti!

Povezave
- Naprej na transformer: stran 113.

Poglavje 53.

Transformer

Uvod Se spomnite tistih starih dobrih časov oz. prejšnjega poglavja, ko smo še verjeli, da so rekurenčne nevronske mreže najboljša stvar od izuma rezanega kruha? No, potem je leta 2017 prišel transformer in vse postavil na glavo.

Povezave
- Nazaj na rekurenčne nevronske mreže: stran 111.

Arhitektura transformerja je bila predstavljena na konferenci NIPS leta 2017 in predstavlja prelomen trenutek za področje umetne inteligence [20].

53.1   Pozornost

Pozornost (ang. attention) je mehanizem, ki omogoča nevronski mreži, da se osredotoči na pomembne dele vhodnih podatkov.

$$\mathcal{A}(\mathbf{Q}, \mathbf{K}, \mathbf{V}) = \text{softmax}\left(\frac{\mathbf{Q}\mathbf{K}^T}{\sqrt{d_k}}\right)\mathbf{V} \qquad (53.1)$$

kjer so $\mathbf{Q}$ matrika poizvedb dimenzije $(n_q \times d_k)$, $\mathbf{K}$ matrika ključev dimenzije $(n_k \times d_k)$, $\mathbf{V}$ matrika vrednosti dimenzije $(n_k \times d_v)$, d_k dimenzija ključev in d_v dimenzija vrednosti.

Recimo, da imamo zaporedje besed "Mačka lovi miš". V tem primeru bi lahko za besedo "lovi" izračunali pozornost na naslednji način:

1. Najprej pretvorimo vsako besedo v vektorsko predstavitev (ang. embedding)
2. Za besedo "lovi" generiramo poizvedbo $\mathbf{Q}$
3. Za vse besede ustvarimo ključe $\mathbf{K}$ in vrednosti $\mathbf{V}$
4. Izračunamo ujemanje med poizvedbo in ključi ($\mathbf{Q}\mathbf{K}^T$)
5. Normaliziramo rezultat s softmax funkcijo
6. Utežimo vrednosti z dobljenimi utežmi

V transformerjih se uporablja večglava pozornost (ang. multi-head attention), kjer se isti postopek izvaja vzporedno v več "glavah":

$$\mathcal{A}(\mathbf{Q}, \mathbf{K}, \mathbf{V}) = \text{Concat}(\text{head}_1, ..., \text{head}_h)\mathbf{W}^O \qquad (53.2)$$

kjer je posamezna glava definirana kot:

$$\text{head}_i = \text{Attention}(\mathbf{Q}\mathbf{W}_i^Q, \mathbf{K}\mathbf{W}_i^K, \mathbf{V}\mathbf{W}_i^V) \quad (53.3)$$

To omogoča mreži, da se hkrati osredotoči na različne vidike vhodnih podatkov. Na primer, ena glava se lahko osredotoči na sintaktične povezave, druga na semantične povezave itd.

53.2   Vektorske predstavitve

Vektorske predstavitve (ang. embeddings) so ključni element transformerjev, ki omogočajo preslikavo diskretnih elementov, kot so besede ali simboli, v zvezni vektorski prostor. V tem prostoru so semantično podobni elementi predstavljeni s podobnimi vektorji, kar omogoča nevronski mreži učinkovito procesiranje podatkov.

V transformerjih potrebujemo dve vrsti vektorskih predstavitev. Prvi je standardni predstavitveni sloj, ki preslika vhodne žetone (ang. tokens) v vektorje fiksne dimenzije:

$$\mathbf{E}_{\text{token}} = \mathbf{W}_E \mathbf{x} \qquad (53.4)$$

kjer je $\mathbf{W}_E$ matrika uteži predstavitvenega sloja in $\mathbf{x}$ one-hot vektor vhodnega žetona.

Druga vrsta predstavitve je pozicijska predstavitev (ang. positional embedding):

$$\text{PE}_{(pos,2i)} = \sin\left(\frac{pos}{10000^{2i/d_{\text{model}}}}\right) \qquad (53.5)$$

$$\text{PE}_{(pos,2i+1)} = \cos\left(\frac{pos}{10000^{2i/d_{\text{model}}}}\right) \qquad (53.6)$$

kjer pos predstavlja položaj v zaporedju, i indeks dimenzije in d_{model} dimenzijo predstavitvenega prostora.

Končna predstavitev vhodnega elementa je vsota obeh predstavitvenih vektorjev:

$$\mathbf{E}_{\text{final}} = \mathbf{E}_{\text{token}} + \mathbf{PE} \qquad (53.7)$$

53.3   Arhitektura

Arhitektura transformerja je zasnovana na principu kodirnika in dekodirnika (ang. encoder-decoder), kjer vsak del sestoji iz več identičnih slojev.

Pri opisovanju arhitekture transformerja uporabljamo naslednjo matematično notacijo:

- $\mathbf{x}^{(l)}$ – vhodni vektor v l-tem sloju
- $\mathbf{z}^{(l)}$ – vmesni vektor po prvem pod-sloju v l-tem sloju
- $\mathbf{y}^{(l)}$ – vmesni vektor po drugem pod-sloju v l-tem sloju (samo v dekodirniku)
- $\mathbf{x}^{(l+1)}$ – izhodni vektor l-tega sloja
- $\mathcal{A}(\cdot)$ – funkcija večglave pozornosti

- $\mathcal{A}_M(\cdot)$ – funkcija maskirane večglave pozornosti
- $\mathcal{F}(\cdot)$ – dvoslojna nevronska mreža
- $\mathrm{LN}(\cdot)$ – normalizacija sloja
- $\mathbf{h}_{\mathrm{enc}}$ – izhodni vektor kodirnika
- $\mathbf{h}_{\mathrm{dec}}$ – izhodni vektor dekodirnika
- $\mathbf{W}_1, \mathbf{W}_2$ – matrike uteži v dvoslojni nevronski mreži
- $\mathbf{b}_1, \mathbf{b}_2$ – vektorji odmikov v dvoslojni nevronski mreži
- $\mathbf{W}_p, \mathbf{b}_p$ – matrika uteži in vektor odmikov v projekcijskem sloju

Kodirnik je sestavljen iz večih enakih slojev:

$$\mathbf{z}^{(l)} = \mathrm{LN}(\mathbf{x}^{(l)} + \mathcal{A}(\mathbf{x}^{(l)})) \qquad (53.8)$$

$$\mathbf{x}^{(l+1)} = \mathrm{LN}(\mathbf{z}^{(l)} + \mathcal{F}(\mathbf{z}^{(l)})) \qquad (53.9)$$

Dekodirnik vsebuje dodaten pod-sloj:

$$\mathbf{z}^{(l)} = \mathrm{LN}(\mathbf{x}^{(l)} + \mathcal{A}_M(\mathbf{x}^{(l)})) \qquad (53.10)$$

$$\mathbf{y}^{(l)} = \mathrm{LN}(\mathbf{z}^{(l)} + \mathcal{A}(\mathbf{z}^{(l)}, \mathbf{h}_{\mathrm{enc}})) \qquad (53.11)$$

$$\mathbf{x}^{(l+1)} = \mathrm{LN}(\mathbf{y}^{(l)} + \mathcal{F}(\mathbf{y}^{(l)})) \qquad (53.12)$$

Dvoslojna nevronska mreža je definirana kot:

$$\mathcal{F}(\mathbf{x}) = \max(0, \mathbf{x}\mathbf{W}_1 + \mathbf{b}_1)\mathbf{W}_2 + \mathbf{b}_2 \qquad (53.13)$$

Izhodni sloj na koncu pretvori izhode dekodirnika v verjetnostno porazdelitev:

$$P(\text{izhod}) = \mathrm{softmax}(\mathbf{W}_p\mathbf{h}_{\mathrm{dec}} + \mathbf{b}_p) \qquad (53.14)$$

53.4 Primer

Za lažje razumevanje si poglejmo konkreten primer, kako transformer obdela ukaz za robotsko roko. Vzemimo preprost stavek: "Robot prime kozarec".

Najprej besedilo razdelimo na osnovne enote - žetone:

- ["Robot", "prime", "kozarec"]
- Vsak žeton dobi svoj indeks: [1, 2, 3]
- Dodamo posebne žetone:
  - [START] na začetku (indeks 0)
  - [END] na koncu (indeks 4)

Vsak žeton pretvorimo v vektor števil (npr. dimenzije 512):

- "Robot" $\rightarrow$ [0.2, -0.5, 0.1, ..., 0.3]
- "prime" $\rightarrow$ [-0.1, 0.8, 0.4, ..., -0.2]
- ...

Ti vektorji so naučeni tako, da:

- Podobne besede imajo podobne vektorje (npr. "robot" in "manipulator")
- Zajemajo semantične lastnosti (npr. "prime" in "pobere" sta podobna ukaza)

Dodamo informacijo o položaju:

- Vsaka pozicija dobi svoj sinusni in kosinusni vzorec
- "Robot" (pozicija 1): $\sin(1/10000^{2i/512}), \cos(1/10000^{2i/512})$
- Te vzorce prištejemo vektorskim predstavitvam

Za vsako besedo izračunamo, kako pomembne so ostale besede:

Pozornost	Robot	prime	kozarec
Robot $\rightarrow$	70%	20%	10%
prime $\rightarrow$	40%	40%	20%
kozarec $\rightarrow$	10%	40%	50%

Kodirnik uporablja pozornost za razumevanje strukture ukaza: prepozna "Robot" kot izvajalca, "prime" kot akcijo in "kozarec" kot cilj manipulacije.

Dekodirnik postopoma gradi zaporedje ukazov za robotsko roko:

1. [START] $\rightarrow$ "premakni_v_začetni_položaj"
2. "premakni_v_začetni_položaj" $\rightarrow$ "najdi_kozarec"
3. "najdi_kozarec" $\rightarrow$ "odpri_prijemalo"
4. "odpri_prijemalo" $\rightarrow$ "premakni_nad_kozarec"
5. "premakni_nad_kozarec" $\rightarrow$ "spusti_prijemalo"
6. "spusti_prijemalo" $\rightarrow$ "zapri_prijemalo"
7. "zapri_prijemalo" $\rightarrow$ [END]

Pri vsakem koraku upošteva že generirane ukaze, informacije iz kodirnika in verjetnosti za naslednji ukaz v zaporedju. Ta proces se izvaja vzporedno in omogoča hitro pretvorbo naravnega jezika v zaporedje ukazov za robota. Večglava pozornost omogoča, da model hkrati analizira različne vidike ukaza (npr. sintakso, semantiko, kontekst) in tako proizvede pravilno zaporedje akcij.

Zakaj transformer tako dobro razume jezik? Ker *pozorno* posluša!

Povezave
- Naprej na primer implementacije transformerja: stran 115.

[20] Vaswani, A. *et al.* Attention is all you need.(nips), 2017. *arXiv preprint arXiv:1706.03762* **10**, S0140525X16001837 (2017).

Poglavje 54.

Primer napovedovanja časovnih vrst s transformerjem

Uvod Če ste mislili, da so transformerji le roboti iz znanstvenofantastičnih filmov, ki se lahko spremenijo v avtomobile, ste v zmoti! Namesto raket in laserjev uporabljajo mehanizem pozornosti, ki jim omogoča, da se osredotočijo na pomembne dele podatkov - nekaj, kar bi marsikateremu študentu med predavanji prišlo zelo prav.

Povezave
- Nazaj na opis transformerja: stran 113.

V tem poglavju bomo implementirali transformer za napovedovanje časovnih vrst. Pokazali bomo, kako lahko arhitekturo transformerja, ki je bila prvotno razvita za obdelavo naravnega jezika, uporabimo tudi za napovedovanje numeričnih zaporedij.

54.1   Model transformerja

Model transformerja implementiramo kot razred `TransformerModel`, ki deduje od `nn.Module`. Vhodne podatke najprej pretvorimo v višjedimenzijski prostor s pomočjo polnopovezanega `nn.Linear` sloja, kar omogoča bogatejšo predstavitev podatkov in usklajuje dimenzije za mehanizem pozornosti.

```python
class TransformerModel(nn.Module):
    def __init__(self, input_size, d_model, nhead,
    ↪ num_layers, output_size):
        super(TransformerModel, self).__init__()
        self.input_embedding = nn.Linear(input_size,
        ↪ d_model)
        self.pos_encoder =
        ↪ PositionalEncoding(d_model)
        encoder_layers =
        ↪ nn.TransformerEncoderLayer(d_model=d_model,
        ↪ nhead=nhead)
        self.transformer_encoder =
        ↪ nn.TransformerEncoder(encoder_layers,
        ↪ num_layers=num_layers)
        self.output_layer = nn.Linear(d_model,
        ↪ output_size)

    def forward(self, x):
        x = self.input_embedding(x)
        x = x.permute(1, 0, 2)
        x = self.pos_encoder(x)
        x = self.transformer_encoder(x)
        x = x[-1]
        x = self.output_layer(x)
        return x
```

Model transformerja, izvožen s pomočjo knjižnice `torchviz` prikazuje slika 54.1.

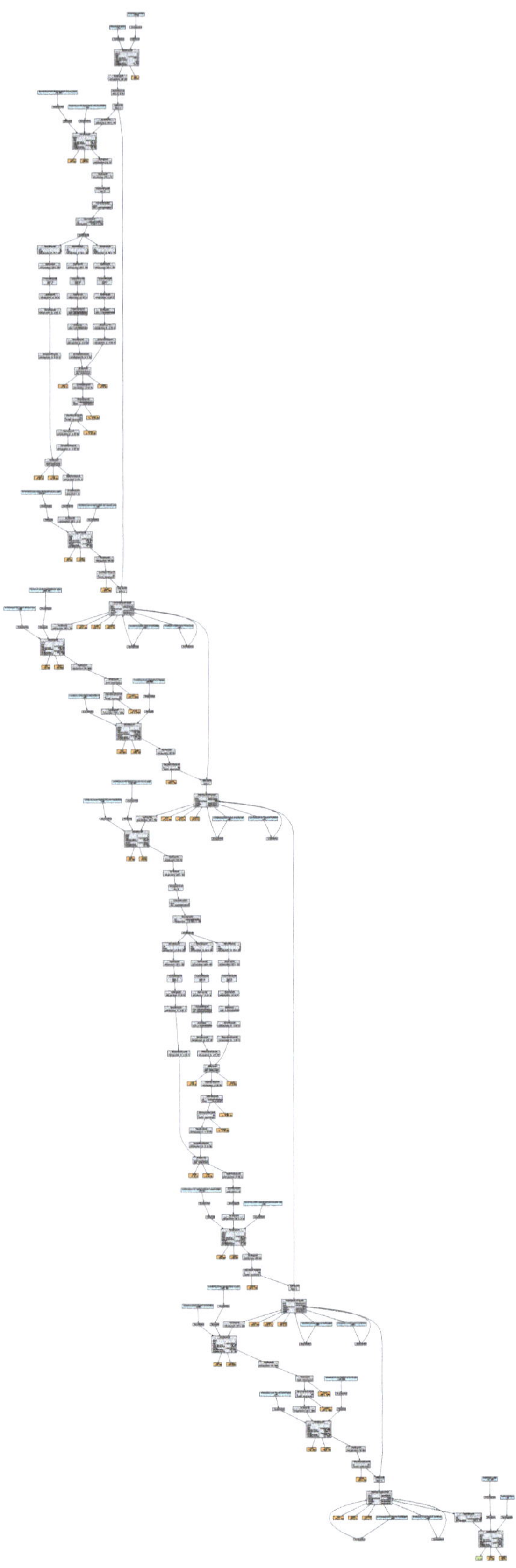

Slika 54.1 – Model transformerja.

54.2 Kodiranje položaja

Za kodiranje položaja uporabljamo sinusno-kosinusno kodiranje. To je deterministična metoda, ki ne potrebuje učenja in omogoča modelu razlikovanje med različnimi položaji v zaporedju. Implementacija pozicijskega kodiranja je naslednja:

```python
class PositionalEncoding(nn.Module):
    def __init__(self, d_model, max_len=5000):
        super(PositionalEncoding, self).__init__()
        pe = torch.zeros(max_len, d_model)
        position = torch.arange(0, max_len,
        ↪   dtype=torch.float).unsqueeze(1)
        div_term = torch.exp(torch.arange(0, d_model,
        ↪   2).float() *

                        ↪   (-torch.log(torch.tensor(10000.0))
                        ↪   / d_model))
        pe[:, 0::2] = torch.sin(position * div_term)
        pe[:, 1::2] = torch.cos(position * div_term)
        pe = pe.unsqueeze(1)
        self.register_buffer('pe', pe)

    def forward(self, x):
        return x + self.pe[:x.size(0)]
```

54.3 Treniranje in rezultat

Za treniranje modela najprej generiramo sintetične podatke in pripravimo podatkovne strukture. Model treniramo z naslednjo kodo:

```python
sequence_length = 50
input_size = 1
d_model = 32
nhead = 4
num_layers = 2
output_size = 1
num_epochs = 200

t = torch.linspace(0, 20, 1000)
x = torch.sin(t) + torch.cos(10 * (t + 0.1)) +
↪   torch.randn(t.size()) * 0.1

sequences = []
targets = []
for i in range(len(x) - sequence_length):
    sequences.append(x[i:i+sequence_length])
    targets.append(x[i+sequence_length])

sequences = torch.stack(sequences).unsqueeze(-1)
targets = torch.stack(targets)

transformer_model = TransformerModel(input_size,
↪   d_model, nhead, num_layers, output_size)
criterion = nn.MSELoss()
transformer_optimizer =
↪   torch.optim.Adam(transformer_model.parameters())
```

Za optimizacijo uporabljamo Adamov optimizator in MSE kriterijsko funkcijo. Treniranje izvajamo v zanki:

```python
transformer_losses = []
for epoch in range(num_epochs):
    transformer_model.train()
    transformer_optimizer.zero_grad()
    transformer_outputs = transformer_model(sequences)
    transformer_loss =
    ↪   criterion(transformer_outputs.squeeze(),
    ↪   targets)
    transformer_loss.backward()
    transformer_optimizer.step()
    transformer_losses.append(transformer_loss.item())
```

Rezultati treniranja so prikazani na sliki 54.2.

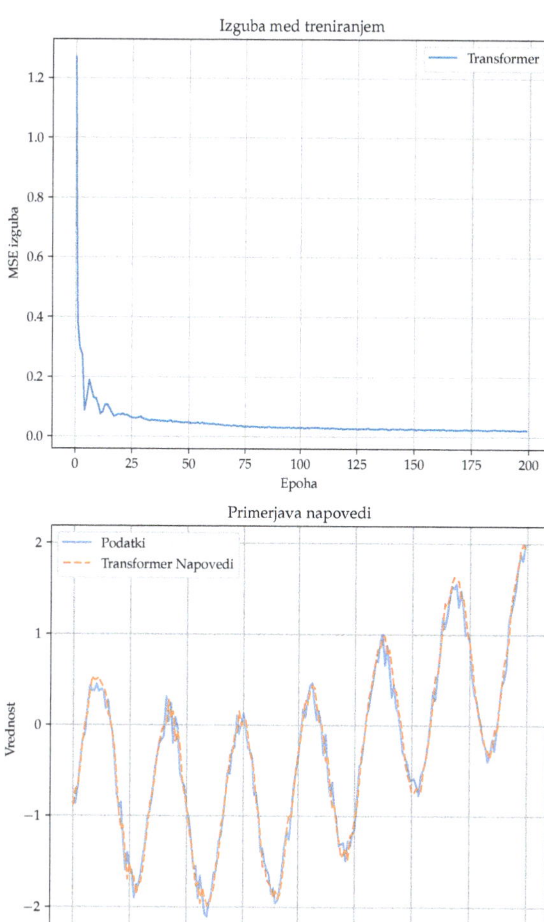

Slika 54.2 – Rezultati treniranja transformerja za napovedovanje časovnih vrst. Zgornji graf prikazuje izgubo med treniranjem, spodnji pa primerjavo med pravimi vrednostmi in napovedmi.

Ta primer demonstrira, da lahko transformer arhitekturo uspešno uporabimo tudi za napovedovanje časovnih vrst. Čeprav je bil transformer prvotno razvit za obdelavo naravnega jezika, njegova sposobnost modeliranja dolgih odvisnosti in učinkovito paralelno procesiranje omogočata uspešno uporabo tudi na numeričnih zaporedjih.

Zakaj se transformer rad gleda v ogledalu. Ker ima vgrajeno samo-pozornost!

Povezave
• Naprej na spodbujevalno učenje: stran 117.

Poglavje 55.

Spodbujevalno učenje

Uvod Ali ste kdaj poskušali naučiti psa novega trika? No, spodbujevalno učenje je podobno. Včasih tudi ta prinese palico, le da v tem primeru palica predstavlja optimalno strategijo v n-dimenzionalnem prostoru.

Povezave
- Nazaj na primer uporabe transformerja: stran 115.

Pri dosedanjih primerih je učenje nevronske mreže potekalo tako, da je po kriteriju funkcije napake minimizirala razliko med danim in njenim izhodom pri znanem vhodu. Poleg te oblike učenja pa je za robotiko pomembna še druga, fundamentalno drugačna. Pri tej se agent oz. robot uči *delovanja* v okolju na način, da izboljšuje za problem specifično nagrado.

55.1 Agent in okolje

Pri spodbujevalnem učenju agent deluje v okolju, s katerim je v stalni interakciji. V vsakem časovnem koraku t agent zazna stanje okolja s_t in na podlagi tega izbere dejanje a_t. Okolje se na to dejanje odzove s prehodom v novo stanje s_{t+1} in agentu dodeli nagrado r_t. Ta proces se nato ponovi. Namen agenta je maksimizirati vsoto vseh prihodnjih nagrad, ki jih bo prejel.

Formalno lahko interakcijo med agentom in okoljem opišemo kot Markovski odločitveni proces (MDP), ki ga definiramo s peterico (S, A, P, R, γ), kjer je:

- S množica vseh možnih stanj okolja
- A množica vseh možnih dejanj agenta
- $P(s_{t+1}|s_t, a_t)$ verjetnostna porazdelitev prehodov stanj
- $R(s_t, a_t, s_{t+1})$ funkcija nagrade
- $\gamma \in [0, 1]$ faktor popusta

Agent se odloča za dejanja na podlagi svoje strategije π, ki preslika stanja v dejanja. V determinističnem primeru je to funkcija $\pi : S \to A$, v stohastičnem pa verjetnostna porazdelitev $\pi(a|s)$. Cilj agenta je najti optimalno strategijo π^*, ki maksimizira pričakovano vsoto nagrad, pomnoženih s faktorjem popusta:

$$\pi^* = \arg\max_{\pi} \mathbb{E}\left[\sum_{t=0}^{\infty} \gamma^t r_t\right] \qquad (55.1)$$

Faktor popusta γ določa, kako pomembne so prihodnje nagrade v primerjavi s trenutnimi. Pri $\gamma = 0$ agent maksimizira le trenutno nagrado, pri $\gamma = 1$ pa so vse prihodnje nagrade enako pomembne kot trenutna.

Za reševanje tega optimizacijskega problema poznamo več pristopov:

- Učenje vrednostne funkcije (ang. value-based learning), kjer se agent uči ocenjevati vrednost stanj ali parov stanje-akcija
- Učenje strategije (ang. policy-based learning), kjer agent neposredno optimizira parametre svoje strategije
- Hibridni pristopi (ang. actor-critic methods), ki združujejo oba zgornja pristopa

Posebej pomembna je vrednostna funkcija stanja $V^{\pi}(s)$, ki nam pove pričakovano vsoto diskontiranih nagrad, če začnemo v stanju s in sledimo strategiji π:

$$V^{\pi}(s) = \mathbb{E}_{\pi}\left[\sum_{t=0}^{\infty} \gamma^t r_t | s_0 = s\right] \qquad (55.2)$$

Podobno definiramo tudi Q-funkcijo $Q^{\pi}(s, a)$, ki ocenjuje vrednost izbire akcije a v stanju s in nato sledenja strategiji π:

$$Q^{\pi}(s, a) = \mathbb{E}_{\pi}\left[\sum_{t=0}^{\infty} \gamma^t r_t | s_0 = s, a_0 = a\right] \qquad (55.3)$$

Ti dve funkciji nam pomagata oceniti kakovost različnih odločitev in strategij.

55.2 Q-učenje

Q-učenje je eden temeljnih algoritmov spodbujevalnega učenja, ki spada v kategorijo učenja vrednostne funkcije. Gre za algoritem brez modela (ang. model-free), kar pomeni, da za učenje ne potrebuje eksplicitnega poznavanja prehodne funkcije okolja.

Bistvo Q-učenja je iterativno posodabljanje Q-funkcije, ki ocenjuje vrednost akcije v danem stanju. Pri vsakem časovnem koraku agent izvede akcijo, opazuje rezultat in posodobi svojo oceno Q-vrednosti po naslednji enačbi:

$$Q(s_t, a_t) \leftarrow Q(s_t, a_t) +$$
$$+ \alpha \left[r_t + \gamma \max_{a} Q(s_{t+1}, a) - Q(s_t, a_t)\right]$$
$$(55.4)$$

kjer je $\alpha \in (0, 1]$ stopnja učenja, γ faktor popusta, r_t trenutna nagrada, s_t trenutno stanje in a_t izbrana akcija. Izraz v oglatih oklepajih predstavlja časovno razliko (TD napako), ki meri razliko med ocenjeno in dejansko vrednostjo akcije.

Ko agent raziskuje okolje, mora vzdrževati ravnotežje med raziskovanjem novih možnosti (eksploracija) in izkoriščanjem trenutnega znanja (eksploatacija). Pogosta strategija za to je ϵ-požrešna metoda, kjer agent z verjetnostjo ϵ izbere naključno akcijo, sicer pa izbere akcijo z najvišjo Q-vrednostjo:

$$a_t = \begin{cases} \text{naključna akcija,} & \text{z verjetnostjo } \epsilon \\ \arg\max_a Q(s_t, a), & \text{sicer} \end{cases} \quad (55.5)$$

Pomembna teoretična lastnost Q-učenja je, da ob ustreznih pogojih konvergira k optimalni Q-funkciji Q^*, ne glede na strategijo raziskovanja. Optimalna Q-funkcija zadošča Bellmanovi enačbi optimalnosti:

$$Q^*(s, a) = \mathbb{E}\left[r + \gamma \max_{a'} Q^*(s', a') | s, a\right] \quad (55.6)$$

V praksi se Q-funkcija pogosto aproksimira z nevronsko mrežo, kar imenujemo globoko Q-učenje (DQN). Pri tem pristopa nastopijo dodatni izzivi, kot je nestabilnost učenja zaradi koreliranih vzorcev in spreminjajočih se ciljnih vrednosti. Te težave rešujemo z metodami, kot so spomin za izkušnje (ang. experience replay) in uporaba ločene ciljne mreže za računanje časovnih razlik.

Kljub svoji preprostosti je Q-učenje zelo učinkovito pri reševanju mnogih praktičnih problemov. Posebej dobro se obnese pri diskretnih akcijskih prostorih, medtem ko je za zvezne akcijske prostore primernejša uporaba drugih metod, kot sta PPO ali A2C.

55.3 PPO

PPO (ang. Proximal Policy Optimization) je sodoben algoritem spodbujevalnega učenja, ki spada v družino metod strategije. PPO je zaradi svoje preprostosti, učinkovitosti in robustnosti postal eden najpopularnejših algoritmov za spodbujevalno učenje.

Temeljna ideja PPO je postopno izboljševanje strategije π_θ s parametri θ tako, da maksimiziramo pričakovano nagrado, hkrati pa preprečujemo prevelike spremembe strategije v posameznem koraku. To dosežemo z omejitvijo velikosti posodobitev strategije preko posebne ciljne funkcije.

PPO uporablja razmerje verjetnosti med novo in staro strategijo:

$$r_t(\theta) = \frac{\pi_\theta(a_t|s_t)}{\pi_{\theta_{old}}(a_t|s_t)} \quad (55.7)$$

Osnovna različica PPO, imenovana PPO-Clip, uporablja naslednjo ciljno funkcijo:

$$L^C(\theta) = \mathbb{E}_t[\min(r_t(\theta)A_t, \text{clip}(r_t(\theta), 1-\epsilon, 1+\epsilon)A_t)] \quad (55.8)$$

kjer je A_t ocena prednosti (ang. advantage estimate), ki pove, kako dobra je bila izbrana akcija v primerjavi s povprečno vrednostjo stanja, in ϵ hiperparameter, ki določa velikost dovoljene spremembe strategije (običajno okoli 0,2). Funkcija clip() omeji vrednost razmerja verjetnosti na interval $[1-\epsilon, 1+\epsilon]$.

Oceno prednosti običajno izračunamo kot:

$$A_t = \delta_t + (\gamma\lambda)\delta_{t+1} + \ldots + (\gamma\lambda)^{T-t+1}\delta_{T-1} \quad (55.9)$$

kjer je δ_t časovna razlika:

$$\delta_t = r_t + \gamma V(s_{t+1}) - V(s_t) \quad (55.10)$$

PPO tipično uporablja arhitekturo igralec-kritik, kjer imamo dve nevronski mreži: igralca, ki implementira strategijo π_θ, in kritika, ki ocenjuje vrednostno funkcijo $V_\phi(s)$. Celotna ciljna funkcija za učenje je sestavljena iz več členov:

$$L^T(\theta) = \mathbb{E}_t[L^C(\theta) - c_1 L^{VF}(\phi) + c_2 S[\pi_\theta](s_t)] \quad (55.11)$$

kjer je L^{VF} funkcija izgube za vrednostno funkcijo (običajno MSE), S entropijski člen, ki spodbuja raziskovanje, ter c_1 in c_2 utežna koeficienta.

Učenje PPO poteka v epizodah, kjer agent zbira izkušnje z uporabo trenutne strategije. Po določenem številu korakov se izvede več epoh optimizacije na zbranih podatkih. V praksi se pogosto uporablja v kombinaciji z različnimi izboljšavami, kot so normalizacija prednosti, normalizacija opazovanj, spomin za izkušnje in adaptivno prilagajanje stopnje učenja.

> Zakaj je Q-učenje tako priljubljeno? Ker pogosto najde Qč do uspeha!

Povezave
• Naprej na inverzno kinematiko z nevronsko mrežo: stran 119.

Poglavje 56.

Inverzna kinematika z nevronsko mrežo

Uvod Se vam je že kdaj zgodilo, da ste hoteli robota naučiti, kako naj seže po skodelici kave, pa se je namesto tega zvil kot presta? No, to se zgodi, ko robotu ne razložiš pravilno inverzne kinematike. V tem poglavju bomo to rešili z nevronsko mrežo.

Povezave
- Nazaj na spodbujevalno učenje: stran 117.

56.1 Opis problema

Obravnavamo planarnega 3R robota in se zgledujemo po rešitvi, predstavljeni v [21]. Robot je sestavljen iz treh segmentov enakih dolžin $a_1 = a_2 = a_3 = 2$. Direktna kinematika robota je podana z naslednjimi enačbami:

$$x = a_1 \cos(\theta_1) + a_2 \cos(\theta_1 + \theta_2) + a_3 \cos(\theta_1 + \theta_2 + \theta_3)$$

$$(56.1)$$

$$y = a_1 \sin(\theta_1) + a_2 \sin(\theta_1 + \theta_2) + a_3 \sin(\theta_1 + \theta_2 + \theta_3)$$
$$(56.2)$$

$$\phi = \theta_1 + \theta_2 + \theta_3 \tag{56.3}$$

V zgornjih enačbah (x, y) predstavlja pozicijo vrha robota, ϕ njegovo orientacijo, $\theta_1, \theta_2, \theta_3$ pa konfiguracijske kote posameznih sklepov. Problem inverzne kinematike zahteva določitev konfiguracijskih kotov za želeno pozicijo in orientacijo vrha (x, y, ϕ). Dodatno omejimo zasuke sklepov na:

$$\theta_1 \in [0, \pi]$$
$$\theta_2 \in [-\pi, 0] \tag{56.4}$$
$$\theta_3 \in [-\pi/2, \pi/2]$$

Ta problem je kompleksen iz več razlogov. Za isto končno pozicijo in orientacijo lahko obstaja več veljavnih rešitev, nekatere pozicije in orientacije morda sploh niso dosegljive, analitična rešitev pa je lahko računsko zahtevna. Namesto klasičnega reševanja tega problema bomo uporabili nevronsko mrežo, ki se bo naučila preslikave med delovnim prostorom (x, y, ϕ) in prostorom sklepov $(\theta_1, \theta_2, \theta_3)$. Za učenje bomo uporabili množico učnih podatkov, ki jo generiramo z naključnim vzorčenjem sklepov

in izračunom pripadajočih leg vrha z uporabo enačb direktne kinematike.

56.2 Arhitektura nevronske mreže

Za reševanje problema inverzne kinematike bomo uporabili plitvo nevronsko mrežo z enim skritim slojem. Arhitektura mreže je prikazana na sliki 56.1. Mreža sprejme tri vhodne vrednosti (x, y, ϕ), ki predstavljajo želeno lego vrha robota. Skriti sloj vsebuje 128 nevronov s hiperbolično tangentno aktivacijsko funkcijo (tanh). Izhodni sloj je linearen in ima tri nevrone, ki predstavljajo iskane kote $(\theta_1, \theta_2, \theta_3)$.

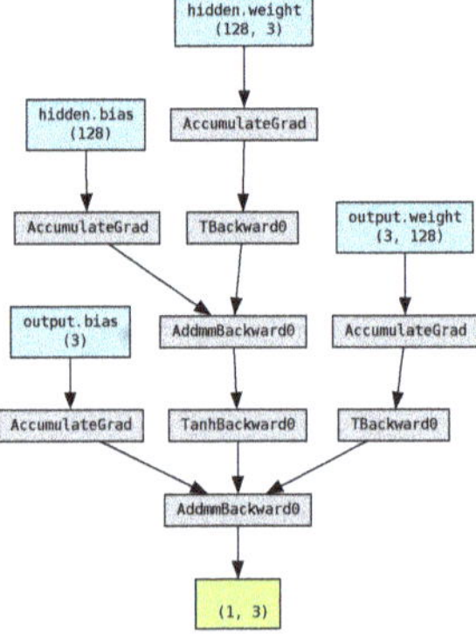

Slika 56.1 – Arhitektura nevronske mreže za inverzno kinematiko.

Za učenje mreže bomo uporabili optimizacijski algoritem Adam in srednjo kvadratno napako (MSE) kot kriterijsko funkcijo. Učni podatki so razdeljeni na tri dele: 70% za učenje, 15% za validacijo in 15% za testiranje. Učenje poteka v paketih (mini-batch) velikosti 16 vzorcev skozi 512 epoh.

56.3 Program

Definirajmo direktno kinematiko 3R planarnega robota s funkcijo.

```python
def forward_kinematics(theta1, theta2, theta3):
    a1, a2, a3 = 2.0, 2.0, 2.0
    x = a1*np.cos(theta1) + a2*np.cos(theta1+theta2) +
    ↪ a3*np.cos(theta1+theta2+theta3)
    y = a1*np.sin(theta1) + a2*np.sin(theta1+theta2) +
    ↪ a3*np.sin(theta1+theta2+theta3)
    phi = theta1 + theta2 + theta3
    phi = (phi + np.pi) % (2*np.pi) - np.pi
    return x, y, phi
```

Ustvarimo učne podatke:

```python
n_samples = 4096
theta1 = np.random.uniform(0, np.pi, n_samples)
theta2 = np.random.uniform(-np.pi, 0, n_samples)
theta3 = np.random.uniform(-np.pi/2, np.pi/2, n_samples)
X = []
Y = []
for t1, t2, t3 in zip(theta1, theta2, theta3):
    x, y, phi = forward_kinematics(t1, t2, t3)
    X.append([x, y, phi])
    Y.append([t1, t2, t3])
X = np.array(X)
Y = np.array(Y)
```

Učni podatki obsegajo 4096 primerov preslikve z direktno kinematiko. Učne podatke prikazuje slika 56.2.

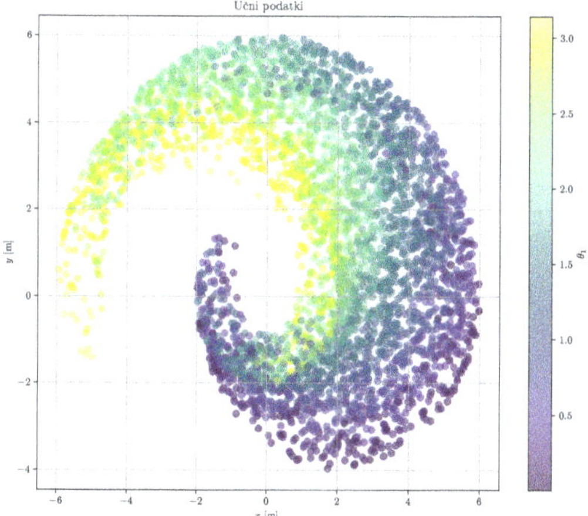

Slika 56.2 – Učni podatki.

Mrežo definiramo kot razred `IKNet`, ki deduje iz osnovnega razreda `nn.Module`:

```python
class IKNet(nn.Module):
    def __init__(self):
        super(IKNet, self).__init__()
        self.hidden = nn.Linear(3, 128)
        self.output = nn.Linear(128, 3)
        self.tanh = nn.Tanh()

    def forward(self, x):
        x = self.tanh(self.hidden(x))
        x = self.output(x)
        return x
```

Za učenje uporabimo srednje kvadratno napako (MSE) kot kriterijsko funkcijo in Adam optimizator. Inicializiramo mrežo in potrebne komponente:

```python
model = IKNet().to(device)
criterion = nn.MSELoss()
optimizer = torch.optim.Adam(model.parameters())
```

Pred učenjem razdelimo podatke na učno (70%), validacijsko (15%) in testno množico (15%). Podatke pretvorimo v PyTorch tenzorje in jih prenesemo na ustrezno napravo (CPU ali GPU):

```python
X_train, X_temp, Y_train, Y_temp = train_test_split(X,
↪    Y, test_size=0.3, random_state=42)
X_val, X_test, Y_val, Y_test = train_test_split(X_temp,
↪    Y_temp, test_size=0.5, random_state=42)
```

56.4　Rezultati

Učenje mreže poteka skozi 512 epoh pri velikosti paketa 16. Izgubo med treniranjem prikazuje slika 56.3.

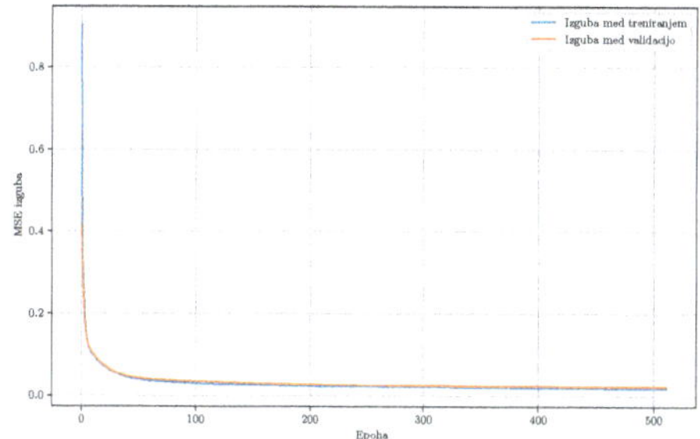

Slika 56.3 – Potek izgube med učenjem nevronske mreže.

Za preverjanje praktične uporabnosti naučene mreže ustvarimo krožno trajektorijo s središčem v točki (3, 2) in polmerom 1 m. Slika 56.4 prikazuje, kako robot sledi tej trajektoriji. Na sliki so prikazane različne konfiguracije robota vzdolž trajektorije, kjer modre, zelene in črne črte predstavljajo posamezne segmente robota, rdeče točke pa označujejo položaje sklepov.

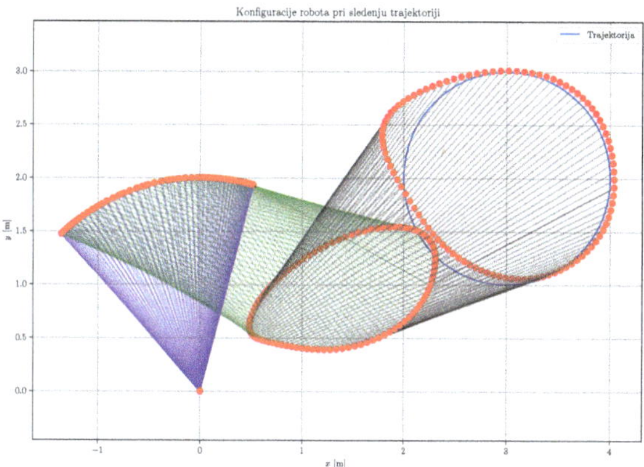

Slika 56.4 – Konfiguracije robota pri sledenju krožni trajektoriji.

Rezultati kažejo, da je nevronska mreža uspešno osvojila preslikavo iz delovnega prostora v prostor sklepov.

Kaj imajta skupnega tvegana investicija in robotska roka, ki ne doseže zastavljenega cilja? Obe sta kratkoročni!

Povezave
- Naprej na simulacijsko okolje za mobilnega robota: stran 121.

[21] Duka, A.-V. Neural network based inverse kinematics solution for trajectory tracking of a robotic arm. *Procedia Technology* **12**, 20–27 (2014).

Poglavje 57.

Simulacijsko okolje

Uvod Če ste kdaj sanjali o tem, da bi bili astronavt, a se bojite vesolja, imamo za vas odlično rešitev - simulacijo! Tako lahko raziskujete Mars kar iz domačega naslonjača.

Povezave
- Nazaj na inverzno kinematiko z nevronsko mrežo: stran 119.

Preden nadaljujemo z implementacijo metod umetne inteligence na robotskih problemih si poglejmo, kako v ta namen generirati sintetične podatke s pomočjo simulacije.

57.1   Priprava okolja z WeBots

Webots je odprtokodni robotski simulator, ki ga je razvilo podjetje Cyberbotics. Simulator omogoča ustvarjanje, programiranje in simulacijo robotskih sistemov v realističnem 3D okolju. Z uporabo napredne fizikalne simulacije lahko uporabniki testirajo svoje robotske aplikacije v varnem virtualnem prostoru, preden jih prenesejo na dejanske robote.

Simulator ponuja bogato knjižnico že pripravljenih robotskih modelov, senzorjev in aktuatorjev, ki jih lahko uporabniki enostavno vključijo v svoje projekte. Podpira različne programske jezike, vključno s C++, Pythonom, MATLABom in Javo, kar omogoča razvijalcem uporabo njihovega najljubšega programskega jezika.

WeBots bomo uporabili za izdelavo simulacije robota Sojourner na Marsu. Naloga modela umetne inteligence bo nato prepoznavanje kamnov, ki predstavljajo ovire pri navigaciji.   Pripravili bomo marsovski teren in nanj naključno razporedili kamne. Nato pa bomo napisali program, s katerim bomo robota ročno peljali po terenu in zajemali označene slike s kamni in brez njih.

WeBots za opis okolij in robotov uporablja VRML, ki omogoča definicijo 3D svetov z vozlišči. Naše simulacijsko okolje je definirano v datoteki cnn.wbt, kjer postavimo teren in roverja. Sojourner je postavljen na sredino terena in opremljen s kamero za zajem slik. Predpripravljene modele v svet vključimo prek makroja `EXTERNPROTO`. Program za ustvarjanje kamnov dodamo prek objekta tipa `Robot`, ki mora imeti lastnost **supervisor**, da lahko dostopa do globalnih funkcij simulatorja.

```
#VRML_SIM R2023b utf8

EXTERNPROTO
↪  "https://raw.githubusercontent.com/cyberbotics/
   webots/R2023b/projects/objects/backgrounds/
   protos/TexturedBackground.proto"
EXTERNPROTO
↪  "https://raw.githubusercontent.com/cyberbotics/
   webots/R2023b/projects/objects/backgrounds/
   protos/TexturedBackgroundLight.proto"
EXTERNPROTO
↪  "https://raw.githubusercontent.com/cyberbotics/
   webots/R2023b/projects/objects/floors/
   protos/UnevenTerrain.proto"
EXTERNPROTO
↪  "https://raw.githubusercontent.com/cyberbotics/
   webots/R2023b/projects/appearances/
   protos/Soil.proto"
EXTERNPROTO
↪  "https://raw.githubusercontent.com/cyberbotics/
   webots/R2023b/projects/robots/nasa/
   protos/Sojourner.proto"

WorldInfo {
  CFM 1e-06
}
Viewpoint {
  orientation 0.0049873141538118535 0.9974545185572451
  ↪  -0.07113093635870009 0.1403561064329702
  position -7.186092832516218 0.016216745305898946
  ↪  4.905560599732808
  follow "Sojourner"
  followType "Mounted Shot"
}
TexturedBackground {
  texture "mars"
}
TexturedBackgroundLight {
  texture "mars"
}
UnevenTerrain {
  appearance Soil {
    textureTransform TextureTransform {
      scale 10 10
    }
  }
}
Fog {
  color 0.7 0.6 0.3
  visibilityRange 20
}
Robot { name "spawn_rocks"
  controller "spawn_rocks"
  supervisor TRUE
}
Sojourner {
  translation 0 0 3.4
  controller "avoid_rocks"
  extensionSlot [
    Camera {
      translation 0.3 0 0.1
      width 224
      height 224
      recognition Recognition {
        maxRange 10
      }
    }
  ]
}
```

Slika 57.1 – Ekranska slika okolja.

Kamne v okolje dodamo naključno s skripto "spawn_rocks.py", ki uporablja Perlinov šum za generiranje realističnih oblik. Skripta bo predstavljena v naslednjem poglavju, tu pa si poglejmo osnovno logiko.

Perlinov šum je algoritem za proceduralno generiranje gradientnega šuma, ki ga je leta 1983 razvil Ken Perlin za film Tron. Gre za posebno vrsto gradientnega šuma, ki ustvarja naravno delujoče vzorce s pomočjo interpolacije psevdonaključnih gradientov.

Osnovna ideja Perlinovega šuma temelji na mrežni strukturi, kjer se v vsakem oglišču mreže nahaja psevdonaključni gradient. Za točko P, ki jo želimo ovrednotiti, najprej določimo celico mreže, v kateri se nahaja. Vrednost šuma v točki P se izračuna z interpolacijo vrednosti okoliških gradientov.

V dvodimenzionalnem prostoru lahko Perlinov šum matematično opišemo z naslednjo enačbo:

$$n(x,y) = \sum_{i=0}^{n-1} \frac{1}{2^i} f(2^i x, 2^i y) \qquad (57.1)$$

kjer je $f(x,y)$ osnovna šumna funkcija, ki uporablja skalarni produkt med gradientnimi vektorji in odmičnimi vektorji do točke vrednotenja.

Za glajenje prehoda med celicami se uporablja funkcija ovojnice, pogosto imenovana funkcija popačenja:

$$s(t) = 6t^5 - 15t^4 + 10t^3 \qquad (57.2)$$

Ta funkcija zagotavlja gladke prehode med vrednostmi in ima odvode enake nič na robovih intervala $[0,1]$.

Končna vrednost šuma v točki se določi z bilinearno interpolacijo štirih okoliških oglišč celice, pri čemer se uporablja zgoraj omenjena funkcija ovojnice. Rezultat je zvezna funkcija, ki proizvaja naravno delujoče vzorce, primerne za simulacijo naravnih pojavov, kot so oblaki, teren, teksture materialov in podobno.

Za izboljšanje vizualnega učinka se pogosto uporablja več oktav Perlinovega šuma, kjer se seštevajo različne frekvence šuma z različnimi amplitudami, kar lahko zapišemo kot:

$$P(x,y) = \sum_{i=0}^{n} p_i \cdot n(f_i x, f_i y) \qquad (57.3)$$

kjer so p_i amplitude in f_i frekvence posameznih oktav.

Perlinov šum je računsko učinkovit in proizvaja rezultate, ki so ponovljivi ter zvezni do druge stopnje, kar ga dela posebej primernega za računalniško grafiko in proceduralno generiranje vsebin.

57.2 Zajem podatkovne množice

Podatkovno množico bomo zajeli tako, da bomo ročno vodili robota s pomočjo predelane privzete skripte robota Sojourner, predstavljene v naslednjem poglavju. Skripta omogoča, da z uporabo WeBots modula `Recognition` za kamero zajamemo slike in jih označimo glede na to, ali je na sliki kamen ali ne. Primer zajetih podatkov prikazuje slika 57.2.

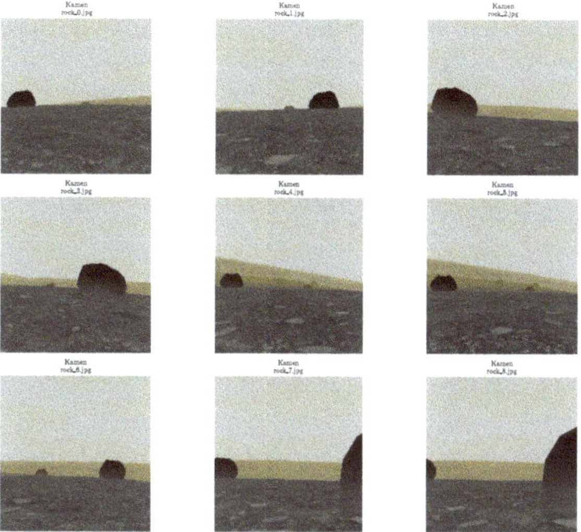

Slika 57.2 – Primer učnih podatkov.

S tem je okolje za učenje pripravljeno, a si zaradi kompletnosti vseeno v naslednjem poglavju oglejmo glavna programa: program za ustvarjanje kamnov in program za vodenje robota.

Kaj reče virtualni rover, ko se zaleti v virtualni kamen? To je bilo pa res nerealno!

Povezave
- Naprej na programiranje simulatorja: stran 123.

Poglavje 58.

Programiranje simulatorja

Uvod Spustimo se še v temačne globine programov, ki podpirajo prejšnje poglavje. Kjer bomo zabredli tako daleč, da bomo iz trikotnikov generirali virtualne kamne.

Povezave
- Nazaj na simulacijsko okolje: stran 121.

Cilj prvega programa je, da ob začetku simulacije ustvari kamne naključnih oblik. Ker funkcionalnosti za to v simulatorju ni, napišimo svojo skripto v Pythonu. Najprej vključimo knjižnice in definiramo nekaj konstant.

```python
from controller import Supervisor
import random
import math
import numpy as np
from noise import pnoise3

NUM_ROCKS = 32
ARENA_SIZE = 40.0
NUM_VERTICES = 32
NUM_VERTICAL_SEGMENTS = 8
```

Pripravimo funkcijo za računanje normal trikotnikov ob danih ogljiščih v_1, v_2 in v_3.

```python
def calculate_normal(v1, v2, v3):
    vec1 = np.array(v2) - np.array(v1)
    vec2 = np.array(v3) - np.array(v1)
    normal = np.cross(vec1, vec2)
    length = np.linalg.norm(normal)
    return normal
```

S pristopom Perlinovega šuma določimo geometrijo kamnov.

```python
def generate_spherical_rock_geometry(size):
    vertices = []
    indices = []
    normals = []
    positions = []
    noise_scale = 1.0
    noise_amplitude = 0.3
    offset_x = random.uniform(0, 100)
    offset_y = random.uniform(0, 100)
    offset_z = random.uniform(0, 100)
    for vi in range(NUM_VERTICAL_SEGMENTS + 1):
        phi = (vi / NUM_VERTICAL_SEGMENTS) * math.pi
        for hi in range(NUM_VERTICES):
            theta = (hi / NUM_VERTICES) * 2 * math.pi
            x = math.sin(phi) * math.cos(theta)
            y = math.sin(phi) * math.sin(theta)
            z = math.cos(phi)
            # Dodamo šum k radiju
            noise_val = pnoise3(
                x * noise_scale + offset_x,
                y * noise_scale + offset_y,
                z * noise_scale + offset_z,
                octaves=4,
                persistence=0.5,
                lacunarity=2.0
            )
            radius = size * (1.0 + noise_val *
                noise_amplitude)
            pos = [x * radius, y * radius, z * radius]
            positions.append(pos)
            vertices.extend(pos)
    # Ustvarimo indekse in izračunamo normale
    for vi in range(NUM_VERTICAL_SEGMENTS):
        for hi in range(NUM_VERTICES):
            hi_next = (hi + 1) % NUM_VERTICES
            current = vi * NUM_VERTICES + hi
            current_next = vi * NUM_VERTICES + hi_next
            next_ring = (vi + 1) * NUM_VERTICES + hi
            next_ring_next = (vi + 1) * NUM_VERTICES +
                hi_next
            # Prvi trikotnik
            v1 = positions[current]
            v2 = positions[current_next]
            v3 = positions[next_ring]
            normal = calculate_normal(v1, v2, v3)
            if np.all(normal == 0):
                continue
            indices.extend([current, current_next,
                next_ring, -1])
            # Drugi trikotnik
            v1 = positions[current_next]
            v2 = positions[next_ring_next]
            v3 = positions[next_ring]
            normal = calculate_normal(v1, v2, v3)
            if np.all(normal == 0):
                continue
            indices.extend([current_next,
                next_ring_next, next_ring, -1])
    coord_str = ", ".join(f"{v:.6f}" for v in vertices)
    index_str = ", ".join(str(i) for i in indices)
    return coord_str, index_str
```

Ustvarimo še funkcijo, ki pripravi kamen v VRML formatu.

```python
def create_rock_node(x, y, size):
    coord_str, index_str =
        generate_spherical_rock_geometry(size)
    base_color = random.uniform(0.2, 0.4)
    color_variation = random.uniform(-0.05, 0.05)
    color = [
        base_color + color_variation + 0.05,
        base_color + color_variation,
        base_color + color_variation - 0.05
    ]
    rock_def = f"""
Solid {{
    translation {x} {y} {4}
    rotation 1 0 0 0
    recognitionColors [1, 0, 0]
    children [
        Shape {{
            appearance PBRAppearance {{
                baseColor {color[0]} {color[1]}
                    {color[2]}
                roughness 0.9
                metalness 0.1
            }}
            geometry IndexedFaceSet {{
                coord Coordinate {{
                    point [{coord_str}]
                }}
                coordIndex [{index_str}]
                creaseAngle 1.0
                ccw TRUE
                convex TRUE
            }}
        }}
    ]
    boundingObject Sphere {{
        radius {size}
    }}
    physics Physics {{
        density 2500
        damping Damping {{
            linear 1.0
            angular 1.0
        }}
    }}
}}
```

```
    }}
    """
    return rock_def
```

V glavnem programu uporabimo `importMFNodeFromString` za dodajanje kamnov.

```python
def main():
    supervisor = Supervisor()
    root = supervisor.getRoot()
    children_field = root.getField('children')
    # ...
    for _ in range(NUM_ROCKS):
        # ...
            rock_node = create_rock_node(x, y, size/2)
            children_field.importMFNodeFromString(-1,
            ↪   rock_node)
        # ...
```

Drugi program omogoča ročno vodenje roverja in zajemanje ter shranjevanje slik. Program predela privzeti program za vodenje robota Sojourner, že vključen v simulatorju. Najprej vključimo knjižnice in definiramo konstante.

```c
#include <stdio.h>
#include <webots/keyboard.h>
#include <webots/motor.h>
#include <webots/robot.h>
#include <webots/camera.h>
#include <webots/camera_recognition_object.h>
#include <sys/stat.h>
#include <errno.h>
#include <string.h>

#define TIME_STEP 64
#define VELOCITY 0.6
#define DATASET_PATH "dataset_rocks"
#define JPEG_QUALITY 95

WbDeviceTag camera;
int rock_counter = 0;
int no_rock_counter = 0;
```

Za shranjevanje slik napišimo funkcijo, ki uporabi `wb_camera_save_image` za zapis na disk.

```c
// ... funkcije za premikanje iz privzetega Sojourner
↪   programa (npr. move_6_wheels) fs

void save_camera_image(int has_rock) {
  char filepath[256];
  if (has_rock) {
    sprintf(filepath, "%s/rock_%d.jpg", DATASET_PATH,
    ↪   rock_counter++);
  } else {
    sprintf(filepath, "%s/no_rock_%d.jpg", DATASET_PATH,
    ↪   no_rock_counter++);
  }
  int result = wb_camera_save_image(camera, filepath,
  ↪   JPEG_QUALITY);
}
```

Končno pa glavnemu programu roveja dodajmo shranjevanje ob pritisku tipke P. Za prepoznavanje, ali je sliki skala, uporabimo simulatorjev modul `Recognition` in funkcijo `wb_camera_recognition_get_number_of_objects`, ki vrne število kamnov na sliki.

```c
int main() {
  wb_robot_init();
  // Inicializacija kamere
```

```c
  camera = wb_robot_get_device("camera");
  wb_camera_enable(camera, TIME_STEP);
  wb_camera_recognition_enable(camera, TIME_STEP);

  // Inicializacija sklepov iz privzetega Sojourner
  ↪   programa
  move_6_wheels(0.0);

  while (wb_robot_step(TIME_STEP) != -1) {
    int key = wb_keyboard_get_key();
    switch (key) {
      case 'P':
        // Shranjevanje slik
        if (wb_camera_recognition_
          get_number_of_objects(camera) > 0) {
          save_camera_image(1);  // rock detected
        } else {
          save_camera_image(0);  // no rock detected
        }
        break;
      // ... ostale tipke za premikanje iz privzetega
      ↪   Sojourner programa
    }
  }
  wb_robot_cleanup();
  return 0;
}
```

V tem poglavju smo se poglobili v programiranje simulatorja, kjer smo iz preprostih geometrijskih oblik ustvarili realistične virtualne kamne. Čeprav je bilo programiranje včasih "trdo kot kamen", smo uspešno združili različne tehnologije - od Perlinovega šuma za generiranje struktur do prepoznavanja objektov s pomočjo kamere v okolju WeBots.

To poglavje je pa res postavilo kamnite temelje za naslednjega...

Povezave

- Naprej na prepoznavanje objektov: stran 125.

Poglavje 59.

Prepoznavanje objektov

Uvod V tem poglavju bomo spoznali, kako
naučiti računalnik razlikovati med kamni in ne-
kamni. Čeprav se to sliši kot *trda* naloga, bomo
videli, da z nekaj konvolucijskimi plastmi in ve-
liko potrpežljivosti lahko dosežemo presenetljive
rezultate.

Povezave
- Nazaj na programiranje simulatorja: stran 123.

Opišimo glavne komponente programa. Najprej
definirajmo nekaj konstant.

```
IMG_SIZE = 224
BATCH_SIZE = 4
NUM_EPOCHS = 20
DEVICE = torch.device('cuda' if
↪   torch.cuda.is_available() else 'cpu')
```

Pri podatkovni množici uporabimo PyTorchevo ab-
strakcijo `Dataset`.

```
class RockDataset(Dataset):
    def __init__(self, image_paths, labels,
    ↪   transform=None):
        self.image_paths = image_paths
        self.labels = labels
        self.transform = transform
    def __len__(self):
        return len(self.image_paths)
    def __getitem__(self, idx):
        image = Image.open(self.image_paths[idx])
        label = self.labels[idx]
        if self.transform:
            image = self.transform(image)
        return image, label
```

Nato pripravimo razred, ki opisuje arhitekturo kon-
volucijske nevronske mreže.

```
class RockNet(nn.Module):
    def __init__(self):
        super(RockNet, self).__init__()
        self.conv_layers = nn.Sequential(
            nn.Conv2d(3, 32, kernel_size=3),
            nn.ReLU(),
            nn.MaxPool2d(2, 2),

            nn.Conv2d(32, 64, kernel_size=3),
            nn.ReLU(),
            nn.MaxPool2d(2, 2),

            nn.Conv2d(64, 64, kernel_size=3),
            nn.ReLU(),
            nn.MaxPool2d(2, 2)
        )
        self.fc_input_size = 64 * 26 * 26
        self.fc_layers = nn.Sequential(
            nn.Linear(self.fc_input_size, 64),
            nn.ReLU(),
            nn.Dropout(0.5),
            nn.Linear(64, 2)
        )
```

```
    def forward(self, x):
        x = self.conv_layers(x)
        x = x.view(-1, self.fc_input_size)
        x = self.fc_layers(x)
        return x
```

Arhitekturo prikazuje slika 59.1.

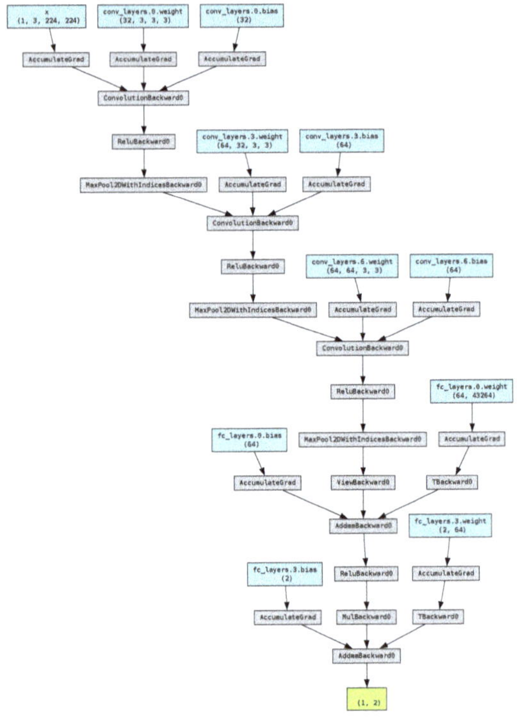

Slika 59.1 – Arhitektura nevronske mreže.

Pripravimo funkcijo, ki naloži podatke in jih označi,
glede na ime datoteke.

```
def load_dataset():
    image_paths = []
    labels = []
    dataset_path = "dataset_rocks"
    for i in range(30):
        image_paths.append(os.path.join(dataset_path,
        ↪   f"rock_{i}.jpg"))
        labels.append(1)
    for i in range(30):
        image_paths.append(os.path.join(dataset_path,
        ↪   f"no_rock_{i}.jpg"))
        labels.append(0)
    return image_paths, labels
```

Pripravimo funkcijo za treniranje in validacijo.

```
def train_model(model, train_loader, val_loader,
↪   criterion, optimizer):
    train_losses = []
    val_losses = []
    train_accuracies = []
    val_accuracies = []
    for epoch in range(NUM_EPOCHS):
        # Treniranje
        model.train()
        running_loss = 0.0
        correct = 0
        total = 0
        for images, labels in train_loader:
```

```python
        images, labels = images.to(DEVICE),
        ↪  labels.to(DEVICE)
        optimizer.zero_grad()
        outputs = model(images)
        loss = criterion(outputs, labels)
        loss.backward()
        optimizer.step()
        running_loss += loss.item()
        _, predicted = torch.max(outputs.data, 1)
        total += labels.size(0)
        correct += (predicted ==
        ↪  labels).sum().item()
    epoch_loss = running_loss / len(train_loader)
    epoch_acc = 100 * correct / total
    train_losses.append(epoch_loss)
    train_accuracies.append(epoch_acc)

    # Validacija
    model.eval()
    val_loss = 0.0
    correct = 0
    total = 0
    with torch.no_grad():
        for images, labels in val_loader:
            images, labels = images.to(DEVICE),
            ↪  labels.to(DEVICE)
            outputs = model(images)
            loss = criterion(outputs, labels)
            val_loss += loss.item()
            _, predicted = torch.max(outputs.data,
            ↪  1)
            total += labels.size(0)
            correct += (predicted ==
            ↪  labels).sum().item()
    val_loss = val_loss / len(val_loader)
    val_acc = 100 * correct / total
    val_losses.append(val_loss)
    val_accuracies.append(val_acc)
return train_losses, val_losses, train_accuracies,
↪  val_accuracies
```

Končno pa vse skupaj združimo z glavnim programom.

```python
def main():
    # Predprocesiranje podatkov
    transform = transforms.Compose([
        transforms.Resize((IMG_SIZE, IMG_SIZE)),
        transforms.ToTensor(),
        transforms.Normalize(mean=[0.485, 0.456, 0.406],
                             std=[0.229, 0.224, 0.225])
    ])
    # Nalaganje podatkov
    image_paths, labels = load_dataset()
    train_val_paths, test_paths, train_val_labels,
    ↪  test_labels = train_test_split(
        image_paths, labels, test_size=6,
        ↪  stratify=labels, random_state=None
    )
    train_paths, val_paths, train_labels, val_labels =
    ↪  train_test_split(
        train_val_paths, train_val_labels, test_size=4,
        ↪  stratify=train_val_labels, random_state=None
    )
    train_dataset = RockDataset(train_paths,
    ↪  train_labels, transform)
    val_dataset = RockDataset(val_paths, val_labels,
    ↪  transform)
    test_dataset = RockDataset(test_paths, test_labels,
    ↪  transform)
    train_loader = DataLoader(train_dataset,
    ↪  batch_size=BATCH_SIZE, shuffle=True)
    val_loader = DataLoader(val_dataset,
    ↪  batch_size=BATCH_SIZE)
    test_loader = DataLoader(test_dataset,
    ↪  batch_size=BATCH_SIZE)
    model = RockNet().to(DEVICE)
    criterion = nn.CrossEntropyLoss()
    optimizer = optim.Adam(model.parameters())
    # Treniranje
    history = train_model(model, train_loader,
    ↪  val_loader, criterion, optimizer)

if __name__ == "__main__":
    main()
```

Slika 59.2 prikazuje napako križne entropije med učenjem, slika 59.3 točnost, slika 59.4 pa primere napovedi.

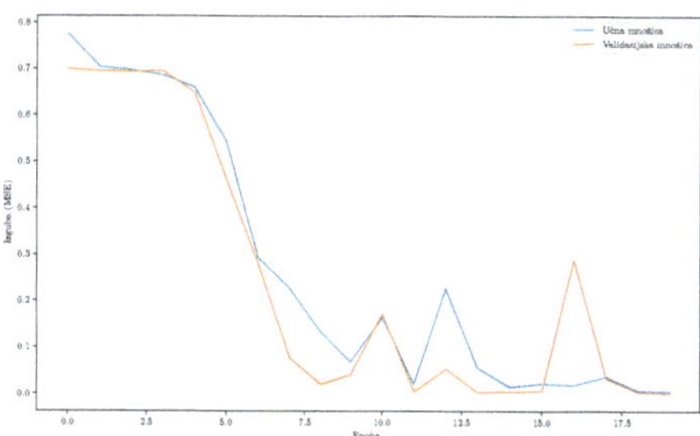

Slika 59.2 – Izguba med učenjem.

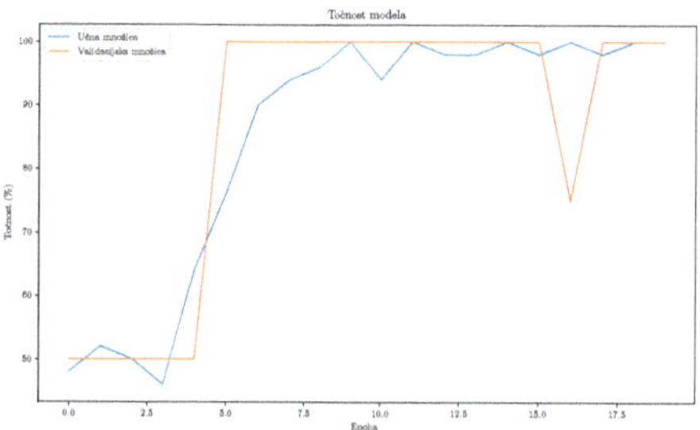

Slika 59.3 – Točnost med učenjem

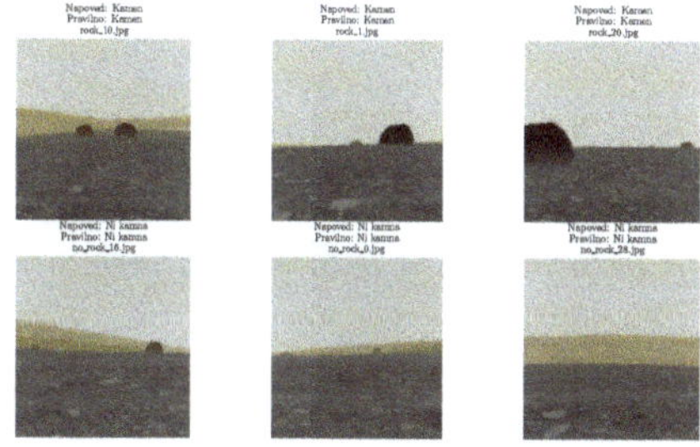

Slika 59.4 – Napovedi.

Prepoznavanje kamnov je res *težka* naloga.

Plonkci

Poglavje 60.

Linux

ls: izpis vsebine imenika

Osnovna uporaba:
```
ls # Izpiše vsebino trenutnega imenika
ls pot/do/imenika # Izpiše vsebino določenega imenika
```

Pogoste možnosti:
```
-l # Dolg format z dodatnimi informacijami
-a # Prikaže tudi skrite datoteke (začetek s piko)
-h # Človeku berljive velikosti (npr. 1K, 234M, 2G)
-R # Rekurzivno izpiše podimenike
-t # Razvrsti po času spremembe (najnovejše prvo)
-S # Razvrsti po velikosti (največje prvo)
```

Primeri:
```
ls -lah # Dolg format, skrite datoteke, velikosti
ls -lR /etc # Rekurzivno izpiše vsebino /etc
```

Osnovne operacije z datotekami in imeniki

```
cp: Kopiranje
cp izvor cilj # Kopira datoteko ali imenik
cp -r izvor cilj # Rekurzivno kopira imenike

mv: Premikanje in preimenovanje
mv izvor cilj # Premakne ali preimenuje
mv dat1 dat2 cilj/ # Premakne več datotek

ln: Ustvarjanje povezav
ln -s cilj ime_povezave # Simbolična povezava
ln cilj ime_povezave # Trda povezava

rm: Brisanje
rm datoteka # Izbriše datoteko
rm -r imenik # Rekurzivno izbriše imenik
```

Pogoste možnosti (za vse ukaze):
```
-i # Interaktivni način (vpraša pred akcijo)
-f # Vsili akcijo brez opozoril (force)
-v # Izpiše podrobnosti o akciji (verbose)
```

Dodatne možnosti:
```
cp/mv: -u # Posodobi samo, če je izvor novejši
ln: -r # Ustvari relativne simbolične povezave
rm: -d # Izbriše prazne imenike
```

Primeri:
```
cp -rv /src /backup # Rekurzivno kopira z izpisom
mv -i dokument.txt /arhiv/ # Interaktivno premakne
ln -s /pot/do/dat povezava # Ustvari simbolično
↪ povezavo
rm -rf stari_imenik # Vsiljeno rekurzivno brisanje
```

chmod: spreminjanje dovoljenj

Osnovna uporaba:
```
chmod [možnosti] način datoteka
```

Načini:
```
Simbolični: [ugoa][+-=][rwxXst] u (lastnik), g
↪ (skupina), o (ostali), a (vsi), + (dodaj), -
↪ (odstrani), = (nastavi točno), r (branje), w
↪ (pisanje), x (izvajanje)
Numerični: [0-7][0-7][0-7] 4 (branje), 2 (pisanje), 1
↪ (izvajanje)
```

Pogoste možnosti:
```
-R # Rekurzivno spremeni dovoljenja
-v # Izpiše podrobnosti o akciji (verbose)
```

Primeri:
```
chmod +x skripta.sh # Dodaj pravico izvajanja
chmod 755 datoteka # rwxr-xr-x
chmod -v 644 *.txt # Nastavi 644 za vse .txt
```

find: iskanje datotek in imenikov

Osnovna uporaba:
```
find [pot] [izrazi]
```

Pogosti izrazi:
```
-name "vzorec" # Išče po imenu (podpira *)
-type d|f # Išče samo imenike (d) ali datoteke (f)
-size +/-N[cwbkMG] # Išče po velikosti
-mtime +/-N # Spremenjeno pred/po N dnevi
-exec ukaz {} \; # Izvede ukaz na najdenih datotekah
```

Pogoste možnosti:
```
-maxdepth N # Omeji globino iskanja
-mindepth N # Začne iskati od določene globine
-not # Negira naslednji izraz
-and, -or # Logični operatorji med izrazi
```

Primeri:
```
find . -name "*.txt" # Najde vse .txt datoteke
find /home -type d -name ".*" # Najde skrite imenike
find /var -size +100M # Datoteke večje od 100 MB
find . -mtime -7 -type f # Datoteke spremenjene v
↪ zadnjem tednu
find . -name "*.log" -exec rm {} \; # Izbriše vse .log
↪ datoteke
find /etc -maxdepth 1 -type f # Datoteke neposredno v
↪ /etc
```

grep: iskanje vzorcev v besedilu

Osnovna uporaba:
```
grep [možnosti] vzorec [datoteka...]
```

Pogoste možnosti:
```
-i # Prezre velikost črk
-v # Izpiše vrstice, ki ne vsebujejo vzorca
-r # Rekurzivno išče v imenikih
-n # Izpiše številke vrstic
-l # Izpiše samo imena datotek z zadetki
-c # Izpiše samo število zadetkov
-E # Uporabi razširjene regularne izraze
-w # Išče samo cele besede
```

Primeri:
```
grep "vzorec" datoteka.txt # Išče "vzorec" v datoteki
grep -i "linux" *.txt # Išče "linux" v vseh .txt, ne
↪ glede na velikost črk
grep -r "TODO" . # Rekurzivno išče "TODO" v trenutnem
↪ imeniku
grep -v "^#" config.ini # Izpiše vse vrstice, ki se ne
↪ začnejo z #
grep -E "apple|orange" fruit.txt # Išče "apple" ali
↪ "orange"
grep -c "error" log.txt # Prešteje pojavitve "error"
ps aux | grep "firefox" # Išče procese z imenom
↪ "firefox"
```

cat: izpis in združevanje datotek

Osnovna uporaba:
```
cat [možnosti] [datoteka...]
```

Pogoste možnosti:
```
-n # Oštevilči vse izpisane vrstice
-b # Oštevilči samo neprazne vrstice
-s # Stisne več zaporednih praznih vrstic v eno
-A # Prikaže tudi neiztisljive znake
```

Primeri:
```
cat datoteka.txt # Izpiše vsebino datoteke
cat datoteka1.txt datoteka2.txt # Izpiše vsebino obeh
↪ datotek
cat -n datoteka.txt # Izpiše vsebino z oštevilčenimi
↪ vrsticami
cat datoteka1.txt datoteka2.txt > nova.txt # Združi
↪ datoteki v novo
cat > nova.txt # Ustvari novo datoteko in vnašaj
↪ besedilo (Ctrl+D za konec)
cat >> obstoječa.txt # Dodaja besedilo na konec
↪ obstoječe datoteke
cat /dev/null > datoteka.txt # Izprazni datoteko
```

df: prikaz zasedenosti diskov

Osnovna uporaba:
```
df [možnosti] [datotečni_sistem...]
```

Pogoste možnosti:
```
-h # Izpiše velikosti v človeku berljivi obliki (npr.
↪  1K, 234M, 2G)
-T # Prikaže tip datotečnega sistema
-i # Prikaže informacije o inodih namesto o blokih
-a # Vključi navidezne datotečne sisteme
-x tip # Izključi datotečne sisteme določenega tipa
```

Primeri:
```
df -h # Prikaže zasedenost vseh priklopljenih
↪  datotečnih sistemov
df -h /home # Prikaže zasedenost za /home particijo
df -hT # Prikaže zasedenost in tip datotečnega sistema
df -i # Prikaže uporabo inodov
df -h --total # Prikaže skupno zasedenost na koncu
df -h -x tmpfs -x devtmpfs # Izključi tmpfs in
↪  devtmpfs iz prikaza
```

ps: prikaz procesov

Osnovna uporaba:
```
ps [možnosti]
```

Pogoste možnosti:
```
-e # Prikaže vse procese
-f # Prikaže polni format (več informacij)
-u uporabnik # Prikaže procese določenega uporabnika
-p PID # Prikaže proces z določenim PID
--sort ključ # Razvrsti izpis (npr. -pcpu, pmem)
```

Pogosto uporabljene kombinacije:
```
ps aux # Prikaže vse procese vseh uporabnikov
ps -ef # Prikaže vse procese v polnem formatu
ps -u $USER # Prikaže procese trenutnega uporabnika
```

Primeri:
```
ps aux | grep firefox # Poišče procese z imenom
↪  firefox
ps -eo pid,ppid,cmd,%mem,%cpu --sort=-%cpu | head #
↪  Top 10 procesov po uporabi CPU
ps -u root # Prikaže procese, ki jih izvaja root
ps -p 1234 # Prikaže informacije o procesu s PID 1234
ps aux --sort=-%mem | head # Prikaže 10 procesov z
↪  najvišjo porabo pomnilnika
```

top: interaktivni prikaz procesov

Osnovna uporaba:
```
top
```

Interaktivni ukazi:
```
h # Prikaže pomoč
q # Izhod iz top
k # Pošlje signal procesu (kill)
r # Spremeni prioriteto procesa (renice)
c # Prikaže celotno ukazno vrstico
M # Razvrsti po porabi pomnilnika
P # Razvrsti po porabi CPU
1 # Prikaže statistiko za vsako CPU jedro
f # Dodaj/odstrani polja iz prikaza
W # Shrani nastavitve
```

Zagonske možnosti:
```
-d N # Nastavi interval osveževanja na N sekund
-n N # Izhod po N posodobitvah
-u uporabnik # Prikaže samo procese določenega
↪  uporabnika
-p PID1,PID2,... # Prikaže samo določene procese
```

Primeri:
```
top -d 5 # Osveži vsakih 5 sekund
top -n 10 > top_output.txt # Shrani 10 posodobitev v
↪  datoteko
top -u $USER # Prikaže samo procese trenutnega
↪  uporabnika
top -p $(pgrep firefox | tr "\\n" "," | sed
↪  's/,$/\\n/') # Spremljaj Firefox procese
```

ssh: varno povezovanje na oddaljene sisteme

Osnovna uporaba:
```
ssh [možnosti] [uporabnik@]gostitelj [ukaz]
```

Pogoste možnosti:
```
-p port # Določi vrata za povezavo (privzeto 22)
-i identiteta # Uporabi določeno datoteko zasebnega
↪  ključa
-X # Omogoči posredovanje X11
-L lokalna_vrata:gostiteljIP:oddaljena_vrata # Lokalno
↪  posredovanje vrat
-R oddaljena_vrata:lokalni_gostitelj:lokalna_vrata #
↪  Oddaljeno posredovanje vrat
```

Primeri:
```
ssh uporabnik@example.com # Poveži se na example.com
↪  kot uporabnik
scp datoteka.txt uporabnik@server.com:~/cilj/ #
↪  Kopiraj datoteko na oddaljeni strežnik
scp -r uporabnik@server.com:~/izvorna_mapa/
↪  lokalna_mapa/ # Kopiraj mapo z oddaljenega
↪  strežnika
```

Upravljanje SSH ključev:
```
ssh-keygen -t rsa -b 4096 # Ustvari nov RSA ključ z
↪  dolžino 4096 bitov
ssh-copy-id uporabnik@server.com # Kopiraj javni ključ
↪  na oddaljeni strežnik
```

wget: prenašanje datotek s spleta

Osnovna uporaba:
```
wget [možnosti] [URL...]
```

Pogoste možnosti:
```
-O ime # Shrani datoteko pod določenim imenom
-P pot # Shrani datoteke v določeno mapo
-c # Nadaljuj prekinjen prenos
-r # Rekurzivno prenašanje
-l globina # Omejitev globine pri rekurzivnem prenosu
-np # Ne sledi povezavam do nadrejenih map
-k # Pretvori povezave za lokalno brskanje
--limit-rate=hitrost # Omeji hitrost prenosa (npr.
↪  200k)
-U "User-Agent" # Nastavi User-Agent niz
```

Primeri:
```
wget https://example.com/datoteka.zip # Prenesi
↪  datoteko
wget -O nova_datoteka.zip
↪  https://example.com/datoteka.zip # Prenesi in
↪  preimenuj
wget -r -np -k -P ./lokalna_kopija
↪  https://example.com # Prenesi celotno spletno
↪  stran
```

curl: prenos in pošiljanje podatkov

Osnovna uporaba:
```
curl [možnosti] [URL]
```

Pogoste možnosti:
```
-o ime # Shrani izhod v datoteko
-O # Shrani z originalnim imenom datoteke
-L # Sledi preusmeritam
-I # Prikaže samo glave HTTP zahtevka
-X metoda # Določi HTTP metodo (GET, POST, PUT,
↪  DELETE)
-H "Glava: Vrednost" # Nastavi HTTP glavo
-d "podatki" # Pošlji POST podatke
-u uporabnik:geslo # Osnovna HTTP avtentikacija
-k # Dovoli nezaščitene SSL povezave
```

Primeri:
```
curl https://example.com # Prikaže vsebino spletne
↪  strani
curl -X POST -d "ime=Janez&starost=30"
↪  https://example.com/form # POST zahtevek
curl -H "Authorization: Bearer token123"
↪  https://api.example.com # API klic z žetonom
curl -u uporabnik:geslo https://example.com/zasebno #
↪  Avtentikacija
```

Poglavje 61.

Python

Podatkovni tipi, operatorji, vhod/izhod

```python
# To je enovrstični komentar

'''
To je večvrstični komentar
Lahko se razteza čez več vrstic
'''

# Spremenljivke in podatkovni tipi
celostevilo = 42  # int
decimalno_stevilo = 3.14  # float
niz = "Pozdravljen, svet!"  # str
logicna_vrednost = True  # bool
seznam = [1, 2, 3]  # list
slovar = {"ime": "Wall-E", "starost": 2}  # dict

# Aritmetični operatorji
+, -, *, /, % (modulo), ** (potenciranje)

# Primerjalni operatorji
==, !=, >, <, >=, <=

# Logični opratorji
and, or, not # na logičnih spremenljivkah (True/False)

# Vhod in izhod
ime = input("Vnesite svoje ime: ")
print(f"Pozdravljen/a, {ime}!")
```

Podatkovne strukture

```python
# Seznam (List)
seznam = [1, 2, 3, 4, 5]
seznam.append(6)  # Doda element na konec seznama
seznam.pop()  # Odstrani in vrne zadnji element
seznam[0]  # Dostop do elementa z indeksom

# Rezine (Slicing)
# seznam[začetek:konec:korak]
seznam[1:4]  # Elementi od indeksa 1 do 3
seznam[::2]  # Vsak drugi element od začetka do konca
seznam[::-1]  # Obrnjeni seznam

# Terka (Tuple)
terka = (1, 2, 3)  # Nespremenljiva
prvi_element = terka[0]

# Slovar (Dictionary)
slovar = {"ime": "Robot", "model": "XYZ-123"}
slovar["leto"] = 2023  # Dodajanje novega
↪    ključ-vrednost para
del slovar["model"]  # Brisanje elementa

# Množica (Set)
mnozica = {1, 2, 3, 4, 5}
mnozica.add(6)  # Doda element
mnozica.remove(3)  # Odstrani element

# Operacije nad podatkovnimi strukturami
dolzina = len(seznam)  # Dolžina seznama, terke,
↪    slovarja ali množice
for element in seznam:  # Iteracija čez elemente
    print(element)

if "ime" in slovar:  # Preverjanje prisotnosti ključa
    print(slovar["ime"])

# Ustvarjanje seznama (List comprehension)
kvadrati = [x**2 for x in range(10)]

# Ustvarjanje slovarja (Dictionary comprehension)
kvadrati_slovar = {x: x**2 for x in range(5)}
```

Nadzor toka

```python
# Pogojni stavki
x = 10
if x > 0:
    print("Pozitivno število")
elif x < 0:
    print("Negativno število")
else:
    print("Nič")

# Zanka for
for i in range(5):
    print(i)  # Izpiše števila od 0 do 4

# Zanka for s seznamom
barve = ["rdeča", "zelena", "modra"]
for barva in barve:
    print(barva)

# Zanka while
stevec = 0
while stevec < 5:
    print(stevec)
    stevec += 1

# break - prekine zanko
# continue - preskoči preostanek trenutne iteracije

# Zanka for z enumerate()
for indeks, vrednost in enumerate(["a", "b", "c"]):
    print(f"Indeks: {indeks}, Vrednost: {vrednost}")

# Ustvarjanje seznamov s pogojnim stavkom
soda_stevila = [x for x in range(10) if x % 2 == 0]

# Ternarni operator
x = 5
rezultat = "Pozitivno" if x > 0 else "Negativno ali
↪    nič"
```

Funkcije in lambda funkcije

```python
# Definicija funkcije
def pozdravi(ime):
    return f"Pozdravljen/a, {ime}!"

# Klic funkcije
sporocilo = pozdravi("Robot")
print(sporocilo)

# Funkcija z privzetim argumentom
def seštej(a, b=0):
    return a + b

rezultat = seštej(5)  # Vrne 5
rezultat = seštej(5, 3)  # Vrne 8

# Funkcija z več argumenti
def izpisi_podatke(*args):
    for arg in args:
        print(arg)

izpisi_podatke("Robot", "XYZ-123", 2023)

# Funkcija s ključnimi argumenti
def izpisi_slovar(**kwargs):
    for kljuc, vrednost in kwargs.items():
        print(f"{kljuc}: {vrednost}")

izpisi_slovar(ime="Robot", model="XYZ-123",
↪    leto=2023)

# Vračanje več vrednosti
def kvadrat_in_kub(x):
    return x**2, x**3

kvad, kub = kvadrat_in_kub(3)
print(f"Kvadrat: {kvad}, Kub: {kub}")

# Uporaba lambda funkcije z vgrajenimi funkcijami
seznam = [1, 2, 3, 4, 5]
sodi = list(filter(lambda x: x % 2 == 0, seznam))
kvadrati = list(map(lambda x: x**2, seznam))
```

Objektno orientirano programiranje

```python
# Definicija razreda
class Robot:
    def __init__(self, ime, model):
        self.ime = ime
        self.model = model
        self.vklopljen = False

    def vklopi(self):
        self.vklopljen = True
        print(f"{self.ime} je vklopljen.")

    def izklopi(self):
        self.vklopljen = False
        print(f"{self.ime} je izklopljen.")

    def pozdravi(self):
        if self.vklopljen:
            print(f"Pozdravljen! Jaz sem {self.ime},
            ↪ model {self.model}.")
        else:
            print(f"{self.ime} je izklopljen in ne
            ↪ more pozdraviti.")

# Ustvarjanje objekta
moj_robot = Robot("R2D2", "Astromech")

# Klicanje metod
moj_robot.vklopi()

# Dedovanje
class Dron(Robot):
    def __init__(self, ime, model, visina_leta):
        super().__init__(ime, model)
        self.visina_leta = visina_leta

    def leti(self):
        if self.vklopljen:
            print(f"{self.ime} leti na višini
            ↪ {self.visina_leta} metrov.")
        else:
            print(f"{self.ime} ne more leteti, ker je
            ↪ izklopljen.")
```

Moduli in paketi

```python
# Uvoz celotnega modula
import math
koren = math.sqrt(16)

# Uvoz določene funkcije iz modula
from random import randint
nakljucno_stevilo = randint(1, 10)

# Uvoz modula z vzdevkom
import datetime as dt
trenutni_cas = dt.datetime.now()

# Uvoz vseh funkcij iz modula (ni priporočljivo)
from os import *

# Lastni paketi
# Struktura paketa:
# moj_paket/
#     __init__.py
#     modul1.py
#     modul2.py

# Namestitev zunanjih paketov
# V ukazni vrstici:
# pip install ime_paketa

# Uporaba nameščenega paketa
import numpy as np
matrika = np.array([[1, 2], [3, 4]])

# Ustvarjanje virtualnega okolja
# V ukazni vrstici:
# python -m venv moje_okolje
# Aktivacija:
# source moje_okolje/bin/activate  # Linux/macOS
# moje_okolje\Scripts\activate.bat  # Windows
```

Obravnava izjem

```python
# Osnovna obravnava izjem
try:
    stevilo = int(input("Vnesite število: "))
    rezultat = 10 / stevilo
    print(f"Rezultat: {rezultat}")
except ValueError:
    print("Napaka: Vnesli ste neveljavno število.")
except ZeroDivisionError:
    print("Napaka: Deljenje z ničlo ni dovoljeno.")
except Exception as e:
    print(f"Prišlo je do nepričakovane napake: {e}")
else:
    print("Operacija je bila uspešno izvedena.")
finally:
    print("To se izvede vedno, ne glede na izjeme.")

# Ustvarjanje lastne izjeme
class PremajhnoStevilo(Exception):
    pass

def preveri_stevilo(x):
    if x < 10:
        raise PremajhnoStevilo("Število mora biti
        ↪ vsaj 10.")
    return x

try:
    stevilo = preveri_stevilo(5)
except PremajhnoStevilo as e:
    print(f"Napaka: {e}")

# Uporaba assert stavka
x = 5
assert x > 0, "x mora biti pozitiven"

# Kontekstno upravljanje z 'with' stavkom
with open("datoteka.txt", "r") as datoteka:
    vsebina = datoteka.read()
    # Datoteka se zapre po izhodu iz 'with' bloka
```

Pogoste vgrajene funkcije

```python
# enumerate() - vrne indeks in vrednost elementov
for indeks, vrednost in enumerate(["a", "b", "c"]):
    print(f"Indeks: {indeks}, Vrednost: {vrednost}")

# zip() - združi elemente iz dveh ali več zaporedij
imena = ["Ana", "Bor", "Cene"]
starost = [25, 30, 35]
for ime, leta in zip(imena, starost):
    print(f"{ime} je star(a) {leta} let.")

# map() - aplicira funkcijo na vse elemente zaporedja
kvadrati = list(map(lambda x: x**2, [1, 2, 3, 4]))

# filter() - filtrira elemente na podlagi funkcije
soda = list(filter(lambda x: x % 2 == 0, [1, 2, 3, 4,
↪ 5, 6]))

# sorted() - uredi zaporedje
urejeno = sorted([3, 1, 4, 1, 5, 9, 2, 6])

# min() in max() - najdeta najmanjšo in največjo
↪ vrednost
najmanjsi = min([4, 2, 8, 1])
najvecji = max([4, 2, 8, 1])

# sum() - sešteje vse elemente v zaporedju
vsota = sum([1, 2, 3, 4, 5])

# any() in all() - preverita, če katerikoli ali vsi
↪ elementi ustrezajo pogoju
obstaja_sodo = any(x % 2 == 0 for x in [1, 3, 5, 7,
↪ 8])
vsi_pozitivni = all(x > 0 for x in [1, 2, 3, 4, 5])

# isinstance() - preveri, ali je objekt določenega
↪ tipa
je_niz = isinstance("Python", str)  # Vrne True

# type() - vrne tip objekta
tip = type(42)  # Vrne <class 'int'>
```

Poglavje 62.

NumPy in SymPy

Osnove NumPy

```python
# Vključitev knjižnice
import numpy as np

# Ustvarjanje podatkovnih polj
a = np.array([1, 2, 3])  # 1D polje
b = np.array([[1, 2, 3], [4, 5, 6]])  # 2D polje
c = np.zeros((3, 3))  # 3x3 polje ničel
d = np.ones((2, 2))  # 2x2 polje enic
e = np.eye(3)  # 3x3 identitetna matrika
f = np.arange(0, 10, 2)  # polje [0, 2, 4, 6, 8]
g = np.linspace(0, 1, 5)  # 5 enakomerno razmaknjenih
    točk med 0 in 1

# Osnovne operacije
h = a + 2  # Prišteje 2 vsakemu elementu
i = np.dot(b, b.T)  # Matrično množenje
j = np.sum(b)  # Vsota vseh elementov
k = np.mean(b)  # Povprečje vseh elementov
l = np.max(b)  # Največji element
m = np.min(b)  # Najmanjši element

# Indeksiranje in rezanje
print(b[0, 1])  # Drugi element prve vrstice
print(b[:, 1])  # Drugi stolpec
print(b[0, :])  # Prva vrstica
```

Oblikovanje in manipulacija

```python
# Spreminjanje oblike
a = np.arange(12)
b = a.reshape((3, 4))  # Preoblikuj v 3x4 matriko
c = b.flatten()  # Splošči nazaj v 1D polje

# Transponiranje, združevanje, razcepljanje
d = b.T  # Transponirana matrika
e = np.vstack((a, a))  # Vertikalno zlaganje
f = np.hstack((b, b))  # Horizontalno zlaganje
g = np.concatenate((a, a), axis=0)  # Združevanje
    vzdolž osi 0
h, i = np.split(a, 2)  # Razdeli a na dva enaka dela
j, k, l = np.hsplit(b, 3)  # Horizontalno razdeli b na
    tri dele
m = a.copy()  # Ustvari globoko kopijo a

# Urejanje
n = np.sort(a)  # Uredi a
o = np.argsort(a)  # Vrni indekse urejenega a
```

Matematične Operacije

```python
# Matematične funkcije
b = np.sqrt(a)  # Kvadratni koren
c = np.exp(a)  # Eksponentna funkcija
d = np.log(a)  # Naravni logaritem
e = np.sin(a)  # Sinus

# Statistične funkcije
f = np.mean(a)  # Povprečje
g = np.median(a)  # Mediana
h = np.std(a)  # Standardni odklon
i = np.var(a)  # Varianca

# Linearna algebra
j = np.dot(a, b)  # Skalarni produkt
k = np.cross(a, b)  # Vektorski produkt
l = np.linalg.norm(a)  # Evklidska norma
m = np.linalg.inv(np.array([[1, 2], [3, 4]]))  #
    Inverzna matrika
n = np.linalg.pinv(np.array([[1, 2], [3, 4], [5, 6]]))
    # Psevdoinverz
```

Maske in pogojne operacije

```python
a = np.array([1, 2, 3, 4, 5])

# Maskiranje
maska = a > 2
b = a[maska]  # Vrne polje z elementi večjimi od 2

# Pogojne operacije
c = np.where(a > 2, a, 0)  # Če je element > 2, ga
    obdrži, sicer 0

# Logične operacije
d = np.logical_and(a > 2, a < 5)  # Elementi med 2 in
    5
e = np.logical_or(a < 2, a > 4)  # Elementi manjši od
    2 ali večji od 4
f = np.logical_not(a == 3)  # Vsi elementi razen 3

# Iskanje in štetje
g = np.argmax(a)  # Indeks največjega elementa
h = np.argmin(a)  # Indeks najmanjšega elementa
i = np.count_nonzero(a > 3)  # Število večjih od 3

# Unikatne vrednosti
j = np.unique(a)  # Unikatne vrednosti v a
```

Napredno indeksiranje

```python
a = np.array([[1, 2, 3], [4, 5, 6], [7, 8, 9]])

# Indeksiranje s poljem
indeksi = np.array([0, 2])
b = a[indeksi]  # Izbere prve in tretje vrstice

# Booleovo indeksiranje
maska = a > 5
c = a[maska]  # Vrne vse elemente večje od 5

# Izbirno indeksiranje
d = a[[0, 2], [1, 2]]  # Izbere a[0, 1] in a[2, 2]

# Kombiniranje indeksov
e = a[1:, [0, 2]]  # Izbere prvi in tretji stolpec od
    druge vrstice naprej

# Indeksiranje z elipso
f = a[..., 1]  # Izbere drugi stolpec

# Nastavitev vrednosti z indeksiranjem
a[a < 5] = 0  # Nastavi vse elemente manjše od 5 na 0
```

I/O

```python
# Shranjevanje in nalaganje polij
a = np.array([1, 2, 3, 4, 5])
np.save('array.npy', a)  # Shrani polje binarno
b = np.load('array.npy')  # Naloži špolje
np.savetxt('array.txt', a)  # Shrani polje tekstovno
c = np.loadtxt('array.txt')  # Naloži polje
```

Naključna števila

```python
# Generiranje naključnih števil
d = np.random.rand(3, 3)  # 3x3 polje naključnih
    števil med 0 in 1
e = np.random.randn(3, 3)  # 3x3 polje naključnih
    števil iz normalne porazdelitve
f = np.random.randint(0, 10, (3, 3))  # 3x3 polje
    naključnih celih števil med 0 in 9

# Nastavitev za ponovljivost
np.random.seed(42)
g = np.random.rand(3, 3)  # Vedno enaka "naključna"
    števila

# Permutacije
h = np.arange(10)
np.random.shuffle(h)  # Naključno premeša elemente h
i = np.random.permutation(10)  # Vrne naključno
    permutacijo števil od 0 do 9
```

Osnove SymPy

```python
# Vključitev knjižnice
import sympy as sp

# Ustvarjanje simbolov
x, y, z = sp.symbols('x y z')
t = sp.Symbol('t', positive=True)

# Osnovne operacije
expr1 = x**2 + 2*x + 1
expr2 = y**3 - 3*y + 2

# Poenostavljanje in razširjanje
simplified = sp.simplify(expr1)
expanded = sp.expand((x + 1)**3)

# Substitucija
subs_expr = expr1.subs(x, 2)

# Reševanje enačb
solution = sp.solve(x**2 - 4, x)

# Limita
limit = sp.limit(sp.sin(x)/x, x, 0)

# Odvajanje
derivative = sp.diff(sp.sin(x), x)

# Integriranje
integral = sp.integrate(sp.exp(x), x)
```

Matrike in linearna algebra

```python
# Ustvarjanje matrik
A = sp.Matrix([[1, 2], [3, 4]])
B = sp.Matrix([[x, y], [z, t]])

# Osnovne operacije
C = A + B
D = A * B

# Inverzna matrika
A_inv = A.inv()

# Determinanta
det_A = A.det()

# Lastne vrednosti in lastni vektorji
eigenvals = A.eigenvals()
eigenvects = A.eigenvects()

# Razcepi matrik
LUdecomp = A.LUdecomposition()
QRdecomp = A.QRdecomposition()
SVD = A.singular_value_decomposition()

# Reševanje linearnih sistemov
system = sp.Matrix(([1, 1, 1], [1, 2, 3])) *
    sp.Matrix(sp.symbols('a b c'))
solution = sp.solve_linear_system(system,
    *sp.symbols('a b c'))
```

Risanje grafov

```python
import sympy.plotting as splot

# 2D graf
splot.plot(sp.sin(x), (x, -10, 10))

# 3D graf
splot.plot3d(sp.cos(x**2 + y**2), (x, -3, 3), (y, -3,
    3))

# Parametrični graf
splot.plot_parametric(sp.cos(t), sp.sin(t), (t, 0,
    2*sp.pi))

# Implicitni graf
splot.plot_implicit(x**2 + y**2 - 1)
```

Logika in množice

```python
from sympy import And, Or, Not, Implies, symbols

p, q = symbols('p q')

# Logični izrazi
expr = And(p, Or(p, q))
simplified = sp.simplify_logic(expr)

# Množice
A = sp.FiniteSet(1, 2, 3)
B = sp.FiniteSet(3, 4, 5)
union = A.union(B)
intersection = A.intersect(B)
```

Numerično računanje

```python
# Numerično vrednotenje
expr = sp.sqrt(2)
numeric = expr.evalf()

# Lambdify za hitrejše računanje
f = sp.lambdify(x, sp.sin(x), 'numpy')

# Numerično reševanje enačb
solution = sp.nsolve(sp.cos(x) - x, x, 1)

# Numerično integriranje
numeric_integral = sp.integrate(sp.sin(x), (x, 0,
    sp.pi)).evalf()
```

Posebne funkcije in konstante

```python
# Posebne funkcije
bessel = sp.besselj(0, x)
legendre = sp.legendre(2, x)

# Konstante
pi = sp.pi
e = sp.E
infinity = sp.oo

# Kompleksna števila
z = sp.Symbol('z', complex=True)
real_part = sp.re(z)
imag_part = sp.im(z)
```

NDE in Laplaceove transformacije

```python
import sympy as sp

t, s = sp.symbols('t s')
y = sp.Function('y')

# Reševanje NDE
ode = sp.Eq(y(t).diff(t, 2) + y(t), sp.sin(t))
resitev = sp.dsolve(ode, y(t))

# Laplaceova transformacija
laplace = sp.laplace_transform(t**2, t, s)

# Inverzna Laplaceova transformacija
invlaplace = sp.inverse_laplace_transform(1 / (s**2 +
    1), s, t)

# Reševanje NDE z Laplaceovo transformacijo
def resitev_nde_laplace():
    ode = sp.Eq(y(t).diff(t, 2) + 2*y(t).diff(t) +
        y(t), sp.sin(t))
    Y = sp.Function('Y')(s)
    lhs = s**2 * Y - s - 2*s*Y + 2 + Y
    rhs = 1 / (s**2 + 1)
    laplace_eq = sp.Eq(lhs, rhs)
    Y_solved = sp.solve(laplace_eq, Y)[0]
    return sp.inverse_laplace_transform(Y_solved, s,
        t)
```

Poglavje 63.

roboticstoolbox in PyTorch

Osnove roboticstoolbox

```python
# Uvoz knjižnice
import roboticstoolbox as rtb
import numpy as np

# Ustvarjanje robotskega modela
puma = rtb.models.DH.Puma560()
panda = rtb.models.URDF.Panda()

# Direktna kinematika
T = puma.fkine([0, -0.3, 0, -2.2, 0, 2, 0.7854])

# Inverzna kinematika
q_sol = puma.ikine_LM(T)

# Izpis informacij o robotu
print(puma)

# Jacobijeva matrika
J = puma.jacob0(puma.qz)

# Manipulabilnost
m = puma.manipulability(puma.qn)
```

Trajektorije in planiranje poti

```python
# Ustvarjanje trajektorije v prostoru sklepov
traj = rtb.jtraj(puma.qz, puma.qr, 50)

# Ustvarjanje trajektorije v Kartezijevem prostoru
T1 = puma.fkine(puma.qz)
T2 = puma.fkine(puma.qr)
ctraj = rtb.ctraj(T1, T2, 50)

# Planiranje poti za mobilnega robota
vehicle = rtb.Bicycle()
goal = [5, 5, np.pi/2]
qs, _ = rtb.bug2(vehicle, goal)

# Planiranje s polinomom 5. stopnje
via_pt = [2, 2, np.pi/4]
planner = rtb.QuinticPolyPlanner(via_pt)
path = planner.plan()
```

Uporabne funkcije in konstante

```python
# Pretvorba kotov
rtb.d2r(45)   # stopinje v radiane
rtb.r2d(np.pi/4)  # radiani v stopinje

# Homogene transformacije
T = rtb.transl(1, 2, 3) @ rtb.rpy2tr(0.1, 0.2, 0.3)

# Konstante
rtb.pi  # pi
rtb.deg  # stopinje (pi/180)

# Generiranje naključne lege
T_random = rtb.rand()

# Izris koordinatnega sistema
rtb.trplot(T)

# Izračun razdalje med dvema legama
d = rtb.Twist3.Twist(T1).angdist(T2)
```

Vizualizacija in animacija

```python
# Prikaz robota
puma.plot(puma.qz)

# Animacija trajektorije
puma.plot(traj.q)

# Swift vizualizacija
backend = rtb.backends.Swift()
puma.plot(backend=backend)

# Animacija mobilnega robota
anim = rtb.Animate(vehicle.plot, backend='pyplot')
anim.run(qs)
```

Dinamika

```python
# Izračun navora (inverzna dinamika)
tau = puma.rne(puma.qn, np.zeros(6), np.zeros(6))

# Izračun pospeška (direktna dinamika)
qdd = puma.accel(puma.qn, tau, np.zeros(6))

# Simulacija dinamike
t = np.arange(0, 2, 0.01)
qd0 = np.zeros(6)
def control(robot, t, q, qd):
    return np.zeros(6)   # Enostaven krmilnik
q_sim = puma.fdyn(t, puma.qn, qd0, control)
```

Mobilni roboti

```python
# Ustvarjanje modelov mobilnih robotov
unicycle = rtb.Unicycle()
bicycle = rtb.Bicycle()
diff_drive = rtb.DifferentialDrive()

# Simulacija gibanja
t = np.arange(0, 10, 0.1)
x0 = [0, 0, 0]
odo = [1, 0.3]  # v, omega
xb = bicycle.f(x0, odo, t)

# Planiranje poti
start = [0, 0, 0]
goal = [5, 5, np.pi/2]
v = 0.5
r = 1.0
dstar = rtb.DstarPlanner(goal=goal)
path = dstar.query(start, goal)

# Lokalizacija z razširjenim Kalmanovim filtrom
ekf = rtb.EKF(robot=vehicle, x0=[0, 0, 0],
    ↪ P0=np.diag([0.1, 0.1, 0.1]))
ekf.run(t, odo)
```

Napredne funkcije

```python
# Ustvarjanje robotskega modela z ETS
from spatialmath import SE3
link1 = rtb.ELink(SE3(0, 0, 0.333))
link2 = rtb.ELink(SE3(0.316, 0, 0))
e1 = rtb.ETS.tz() * rtb.ETS.rz()
e2 = rtb.ETS.tx() * rtb.ETS.rz()
robot = rtb.ERobot([link1, link2], [e1, e2])

# Preverjanje trkov
obstacle = rtb.Box([1, 1, 1], SE3(1, 0, 0))
is_collision = panda.iscollided(panda.qr, obstacle)

# Izračun najbližje točke
d, p1, p2 = panda.closest_point(obstacle)

# Simbolična manipulacija
from spatialmath.base import sym
q = sym.symbol('q_:7')
T_sym = panda.fkine(q)
```

Osnove PyTorch in tenzorji

```python
import torch

# Ustvarjanje tenzorjev
x = torch.tensor([1, 2, 3])
y = torch.zeros(3, 3)

# Osnovne operacije
a = torch.add(x, y)
b = x * y

# Oblikovanje tenzorjev
reshaped = x.reshape(1, 3)
squeezed = y.squeeze()

# Indeksiranje in rezanje
subset = y[0:2, 1:]
```

Nevronske mreže

```python
import torch.nn as nn
import torch.nn.functional as F

# Definicija preproste nevronske mreže
class MojaNN(nn.Module):
    def __init__(self):
        super(MojaNN, self).__init__()
        self.fc1 = nn.Linear(10, 5)
        self.fc2 = nn.Linear(5, 2)

    def forward(self, x):
        x = F.relu(self.fc1(x))
        x = self.fc2(x)
        return x

# Ustvarjanje instance modela
model = MojaNN()

# Uporaba modela
vhod = torch.randn(1, 10)
izhod = model(vhod)

# Preddefinirani sloji
conv = nn.Conv2d(3, 16, kernel_size=3, stride=1,
↪ padding=1)
pool = nn.MaxPool2d(2, 2)
dropout = nn.Dropout(0.5)
batch_norm = nn.BatchNorm2d(16)

# Funkcije aktivacije
relu = F.relu(vhod)
sigmoid = torch.sigmoid(vhod)
tanh = torch.tanh(vhod)
```

Optimizacija in učenje

```python
import torch.optim as optim

# Kriterijska funkcija in optimizator
criterion = nn.CrossEntropyLoss()
optimizer = optim.SGD(model.parameters(), lr=0.01)

# Poenostavljena učna zanka
for epoch in range(num_epochs):
    for inputs, labels in dataloader:
        optimizer.zero_grad()
        outputs = model(inputs)
        loss = criterion(outputs, labels)
        loss.backward()
        optimizer.step()

# Shranjevanje in nalaganje modela
torch.save(model.state_dict(), 'model.pth')
model.load_state_dict(torch.load('model.pth'))

# Razporejevalnik učne hitrosti
scheduler = optim.lr_scheduler.StepLR(optimizer,
↪ step_size=30, gamma=0.1)
```

Podatkovni nabori in nalagalniki

```python
from torch.utils.data import Dataset, DataLoader
from torchvision import transforms

# Ustvarjanje lastnega podatkovnega nabora
class MojDataset(Dataset):
    def __init__(self, data, labels):
        self.data = data
        self.labels = labels

    def __len__(self):
        return len(self.data)

    def __getitem__(self, idx):
        return self.data[idx], self.labels[idx]

# Ustvarjanje nalagalnika podatkov
dataset = MojDataset(data, labels)
dataloader = DataLoader(dataset, batch_size=32,
↪ shuffle=True)

# Transformacije podatkov
transform = transforms.Compose([
    transforms.Resize(256),
    transforms.CenterCrop(224),
    transforms.ToTensor(),
    transforms.Normalize(mean=[0.485, 0.456, 0.406],
↪ std=[0.229, 0.224, 0.225]),
])
```

Napredne tehnike

```python
# Prenos učenja
pretrained_model =
↪ torchvision.models.resnet18(pretrained=True)
for param in pretrained_model.parameters():
    param.requires_grad = False
num_ftrs = pretrained_model.fc.in_features
pretrained_model.fc = nn.Linear(num_ftrs, 10)

# Kvantizacija
quantized_model =
↪ torch.quantization.quantize_dynamic(
    model, {nn.Linear}, dtype=torch.qint8
)

# Obrezovanje
prune.random_unstructured(model.conv1, name="weight",
↪ amount=0.3)

# Avtomatsko odvajanje
x = torch.randn(3, requires_grad=True)
y = x * 2
while y.data.norm() < 1000:
    y = y * 2
gradients = torch.autograd.grad(y, x,
↪ grad_outputs=torch.ones_like(y))
```

Vizualizacija in spremljanje

```python
from torch.utils.tensorboard import SummaryWriter

# Uporaba TensorBoarda
writer = SummaryWriter('runs/experiment_1')
writer.add_scalar('Loss/train', loss, epoch)
writer.add_graph(model, images)
writer.close()

# Spremljanje napredka
from tqdm import tqdm

for epoch in tqdm(range(num_epochs), desc="Epohe"):
    for batch in tqdm(dataloader, desc=f"Epoha
↪ {epoch+1}/{num_epochs}", leave=False):
        # učna zanka

# Vizualizacija tenzorja
import matplotlib.pyplot as plt

plt.imshow(tensor.numpy(), cmap='gray')
plt.show()
```

Poglavje 64.

C in C++

Osnovna sintaksa

```c
#include <stdio.h>

int main() {
    printf("Pozdravljen, svet!\n");
    return 0;
}

// Komentar ene vrstice
/* Večvrstični
   komentar */
```

Podatkovni tipi

```c
// Celoštevilski tipi
char c;         // 1 bajt, -128 do 127 ali 0 do 255
short s;        // 2 bajta, -32,768 do 32,767
int i;          // 4 bajti, -2,147,483,648 do
↪ 2,147,483,647
long l;         // 4 ali 8 bajtov
long long ll;   // 8 bajtov

// Tipi s plavajočo vejico
float f;        // 4 bajti, natančnost ~7 mest
double d;       // 8 bajtov, natančnost ~15 mest
long double ld;// 10, 12 ali 16 bajtov
```

Bitne operacije

```c
int a = 5;  // 0101 binarno
int b = 3;  // 0011 binarno

int and_result = a & b;    // 0001 (1 decimalno)
int or_result = a | b;     // 0111 (7 decimalno)
int xor_result = a ^ b;    // 0110 (6 decimalno)
int not_result = ~a;       // 1111...1010 (-6
↪ decimalno)
int left_shift = a << 1;   // 1010 (10 decimalno)
int right_shift = a >> 1;  // 0010 (2 decimalno)

// Maskiranje bitov
int mask = 0x0F;          // 0000 1111
int masked = a & mask;    // 0000 0101

// Nastavljanje in brisanje bitov
int set_bit = a | (1 << 2);    // 0101 -> 0111
int clear_bit = a & ~(1 << 2); // 0101 -> 0001
```

Funkcije

```c
// Deklaracija funkcije
int sestej(int a, int b);

// Definicija funkcije
int sestej(int a, int b) {
    return a + b;
}

// Funkcija z kazalci
void zamenjaj(int *a, int *b) {
    int temp = *a;
    *a = *b;
    *b = temp;
}

// Uporaba funkcije
int rezultat = sestej(5, 3);
int x = 10, y = 20;
zamenjaj(&x, &y);
```

Odločitvene in ponavljalne strukture

```c
// If-else in switch stavka
if (pogoj) {
    // koda
} else if (drug_pogoj) {
    // koda
} else {
    // koda
}
switch (spremenljivka) {
    case 1: koda; break;
    case 2: koda; break;
    default: koda;
}

// For, while in do-while zanke
for (int i = 0; i < 10; i++) {
    // koda
}
while (pogoj) {
    // koda
}
do {
    // koda
} while (pogoj);
```

Kazalci in polja

```c
int stevilo = 42;
int *kazalec = &stevilo;

printf("Vrednost: %d\n", *kazalec);
*kazalec = 100;

// Polje
int polje[5] = {1, 2, 3, 4, 5};
int *p = polje;  // p kaže na prvi element polja

// Aritmetika kazalcev
printf("%d\n", *(p + 2));  // Izpiše 3

// Večdimenzionalno polje
int matrika[2][3] = {{1, 2, 3}, {4, 5, 6}};
```

Strukture in unije

```c
// Struktura
struct Oseba {
    char ime[50];
    int starost;
    float visina;
};

struct Oseba janez = {"Janez", 30, 180.5};
printf("Ime: %s\n", janez.ime);

// Unija
union Podatek {
    int i;
    float f;
    char str[20];
};

union Podatek p;
p.i = 10;
```

Dinamično dodeljevanje pomnilnika

```c
#include <stdlib.h>

int *tabela = (int *)malloc(10 * sizeof(int));
if (tabela == NULL) {
    // Napaka pri dodeljevanju
}
for (int i = 0; i < 10; i++) {
    tabela[i] = i * 2;
}

free(tabela); // Sprostitev pomnilnika
```

Razredi in objekti v C++

```cpp
class Dron {
private:
    string ime;
    int steviloRotorjev;

public:
    Dron(string i, int r) : ime(i), steviloRotorjev(r)
    ↪ {}

    void izpisi() {
        cout << "Dron " << ime << " ima " <<
        ↪ steviloRotorjev << " rotorjev." << endl;
    }

    void leti(float x, float y, float z) {
        cout << "Dron " << ime << " leti na pozicijo
        ↪ (" << x << ", " << y << ", " << z << ")."
        ↪ << endl;
    }
};

Dron moj_dron("Phantom", 4);
moj_dron.izpisi();
moj_dron.leti(10.5, 20.3, 5.0);
```

Dedovanje

```cpp
class Robot {
protected:
    string ime;
public:
    Robot(string i) : ime(i) {}
    virtual void izpisi() {
        cout << "Robot: " << ime << endl;
    }
};

class Dron : public Robot {
private:
    int steviloRotorjev;
public:
    Dron(string i, int r) : Robot(i),
    ↪ steviloRotorjev(r) {}
    void izpisi() override {
        cout << "Dron " << ime << " ima " <<
        ↪ steviloRotorjev << " rotorjev." << endl;
    }
};

Dron moj_dron("Skybot", 6);
moj_dron.izpisi();
```

Predloge (templates)

```cpp
template <typename T>
T maksimum(T a, T b) {
    return (a > b) ? a : b;
}

int i = maksimum(10, 20);
double d = maksimum(3.14, 2.72);
string s = maksimum("dron", "robot");
```

Izjeme

```cpp
try {
    int visina = 0;
    if (visina <= 0) {
        throw "Neveljavna višina leta!";
    }
    cout << "Letim na višini " << visina << " m." <<
    ↪ endl;
} catch (const char* msg) {
    cerr << "Napaka: " << msg << endl;
} catch (...) {
    cerr << "Neznana napaka" << endl;
}
```

Pametni kazalci

```cpp
#include <memory>

auto dron_ptr = make_unique<Dron>("Phantom", 4);
cout << "Unikatni kazalec: ";
dron_ptr->izpisi();

auto robot_ptr = make_shared<Robot>("R2D2");
auto robot_ptr2 = robot_ptr;
cout << "Deljeni kazalec: ";
robot_ptr->izpisi();
cout << "Število referenc: " << robot_ptr.use_count()
↪ << endl;
```

STL (Standard Template Library)

```cpp
#include <vector>
#include <list>
#include <map>
#include <set>
#include <queue>
#include <stack>
#include <algorithm>
#include <numeric>
#include <functional>

// Vektorji
vector<string> droni = {"Phantom", "Mavic",
↪ "Inspire"};
droni.push_back("Spark");
cout << "Prvi dron: " << droni[0] << endl;

// Seznami
list<int> senzorji = {1, 2, 3, 4, 5};
senzorji.push_front(0);
senzorji.push_back(6);

// Mape
map<string, int> stevilo_rotorjev = {{"Phantom", 4},
↪ {"Mavic", 4}, {"Inspire", 8}};
cout << "Število rotorjev za Inspire: " <<
↪ stevilo_rotorjev["Inspire"] << endl;

// Množice
set<int> unikatne_vrednosti = {3, 1, 4, 1, 5, 9};
unikatne_vrednosti.insert(2);
cout << "Velikost množice: " <<
↪ unikatne_vrednosti.size() << endl;

// Vrste
queue<string> ukazi;
ukazi.push("vzlet");
ukazi.push("leti");
cout << "Naslednji ukaz: " << ukazi.front() << endl;
ukazi.pop();

// Skladi
stack<int> visine;
visine.push(10);
visine.push(20);
cout << "Trenutna višina: " << visine.top() << endl;
visine.pop();

// Algoritmi
sort(droni.begin(), droni.end());
auto it = find(droni.begin(), droni.end(), "Mavic");
if (it != droni.end()) {
    cout << "Najden dron: " << *it << endl;
}

// Številski algoritmi
vector<double> meritve = {1.2, 3.4, 2.8, 4.5, 3.1};
double vsota = accumulate(meritve.begin(),
↪ meritve.end(), 0.0);
double povprecje = vsota / meritve.size();
cout << "Povprečje meritev: " << povprecje << endl;

// Lambda z algoritmom for_each
for_each(droni.begin(), droni.end(), [](const string&
↪ dron) {
    cout << "Dron: " << dron << endl;
});
```